全本全注全译丛书

中华经典名著

孙　林◎译注

菜根谭

中华书局

图书在版编目（CIP）数据

菜根谭/孙林译注. —北京：中华书局，2022.2（2025.4重印）
（中华经典名著全本全注全译丛书）
ISBN 978-7-101-15515-0

Ⅰ.菜… Ⅱ.孙… Ⅲ.①个人-修养-中国-明代②《菜根谭》-译文③《菜根谭》-注释 Ⅳ.B825

中国版本图书馆 CIP 数据核字（2021）第 257433 号

书　　　名	菜根谭
译 注 者	孙　林
丛 书 名	中华经典名著全本全注全译丛书
责任编辑	张彩梅
装帧设计	毛　淳
责任印制	韩馨雨
出版发行	中华书局
	（北京市丰台区太平桥西里 38 号　100073）
	http://www.zhbc.com.cn
	E-mail：zhbc@zhbc.com.cn
印　　刷	北京中科印刷有限公司
版　　次	2022 年 2 月第 1 版
	2025 年 4 月第 7 次印刷
规　　格	开本/880×1230 毫米　1/32
	印张 14¼　字数 300 千字
印　　数	120001—140000 册
国际书号	ISBN 978-7-101-15515-0
定　　价	36.00 元

目录

前言

一

　　《菜根谭》又名《菜根谈》，是一部融合儒释道，以心学、禅学为核心，集人生智慧与修身养性于一体的清言小品集。一般认为作者为明人洪应明，字自诚，号还初道人。根据《四库全书总目》子部小说家类存目二的《仙佛奇踪》著录云："《仙佛奇踪》四卷，明洪应明撰。应明字自诚，号还初道人，其里贯未详，是编成于万历壬寅。"再据明刻本《菜根谭》所载于孔兼《菜根谭题词》可知，于孔兼于万历二十一年（1593）被贬官，此后二十年隐居家乡金坛，其间："适有友人洪自诚者，持《菜根谭》示予，且丐予序。"《菜根谭》的写作年代可能为于孔兼被贬之后的二十年间。又冯梦桢在《仙佛奇踪》中的《寂光镜引》中谈道："洪生自诚氏，幼慕纷华，晚栖禅寂。"从以上点滴记载中，我们大致可以窥见洪应明的生平。洪应明早年曾追慕尘世功名，也许仕途受挫，晚年隐居，醉心佛门，于"闲看庭前花开花落，漫随天外云卷云舒"的宠辱不惊、去留随意的状态下，写就了《菜根谭》一书。

　　洪应明所处的晚明时期，帝王无道，宦官专权，纲纪废弛，党争不断，政治生态险恶。无法实现理想抱负的官宦士流，纷纷抛弃治国安邦的入世情怀，转而从闲致雅趣的山水之乐、幽深玄远的禅悦之趣、觥筹交错的歌舞宴饮中寻求人生的解脱。他们或隐居山野，栖守道德，著书立说；或明心见性，悟道成佛，或寄情山水，宁静淡泊；或恣意放纵，消磨于红尘之中。此时，资本主义萌芽已经在江南地区出现，商品经济的发展，驱使人们对物质生活的需求也不断高涨，并对思想领域产生巨大的影响，各种社会思潮不断涌现，在交流和碰撞中冲击着传统文化。儒释道逐渐合流，民众通过修养心性的方式，追崇儒家的仁爱中庸、老庄的湛静无为和佛教的出世思想三者杂糅的人生哲理。在这个阶段，阳明心学影响逐渐壮大，心即理、知行合一、致良知的心学理论体系，提倡主观能动性，注重实践，追求心灵的自由超脱，一扫思想领域的僵化沉闷，士林风气也随之改变，心学遂成为晚明影响最大的社会思潮。

　　洪应明生活在如此复杂的时代，基于其人生经验、知识学养，博采儒、释、道三家之精髓，有感而发，写就了启迪心志、劝诫人生的《菜根谭》一书。以"菜根"为名，取"人常咬得菜根，则百事可做"，寓意人生经历锤炼磨砺才能造就完美的品德和才识。书中以亦骈亦散的文学手法，格言警句的表现方式，阐述了他对修身养性、劝善积德、处世方略、幽隐闲适等方面的深刻理解与认识。于孔兼在《菜根谭题词》中评论《菜根谭》："其谭性命直入玄微，道人情曲尽岩险。俯仰天地，见胸次之夷犹；尘芥功名，知识趣之高远。笔底陶铸，无非绿树青山；口吻化工，尽是莺飞鱼跃。"

二

　　《菜根谭》分为修省、应酬、评议、闲适、概论五个部分，着重探讨了塑造完美人格、处世哲学、天理心性、闲适人生等内容。

　　（一）加强个人修为，构筑完美品格。

　　明代晚期，在商品经济冲击下，民众对金钱的崇拜达到了至高无上的地步，物欲横流改变了传统的义利观念，社会风俗也由淳厚渐而趋于鄙薄，严重影响了人们的伦理观念和道德准则。面对金钱至上、利益至上的社会风俗，洪应明在《修省》篇中，阐述了修炼心性，塑造品德的重要性，希望每个人通过人生洪炉的锤炼，如精金美玉一样，具备仁义礼智信的完美人格，不再沉沦于物欲："心是一颗明珠。以物欲障蔽之，犹明珠而混以泥沙，其洗涤犹易；以情识衬贴之，犹明珠而饰以银黄，其涤除最难。故学者不患垢病，而患洁病之难治；不畏事障，而畏理障之难除。""我果为洪炉大冶，何患顽金钝铁之不可陶镕；我果为巨海长江，何患横流污渎之不能容纳。"

受求新慕奇风气的影响，离经叛道已经成为一种潮流，冲击着传统的伦理道德。洪应明因此提出了士君子修身立业的原则："为善而欲自高胜人，施恩而欲要名结好，修业而欲惊世骇俗，植节而欲标异见奇，此皆是善念中戈矛，理路上荆棘，最易夹带，最难拔除者也。须是涤尽渣滓，斩绝萌芽，才见本来真体。""学者动静殊操、喧寂异趣，还是煅炼未熟，心神混淆故耳。须是操存涵养，定云止水中，有鸢飞鱼跃的景象；风狂雨骤处，有波恬浪静的风光，才见处一化齐之妙。"

（二）注重人际交往，构建和谐关系。

人是社会关系的总和，人际交往是世俗生活中的重要内容，洪应明主张通过自我修养和沟通技巧，以构建良好的人际关系。中国传统的人际交往讲究宽恕、中庸、诚信、谦和、忍让、藏拙、圆融等原则，但是，明代晚期，人们处事待物的原则发生了变化，顾炎武认为："今日人情有三反，曰弥谦弥伪，弥亲弥泛，弥奢弥吝。"精确地总结了人际关系的虚伪性和两面性。更有甚者，"友道日偷，交情日薄，见则握手相亲，背则反舌相诋，何人心之不古乃尔？"（高濂《遵生八笺》）

面对世风日下的社会现实，洪应明在《应酬》篇强调了立身处世要树立正确的是非观念，做事手段圆顺通达，过刚过直，都容易失去人际交往的柔性，"操存要有真宰，无真宰则遇事便倒，何以植顶天立地之砥柱！应用要有圆机，无圆机则触物有碍，何以成旋乾转坤之经纶"；要善于控制情绪，情感表达要有分寸，"士君子之涉世，于人不可轻为喜怒，喜怒轻,则心腹肝胆皆为人所窥;于物不可重为爱憎,爱憎重,则意气精神悉为物所制";要心性宽厚,为善而不求名,"士君子济人利物,宜居其实,不宜居其名,居其名则德损;士大夫忧国为民,当有其心,不当有其语,有其语则毁来";要有济国救民的责任和担当,具备高尚的情操和理想,"宇宙内事要力担当,又要善摆脱。不担当,则无经世之事业;不摆脱,则无出世之襟期";要亲君子而远小人,"膻秽则蝇蚋丛嘬,芳馨则蜂蝶交侵。故君子不作垢业,亦不立芳名,只是元气浑然,圭角不露,便是持身涉世一安乐窝也";要明察人心,懂得大智若愚的妙义,"君子严如介石而畏其难亲,鲜不以明珠为怪物而起按剑之心;小人滑如脂膏而喜其易合,鲜不以毒螫为甘饴而纵染指之欲";要适当收敛才能和光华,以远离猜忌和陷害,"杨修之躯见杀于曹操,以露己之长也;韦诞之墓见伐于钟繇,以秘己之美也。故哲士多匿采以韬光,至人常逊美而公善"。社会复杂,人性难测,掌握了人际交往的方法和技巧,避免矛盾和冲突,减少社会内耗与摩擦,有利于构建和谐、安宁、有序的社会秩序。

(三)评论古今世事,臧否人物兴衰。

面对世事沧桑,人情世理,如何从中获知人生奥义?洪应明在《评议》篇中通过对天地人我的思考、对祸福因果的看法、对人生荣辱的认识、对性灵志趣的塑造,以此探讨历史观、荣辱观、因果观、人生观。"物莫大于天地日月,而子美云:'日月笼中鸟,乾坤水上萍。'事莫大于揖逊征诛,而康节云:'唐虞揖逊三杯酒,汤武征诛一局棋。'人能以此胸襟眼界吞吐六合,上下千古,事来如沤生大海,事去如影灭长空,自经纶万变而不动一尘矣。""天欲祸人,必先以微福骄之,所以福来不必喜,要看他会受;天欲福人,必先以微祸儆之,所以祸来不必忧,要看他会救。""富贵是无情之物,看得他重,他害你越大;贫贱是耐久之交,处得他好,他益你反深。故贪商於而恋金谷者,竟被一时之显戮,乐箪瓢而甘敝缊者,终享千载之令名。""琴书诗画,达士以之养性灵,而庸夫徒赏其迹象;山川云物,高人以之助学识,而俗子徒玩其光华。可见事物无定品,随人识见以为高下。故读书穷理，要以识趣为先。"

（四）享受闲情逸致，陶冶心性意趣。

中国文人历来追求人与自然的和谐共处，他们通过自然的熏陶，净化心灵，领悟生命的真谛，提升人生的境界。天地万物成为他们的倾诉对象、寄情所在和人格价值的体现。清言小品多涉及诗文书画、山川水月、泉石烟霞、花草虫鱼等内容，反映了中国文人在老庄与禅宗影响下，追求雅致生活，超尘绝俗的清高之趣与隐逸之风："吾人适志于花柳烂漫之时，得趣于笙歌腾沸之处，乃是造化之幻境，人心之荡念也。须从木落草枯之后，向声希味淡之中，觅得一些消息，才是乾坤的橐籥，人物的根宗。""蓬茅下诵诗读书，日日与圣贤晤语，谁云贫是病？樽罍边幕天席地，时时共造化氤氲，孰谓醉非禅？兴来醉倒落花前，天地即为衾枕；机息坐忘盘石上，古今尽属蜉蝣。""鹤唳雪月霜天，想见屈大夫醒时之激烈；鸥眠春风暖日，会知陶处士醉里之风流。"

（五）杂谈世理人情，感受人生百态。

晚明社会处处充满了正义与邪恶，诚实与欺诈，公道与私情交织在一起的复杂现象，口是心非、出尔反尔、阴险虚伪之人，比比皆是。针对社会百态，洪应明在《概论》篇中，杂谈人生哲学、处事原则、是非观念、义利思想、修身养性等多方面的内容，融合先贤智慧与人生经验，教化民众，在处事待物中逐步完善理想人格："君子之心事天青日白，不可使人不知；君子之才华玉韫珠藏，不可使人易知。""处世让一步为高，退步即进步的张本；待人宽一分是福，利人实利己的根基。""彼富我仁，彼爵我义，君子故不为君相所牢笼；人定胜天，志壹动气，君子亦不受造化之陶铸。""栖守道德者，寂寞一时；依阿权势者，凄凉万古。达人观物外之物，思身后之身，宁受一时之寂寞，毋取万古之凄凉。"

三

《菜根谭》文字优美典雅，对仗工整，既有充满灵动诗意的语言，如："翠筱傲严霜，节纵孤高，无伤冲雅；红蕖媚秋水，色虽艳丽，何损清修。""花逞春光，一番雨、一番风，催归尘土；竹坚雅操，几朝霜、几朝雪，傲就琅玕。"又有简单明了的白话："从热闹场中出几句清冷言语，便扫除无限杀机；向寒微路上用一点赤热心肠，自培植许多生意。""讨了人事的便宜，必受天道的亏；贪了世味的滋益，必招性分的损。"整体而言，《菜根谭》文白相济、雅俗共赏，深奥之言、浅白之语融于一体，清灵雅致又通俗易懂。

《菜根谭》继承了中国传统的儒释道思想，洪应明通过提炼人生感悟和智慧，从为人、治世、修养等方面，给予劝导和警示，以提升个人道德修养和待人处物的能力，铸造完美品行，构建和谐融洽的人际关系。此书在明代刊行后，并没有引起很大的反响，逐渐泯灭于故纸堆中。后来，三山病夫通理在常州天宁寺校刊本（乾隆三十三年）序言中说："惜是书行世已久，纸朽虫蠹，原版无从稽得，于是命工缮写，重付枣梨。"遂初堂主人重刻本题词云："余过古刹，于残经败纸中拾得《菜根谭》一录。翻视之，虽属禅宗，然于身心性命之学，实有隐隐相发明者。亟携归，重加校雠，缮写成帙。旧有序，文不雅驯，且于是书无关涉语，故芟之。著是书者为洪应明，究不知其为何许人也。乾隆五十九年二月二日，遂初堂主人识。"而此书在明朝传至日本国后，竟被欣然接受，认为其中见解卓越，并以前后集的文本形式翻刻多次，流传至今版本很多。及至二十世纪八十年代中叶，日本企业界又掀起了《菜根谭》热，他们认为这本中国古籍是不可多得的"企业经营之书"，对企业人才选拔、管理者修为、经营管理等方面，都有深刻揭示。日本出现的中国古籍热被国内获知后，《菜根谭》才重新获得国内社会的青睐，焕发出新的光彩。它所宣扬的处世哲学和道德修为，去除掉宿命论和虚无论的糟粕，其精华部分对民众重构价值取向和践行理想，重构社会文化心态，都起着积极的作用。一些条目甚至成为人们提高道德修养和进行人际交往的箴言。

四

《菜根谭》流传至今，大体分为明刻本系统和清刻本系统。明刻本有前后集，不分卷，共362条，书前有三峰主人于孔兼的题词，卷首有"还初道人洪自诚著，觉迷居士汪乾初校"字样，最初收录于明代高濂编辑的《雅尚斋遵生八笺》中，后流布日本。清刻本系统最早的版本是清乾隆三十三年（1768）常州天宁寺刻本。清刻本系统有的也分为前后两集，前集再分为修省、应酬、评议、闲适四编，后集是概论一编；另一种直接分为修省、应酬、评议、闲适、概论五编。《菜根谭》在流传刊刻过程中，其编撰形式、条目数量，甚至内容都出现不少变化。明刻本系统和清刻本系统仅有半数条目基本重合，即使同一版本系统，其内容也多有重复之处。不过条目的多少并不影响《菜根谭》所要表达的主要思想。一般认为明刻本更接近原作面貌，但是清刻本对内容加以归纳，更易于读者阅读。

本次"中华经典名著全本全注全译丛书"之《菜根谭》，采用民国二十年武进陶氏涉园《喜咏轩丛书》刻本。此刻本以遂初堂主人乾隆五十九年重刻的《菜根谭》为底本，整理刊布，共计382条。

本书在体例上分为原文、注释、译文、点评几部分。注释中对疑难字词、专业术语和用典进行必要的注音与解释。译文以直译为主，为保证语义通畅，适当加以意译。点评主要在理解文意的基础上，加以事例、佐证，以拓展理解的深度。本书的注释和译文部分，参考林家骊注译《菜根谭》、草木编译《菜根谭》、杨春俏译注《菜根谭》等，在此一并致谢。本书写作过程中，友人张彩梅、寇甲，在资料采集、校勘方面给予大力支持，在此表示感谢。

由于注译者学力所限，书中难免存在一些错讹之处，恳请读者朋友批评指正。

孙林

2021年6月于金城

修省

一

欲做精金美玉的人品①,定从烈火中煅来②;思立掀天揭地的事功③,须向薄冰上履过④。

【注释】

①精金美玉:比喻纯洁完美的人或事物。精金,精炼的金属,亦指纯金。美玉,质地上佳的玉。

②煅(duàn):锻炼,烧制。

③掀天揭地:犹言翻天覆地。比喻声势浩大或本领高强。事功:功绩,功业,功劳。

④薄冰上履过:行走于薄冰上。比喻身处险境,戒慎恐惧之至。履过,走过。

【译文】

若想成就精金美玉般完美无瑕的人格品行,一定要经受烈火煅烧般的历练;若想建立翻天覆地的功业,必须要经历如履薄冰般的艰辛。

【点评】

《菜根谭》开篇即从修养品德与建功立业谈起,认为修身须经千锤百炼,立业则要小心谨慎。

　　司马光《资治通鉴》言:"棠溪之金,天下之利也,然而不镕范,不砥砺,则不能以击强。"塑造完美品格,就像锻造棠溪之金,历经命运烈火的考验、磨砺而不屈不挠,最终成为天下之利器。西汉司马迁因替李陵辩护而蒙冤下狱,遭受了残忍耻辱的宫刑。他在《报任安书》中解释了自己的心路历程:"盖文王拘而演《周易》;仲尼厄而作《春秋》;屈原放逐,乃赋《离骚》;左丘失明,厥有《国语》;孙子膑脚,《兵法》修列;不韦迁蜀,世传《吕览》;韩非囚秦,《说难》《孤愤》;《诗》三百篇,大底圣贤发愤之所为作也。"司马迁认为那些流传千古的著作,都是古代圣贤面对逆境时发愤而作。他以古代圣贤为榜样,强忍宫刑后遭受的身心屈辱,凭借惊人的毅力完成了《史记》的撰写,对后代史学的发展产生了巨大的影响,鲁迅先生赞誉其为"史家之绝唱,无韵之离骚"。司马迁拥有渊博的学识,具备坚强的毅力和卓绝的勇气,胸怀"究天人之际,通古今之变,成一家之言"的宏大志向,坚持史官的职守,不虚美,不隐恶,成为后世榜样,史称"太史公"。

　　《诗经·小雅·小旻》云:"战战兢兢,如临深渊,如履薄冰。"抒发了身处复杂的政治局势,正如临深履薄,处处隐藏着危险,使人提心吊胆、惊恐不安。建立丰功伟业的过程,从来不会一帆风顺,总要经历天时、地利、人和的艰难考验。面对种种危机与磨练,始终保持谦虚审慎的心态,才能避免错误与失败,成就一番事业。

二

　　一念错,便觉百行皆非[①],防之当如渡海浮囊[②],勿容一针之罅漏[③];万善全,始得一生无愧,修之当如凌云宝树[④],须假众木以撑持[⑤]。

【注释】

①百行：各种品行，此指所做之事。三国魏嵇康《与山巨源绝交书》："故君子百行，殊途而同致。"

②渡海浮囊：使人浮在水面用于渡水的气囊。浮囊，渡水用的气囊。《三才图会·器用八·浮囊》："浮囊者，以浑脱羊皮吹气令满，系其孔，束于腋下，人浮以渡。"

③罅（xià）漏：裂缝和漏洞。罅，裂缝，缝隙。

④宝树：佛教语，指七宝之树，即极乐世界中以七宝合成的树木。泛指珍奇树木。

⑤假：假借，凭借。撑持：支撑扶持，支持。

【译文】

如果一个念头错了，就会觉得所有的行为都是错的，谨防错误的发生，就像对待渡海气囊一般，不允许针眼大的漏洞；各种好事都去做，方能一生无愧，就像佛经中的宝树依靠众多树木支撑方能凌云，修身也需要多多积累善行。

【点评】

三国刘备《遗诏敕后主》曰："勿以恶小而为之，勿以善小而不为。"告诫后主刘禅：再小的坏事也不能去做，再小的好事也要坚持去做。君王在治国理政中主张警惕恶行，积极为善。仕宦之流以及黎民百姓，在修德处事中也应省身克己，谨言慎行，严防思想和行为上的点滴错误。俗语云："千里之堤，毁于蚁穴。"微小的错误也可能造成致命的失误。"一失足成千古恨，再回头是百年人"，因一时志得意满犯下错误，会酿成无法弥补的损失。

积德行善，是一辈子的修行。大而言之，尊重爱护世间所有生灵。小而言之，施舍财物，济贫扶困，匡扶正义，惩治罪恶等。只有秉持着仁爱的原则，人人都成为善良的践行者，才能使善行汇聚成洪流，影响整个社会。

三

忙处事为^①，常向闲中先检点^②，过举自稀^③；动时念想，预从静里密操持^④，非心自息^⑤。

【注释】

①事为：作为，行为。

②检点：本义为查点，此指审视、反省。

③过举：错误的行为。

④操持：筹划，料理。

⑤非心：邪心。

【译文】

忙碌之时的所作所为，要时常在闲暇时审视反省，错误的举措自会减少；行动时的所思所想，预先要在安静时周密筹划部署，错误的想法自会消失。

【点评】

宋戴复古《处世》云："万事尽从忙里错，一心须向静中安。"忙乱中准备不周，容易出错。为了减少失误，当身闲心静时，要时时反省。《论语•颜渊》云："内省不疚，夫何忧何惧？"若自我省察，没有犯错，就无愧于心。《荀子•劝学》曰："君子博学而日参省乎己，则知明而行无过矣。"强调了博学和省悟自身的错误得失，对一个人思想行为修炼的重要性。

人们除了时常反省自身，做事时还需周备细致。思维缜密，谋略得当，先思而后行，则无往而不利。"凡事豫则立，不豫则废"，做事前准备周密就会增加成功的可能性，仓促从事则注定失败。当然，充分的准备与反复的思量，不是犹犹豫豫、踌躇不前，不要让纷繁的思虑影响做事的效率和错失决断的良机。

四

为善而欲自高胜人①,施恩而欲要名结好②,修业而欲惊世骇俗③,植节而欲标异见奇④,此皆是善念中戈矛⑤,理路上荆棘⑥,最易夹带⑦,最难拔除者也。须是涤尽渣滓⑧,斩绝萌芽,才见本来真体⑨。

【注释】

①为善:犹行善。

②要名:求取好的名声。要,求取。结好:交结,亲近,缔结友好。

③修业:古人写字著书所用的方版称业,因此把写作叫修业。此指建立功业。惊世骇俗:因言行异于寻常而使世俗震惊。

④植节:培养操守、树立气节。节,原作竹节,泛指草木枝干间坚实结节的部分。此指气节、节操。标异见奇:与众不同,标新立异。

⑤戈矛:戈和矛,亦泛指兵器。此指对善念造成伤害的因素。

⑥理路:思路,想法。荆棘:泛指山野丛生多刺的灌木。此指艰险境地。

⑦夹带:犹夹杂。

⑧渣滓(zǐ):杂质,糟粕。此指名利欲念。

⑨真体:真实的本体。佛教语,犹言本相、实相。后指事物的本来面目或真实情况。

【译文】

做善事想要借机抬高自我、胜人一筹,施恩惠想求取好名声、结交友好,建功业想以此引起轰动、引人注目,树气节想与众不同、标新立异,这些想法都是善念中隐藏的戈矛、理路上生长的荆棘,最容易夹杂,却也最难以拔除。必须清除干净名利欲念,使其不再萌发,才能彰显真我体。

【点评】

行善、施恩、建功立业、培养气节,都与修德养性有关。如果行善是

为了彰显自我,施恩是为了名声和友好交往,追求功名事业是为了惊世
骇俗,树立气节是为了标新立异,这些都是思想上蒙昧不清和有私心杂
念的表现。《列子·说符》曰:"行善不以为名,而名从之;名不与利期,而
利归之;利不与争期,而争及之。故君子必慎为善。"做好事本来的目的
不是为了赢得名声,名声却因为行善而接踵而来;拥有了名声并不期望
获得利益,利益却因此而来;有了利益并不希望同别人发生冲突争夺,而
争夺也跟着来了。所以君子必须慎重对待行善、向善之事。

　　人们修德建业,要动机纯正,不求私利,不为名声,恭谨严正,遵礼守
道。尤其要从思想意识上彻底清除干扰道德修养的障碍,使其不再扰乱
心绪,这样才能持心守正,从而坚定追求美好的品格和高尚的情操。

五

　　能轻富贵,不能轻一轻富贵之心;能重名义^①,又复重
一重名义之念。是事境之尘氛未扫^②,而心境之芥蒂未忘^③。
此处拔除不净,恐石去而草复生矣。

【注释】

①名义:名声与道义。

②尘氛:灰尘烟雾,此指俗世的烦扰。

③芥蒂(jiè dì):同"蒂芥"。原指细小的梗塞物,此喻积存在心的不
　满或不快。

【译文】

　　表面上能够轻视富贵,内心却摆脱不了对富贵的渴望;本来就重视
名声道义者,对名义重视之心只会越来越重。这是因为没有清除俗世的
纷扰,没有忘记内心的怨恨。富贵、名义这些欲念如果不拔除干净,恐怕
其他欲念也会滋生,就像搬走石头,杂草又会生长出来一样。

【点评】

　　人世间的荣华富贵、名望权势就如缰锁，将人束缚其中，而且各种罪恶的欲望会伴随名利之心的增强不断滋生，难以根除，产生不可预测的灾祸。

　　唐代卢杞尚未发迹的时候，偶然与穷书生冯盛在路上相遇，两人各拿着一个布口袋。卢杞向来看不起冯盛，想看看他的口袋里装着什么东西。结果冯盛的口袋里只有一块写字用的墨，卢杞看到大笑不止。冯盛则严肃回击道，用墨可以书写古本《离骚》，比卢杞天天拿着三百名帖做名利奴更高尚。接着，冯盛也搜了卢杞的口袋，果然搜出了三百张名帖。名帖是古代拜访时通姓名用的名片，是古代官员交际不可缺少的工具。卢杞多方经营，想要结识更多的官员，比起一心向学的冯盛，自然是名利心太盛。后来，卢杞得到唐德宗重用，在官场步步高升，位居宰相之位。为官期间，为了攫取更多的权势利益，他一方面通过各种卑鄙阴险的手段，诬陷、排斥、报复与他意见相左的大臣，先后陷害了宰相杨炎、张镒、御史大夫严郢，太子太师颜真卿等人。另一方面，搜刮民脂民膏，导致千夫所指，怨声载道。卢杞的名利之路最终止步于被贬官途中。

六

　　纷扰固溺志之场①，而枯寂亦槁心之地②。故学者当栖心元默③，以宁吾真体。亦当适志恬愉④，以养吾圆机⑤。

【注释】

①溺志：谓使心志沉湎其中。

②枯寂：谓枯坐静修。槁（gǎo）心：喻丧失心志意趣。槁，原指树冠变秃。

③栖心元默：此指寄托心志于沉静。栖心，犹寄心，寄托心志。元

默,玄默,谓沉静无为。

④适志恬愉:指心神愉悦。适志,舒适自得。恬愉,快乐。

⑤圆机:比喻超脱是非,不为外物所拘牵。

【译文】

纷乱烦扰固然是意志消沉的场所,而枯坐静修也会使人冷漠淡然,缺乏心志意趣。所以做学问的人应该寄心志于沉静淡泊,使自我本真获得安宁。也应适当愉悦心志、恬适性情,从而可以超脱是非,超然物外。

【点评】

人世间仿佛一个巨大的名利场,充斥着繁杂烦扰的人情世故。身处其中,很容易受世情羁绊,被物欲情欲迷乱心智,消磨掉意志与勇气。但是完全超脱于世俗社会之外,清心少欲,淡然冷寂,只注重朴素节制的自我苦修,缺乏对社会人情的关注与热情,心灵也会逐渐枯萎沉寂。真正的学者应该固守内心,保持沉静淡泊,不被世事所左右,回归自我的纯真本性。同时,学会顺应人的本性,通过养性怡情,陶冶意趣情致,培养超然物外的淡然心态。

七

昨日之非不可留,留之则根烬复萌①,而尘情终累乎理趣②;今日之是不可执③,执之则渣滓未化④,而理趣反转为欲根⑤。

【注释】

①烬(jìn):指物体燃烧后剩下的东西。

②尘情:犹言凡心俗情。理趣:义理情趣。

③执:原作捕捉、捉拿。此指执着,对某一事物或某一信念有着极强的渴望,为达目的不惜一切代价,不能超脱。

④渣滓（zǐ）：杂质,糟粕。

⑤欲根：情欲之根。

【译文】

过去的错误不可保留,如果保留,就如残根余烬,一旦遇到合适条件就会重新萌芽、死灰复燃,那样尘世间的凡心俗情就会拖累义理情趣的追求;现在的正确不可过分执着,如果执着,则残念就会存于心间不能消解,义理情趣反而转为追求欲念的根源。

【点评】

晋陶渊明《归去来辞》云:"悟已往之不谏,知来者之可追。实迷途其未远,觉今是而昨非。"诗中的"昨非"特指徜徉官场的心役之累,"今是"指领悟后隐逸闲适的田园之乐。"觉今是而昨非",现已成为表达自我省察的约定俗成的说法。

洪应明对于心为尘世俗情所累,贪慕人间繁华而影响修德养性的行为带来的严重后果,有着清醒的认识。因此,希望人们彻底根除昨日之非,并在今后的待人接物中汲取过往的经验教训,不再重蹈覆辙,以致影响义理情趣的追求。"今是"是对过往的批判性总结,需要理性对待,过于执着今天喜爱的事情,又会产生新的无法遏制的欲念。尤其,是与非的对立转化,常常随着社会的发展、时代的进步而发生变化。要注意舍旧而取新,也许今天的正确又会成为明日之非,要时时更新我们的思想意识,警惕陷入经验主义的桎梏。

八

无事便思有闲杂念想否,有事便思有粗浮意气否①,得意便思有骄矜辞色否②,失意便思有怨望情怀否③。时时检点④,到得从多入少、从有入无处⑤,才是学问的真消息⑥。

【注释】

①粗浮：草率而急躁，不沉稳。意气：情绪。

②得意：得志，亦指骄傲自满，沾沾自喜。骄矜（jīn）辞色：骄傲自负的言辞和神色。骄矜，骄傲自负。辞色，言辞和神色。

③失意：不遂心，不得志。怨望情怀：怨恼愤恨的心境。怨望，怨恨，心怀不满。

④时时：常常。检点：查点，约束，慎重。

⑤到得：等到，到了。

⑥学问：学习和询问。语出《易·乾》："君子学以聚之，问以辨之。"

消息：此指奥妙、真谛、底细。

【译文】

闲暇时，想想自己是否有闲杂之念；忙碌时，想想自己是否有粗浮之气；得意时，想想自己是否有骄矜辞色；落魄时，想想自己是否有怨恨之情。常常反省，等到这些缺点从多到少，从有到无时，才算是掌握了学问的真谛。

【点评】

道德修养非一蹴而就，而是一个日积月累的过程。《论语·季氏》中，孔子曰："君子有九思：视思明，听思聪，色思温，貌思恭，言思忠，事思敬，疑思问，忿思难，见得思义。"孔子认为君子在九个方面要多用心考虑：看问题是否清楚，听问题是否明白，对人态度是否恭谨，说话是否忠诚恳切，做事是否恭敬谨慎，有疑虑要咨询请教别人，生气愤怒时要考虑是否会产生不良后果，见到财利要考虑是否合于仁义。孔子所谈的"君子有九思"，是孔子的道德修养学说的一部分，是每个人的言行举止各个方面所应遵循的准则的概括。比如温、良、恭、俭、让、忠、孝、仁、义、礼、智等内容，他认为是平时修为中要时时反省和恪守的道德规范。只有严格按照君子的准则要求自我，才能去除浮躁意气，无论处于何种境况都可以维持内心的平静。

有识之士，时时省察，处处警醒，通过修身养性，具备美好品德。不论在闲暇或忙碌、意气风发或沮丧失落时，我们都需要学会控制情绪，谨慎行事，在复杂的环境中锻炼自己，逐渐感悟天理至道。

九

士人有百折不回之真心①，才有万变不穷之妙用②。

【注释】

①士人：古时指读书人、士大夫、儒生。亦泛称知识阶层。百折不回：同"百折不挠"。比喻意志坚强，无论受到多少次挫折，毫不动摇退缩。

②万变不穷：即"变化无穷"，指变化多种多样，没有穷尽。妙用：神奇的作用。

【译文】

读书人即使历尽挫折也不舍真挚心性，才能有随机应变的万般智慧。

【点评】

此条讲述坚定目标，顽强不屈的重要性。人们若想成就一番事业，必然会遭遇困难和挫折的考验。如果具备坚韧不拔的信念和坚强执着的品质，即使遇到种种阻挠也不退缩，在挫折中吸取经验教训，在困难中成长，在实践中累积人生智慧，最终一定能获得成功。东汉名臣桥玄，品德高尚，清正廉洁，不畏强权，深得曹操的赏识。他早年便因不畏惧权臣梁冀，调查、抓捕陈国相羊昌而闻名。桥玄的儿子被强盗绑架，为了捕盗，他不惜牺牲了自己的儿子。后来他建议皇帝颁布律法，以从根本上杜绝挟持人质事件。任尚令时，桥玄弹劾盖升在任南阳太守职期间贪污巨额财富之事，请求关押他。蔡邕称赞桥玄"有百折不挠，临大节而不可夺之风"。

一〇

立业建功^①，事事要从实地着脚^②，若少慕声闻^③，便成伪果^④；讲道修德^⑤，念念要从虚处立基^⑥，若稍计功效，便落尘情^⑦。

【注释】

①立业建功：即"建功立业"，建立功勋业绩。

②实地着脚：即"脚踏实地"。比喻做事踏实、认真。

③声闻：亦作"声问"，名誉，名声。

④伪果："果"为佛学术语，指按佛法修行达到一定的证悟境界。修道有所证悟，谓之证果。言其修行成功，学佛证得之果，与外道之盲修瞎练所得有正邪之分，故曰正果。伪果与之相反。

⑤讲道修德：此指修养德行。

⑥念念：一个心念接着一个心念，每一个心念。明王守仁《传习录》："只念念要存天理，即是立志。"虚处：即"虚无"处，谓道体虚无，故能包容万物；性合于道，故有而若无，实而若虚。

⑦尘情：凡心俗情。

【译文】

若要建立功业，做每件事情都须脚踏实地，如果稍稍羡慕声誉名望，修成的便是伪果；宣讲道义修习德行，每个心念都要从虚无处建立根基，如果稍微计较功效，就落入了凡心俗情。

【点评】

建功立业，要脚踏实地，不必羡慕、追求虚名，否则修成的便是虚伪的成就；修养道德，要内心淡然虚静，不计较功利得失，否则就会落入尘俗之中。明代药物学家李时珍正是踏踏实实地践行着这样一条建功立业、修德养性的道路。

李时珍出生于医药世家,在三次乡试未中后遂放弃科举仕途,转而继承家学走上诊病从医之路。他发现很多旧的药物书有不少缺点,于是下定决心重新编写一部药物书。《本草纲目·历代诸家本草》讲述了成书经历:"搜罗百氏,访采四方。始于嘉靖壬子,终于万历戊寅,稿凡三易。"李时珍游历祖国大地,搜寻药草药方,历时二十七年,方完成《本草纲目》初稿的撰写。全书共五十二卷,记载药物一千八百多种,附药方一万一千多个,并附有动植物插图一千一百余幅,书中对记载的药物大多都详细列出名称、产地、形态、采集方法、性味、功用以及炮制方法等,并指出以往药物书中的许多错误,为我国药物学的发展做出了重大贡献。明王世贞在《本草纲目序》中誉之为:"帝王之秘箓,臣民之重宝也。"

李时珍既具备顽强的意志、脚踏实地的态度,又拥有以仁术济世救人的宏伟志向,才使他在漫长的编撰过程中,克服常人难以想象的困难,矢志不渝,初心永存,最终完成了医药史上划时代的鸿篇巨制。

一一

身不宜忙,而忙于闲暇之时,亦可儆惕惰气①;心不可放,而放于收摄之后②,亦可鼓畅天机③。

【注释】

①儆(jǐng)惕:戒惧,保持警觉,小心戒备。

②收摄:收聚。

③鼓畅:鼓动并使畅达。天机:犹灵性。

【译文】

身体不宜太忙碌,但在闲暇时要找些事做,这样可以警惕懒惰习气的产生;心神不可过于放纵,但在精神高度集中之后适当放松一下,这样可以鼓舞心志,振奋灵性。

【点评】

《礼记·杂记下》云:"子贡观于蜡。孔子曰:'赐也乐乎?'对曰:'一国之人皆若狂,赐未知其乐也。'子曰:'百日之蜡,一日之泽,非尔所知也。张而不弛,文武弗能也;弛而不张,文武弗为也。一张一弛,文武之道也。'"大意是说,周朝时,民间有一个祭祀百神的"蜡"节日,非常热闹,孔子带弟子子贡一起去观看。子贡担心百姓只顾玩乐会有危险。孔子向子贡解释道:"百姓成年累月在田间劳作,让他们适当地放松一下,有张有弛,有劳有逸,宽严相济,这是周文王与武王定下的规矩,这样休息之后便于他们更好地生产。"

随着现代社会的进步与发展,人们的工作、学习与生活的节奏越来越快,所面临的各种压力也越来越大。因此,要善于调节自己的情绪,注意劳逸结合,使工作与生活相得益彰。当然,洪应明所提出的"放",是放松,而非放纵。如果长久嬉戏悠游,就会造成身心懈怠,要警惕只"弛"不"张",因嬉戏玩乐而放弃目标与任务,会导致"业精于勤,荒于嬉;行成于思,毁于随"的不良后果。

一二

钟鼓体虚^①,为声闻而招击撞^②;麋鹿性逸^③,因豢养而受羁縻^④。可见名为招祸之本,欲乃散志之媒^⑤。学者不可不力为扫除也。

【注释】

①钟鼓体虚:钟与鼓都是中空的。

②击撞:叩打。亦喻声韵铿锵。

③麋:动物名,即麋鹿。鹿科。体形较大,头似马,身似驴,蹄似牛,角似鹿,故又称"四不象"。

④豢（huàn）养：喂养，驯养。羁縻（jī mí）：束缚，控制。

⑤媒：媒介，诱因。

【译文】

钟和鼓的内部都是空的，因为能发出声音而被敲击；麋与鹿生性自由，因为被驯养而受到约束。由此可见名声是招致灾祸的根源，欲望是使人心志涣散的诱因。学者不可不尽力清除名利与欲望的羁绊。

【点评】

《曾国藩全集·谕纪泽纪鸿》载："知足天地宽，贪得宇宙隘。岂无过人姿，多欲为患害。"告诫人们要知足于内而不争虚名，就不会有屈辱；知止于外而不贪得无厌，就不会有忧患。若无超乎常人的资质，多欲多求只会招致祸害。历史上争名夺利者未必都能心想事成，更多的则是在名利面前失去平常心，为荣华富贵不择手段，害人害己，最终一无所获。对权势、地位看得平淡一些，注重道德品行修养，守住人的本心，就不会在名利面前失衡，反之，则可能品尝人生从顶端跌至低谷，甚至陷入绝境的苦涩。

一三

一念常惺①，才避去神弓鬼矢②；纤尘不染③，方解开地网天罗④。

【注释】

①一念：一动念间，一个念头。常惺：即"常惺惺"。佛教语，指头脑经常或长久保持清醒。宋谢良佐《上蔡先生语录》卷中："敬是常惺惺法，心斋是事事放下，其理不同。"朱熹注："惺惺乃心不昏昧之谓。"

②神弓鬼矢：神灵的弓弩，鬼怪的箭矢。比喻各种意想不到的暗箭

与危险。

③纤尘不染：原指佛教徒修行时排除物欲，保持心地洁净。此指丝毫不受坏习惯、坏风气的影响。

④地网天罗：即"天罗地网"，天空与地面遍布罗网，比喻对敌人、逃犯等的严密包围。

【译文】

每个念头都要保持清醒，才能避开隐蔽的暗箭和危险；最微小的尘污俗垢也不去沾染，方能解开天地所布之重重罗网而不受惩罚。

【点评】

洪应明认为时刻保持警醒、不沾染尘污俗垢，才可以保全人生。宋代大儒周敦颐则持有一种更为进取的人生态度。史载他为官正直，勤政爱民，尤有"山林之志"。晚年定居庐山后，以著书立说修身明道。在宋代理学家中，周敦颐最早提出了"文以载道"说，强调文辞是艺，道德为实，写文必须言之有物。他的名篇《爱莲说》，表达了古代君子"出淤泥而不染，濯清涟而不妖"的高尚品格，也是其自身人格精神的写照。

《爱莲说》中提到三种花，分别隐喻了三种人生价值。菊为花中隐士，牡丹为花中富贵者，莲则是花中君子。周敦颐在文中表达了自己既不像隐居田园的陶渊明那样，因官场腐败而消极避世，也不愿像追逐荣华富贵的世人那样追逐名利，在面对污浊的尘世和黑暗的官场时，仍保持高洁的操守和正直的品德，不逃避，有担当，真正做到了"达则兼济天下，穷则独善其身"。

一四

一点不忍的念头，是生民生物之根芽①；一段不为的气节②，是撑天撑地之柱石③。故君子于一虫一蚁不忍伤残，一缕一丝勿容贪冒④，便可为万物立命、天地立心矣⑤。

【注释】

①生民生物：生养民众，繁育万物。根芽：植物的根与幼芽。比喻事物的根源、根由。

②不为：不做，不干，犹指不做违背道德规范的事情。

③撑天撑地：即"撑天拄地"，顶天立地。比喻独力承担与维持一种局面。柱石：顶梁的柱子和垫柱的础石。比喻担当重任。

④一缕一丝：比喻细小之物。缕、丝，线缕、蚕丝之类的统称。贪冒：贪得，贪图财利。

⑤立命：修身养性以奉天命。立心：树立准则。

【译文】

一点恻隐之心，是滋养民众繁育万物的根源；一段坚守道德原则的品格气节，就是顶天立地的柱石。所以才德之人不忍心伤害一虫一蚁，不贪图一丝一毫的财物，这样才能滋养造福万物，赋予它们生命的意义，为人世间构建道德与价值体系。

【点评】

仁爱之心，滋养天地万物；道德情操，构筑世间价值。

《礼记·哀公问》曰："古之为政，爱人为大。"孔子认为人民是国家的根本，国家的一切举措应以爱惜黎民百姓为首要目标。只有爱惜民力，尊重民心，才能获得民众的支持。孔子曾多次表达对天下苍生的仁爱之心，以及世界大同的终极理想。子路问孔子的志向是什么时，孔子回答说："老者安之，朋友信之，少者怀之。"就是让世间年老之人都能获得安稳的生活，朋友间可以相互信任，年少之人都能得到关怀。儒家一贯主张让人民过上富足幸福的生活，不要与民争利，不要剥夺人民的财富。因为人民安稳富足，国家自然富足，君王才能富足，仁政的最终目的是让天下大同，人民安乐幸福地生活。

一五

拨开世上尘氛①,胸中自无火炎冰兢②;消却心中鄙吝③,眼前时有月到风来④。

【注释】

①尘氛:尘俗的气氛。

②火炎冰兢:此指内心灼热的情绪和恐惧、谨慎的心情。冰兢,语出《诗经·小雅·小宛》:"战战兢兢,如履薄冰。"后以"冰兢"表示恐惧、谨慎之意。

③消却:消除,除去。鄙吝:形容心胸狭窄。

④月到风来:此喻豁然开朗。

【译文】

拂开人世间的俗尘,胸怀中自然没有烈焰焚烧、战战兢兢的情绪;抛掉内心的狭隘想法,眼前就会清风明月般豁然开朗。

【点评】

人类的认知是有局限性的。我们克服一切困难,努力认识世界,认识自我,寻找世界运行发展的规律,就是要驱散笼罩在眼前的迷雾,看清世界的真实面目,消除内心的恐惧与愚昧,破除误解与偏见,感悟更为全面的世界。叔本华《哲学小品》说,思想家应当耳聋。因为耳朵不聋,必然会听到世间的各种纷杂的声音,产生烦扰困惑,势必会影响正确冷静的思考和判断。放下执着与偏见,以清风朗月般的淡然心态拥抱世界,世界也会还你一片清宁。

一六

学者动静殊操、喧寂异趣①,还是煅炼未熟②,心神混淆故耳③。须是操存涵养④，定云止水中⑤，有鸢飞鱼跃的景象⑥；风狂雨骤处，有波恬浪静的风光⑦，才见处一化齐之妙⑧。

【注释】

①殊操：操行不同。喧寂：喧嚣和寂静。异趣：不同的意趣。

②煅炼：冶炼锻造，此指在艰苦中经受考验，增长才干。

③心神：心思精力。混淆（xiáo）：混杂，错乱，界限模糊。

④操存：执持心志，不使丧失。语出《孟子·告子上》："孔子曰：'操则存，舍则亡；出入无时，莫知其乡。'惟心之谓与！"涵养：滋润养育，培养。

⑤定云止水：此指平静、安定的状况。定云，凝定的云。止水，静止的水。

⑥鸢（yuān）飞鱼跃：比喻万物各得其所。语出《诗经·大雅·旱麓》："鸢飞戾天，鱼跃于渊。"孔颖达疏："其上则鸢鸟得飞至于天以游翔，其下则鱼皆跳跃于渊中而喜乐。"

⑦波恬浪静：风平浪静，波涛不兴。恬，安静，平静。

⑧处一化齐：万事万物形态不同，但万物平等，相互依存。

【译文】

做学问的人，行动和安静时操行不同，喧嚣和寂静处心志迥异，这是锻炼尚不够成熟，内心易为外物所困扰的缘故。因此，必须保持心志涵养心性，在风平浪静之中，有鹰击长空鱼跃水面的景象；在狂风骤雨之处，有水波平静的风光，这才是对待万事万物，万般变化平等的态度。

【点评】

晚明社会躁动不安，缺乏雍容恢宏的气度，人心浮躁激切，以致社会上和气渐消，戾气滋生。士人学子受此社会氛围的影响，习性嚣张，言行举止伉直激烈。此处洪应明指出，士人学子在学习知识、培养品格的修炼中,应摆脱躁竞不安的戾气,蓄养沉静安稳的心志,排除外界的干扰,于静心少欲的沉思中,逐渐塑造成熟、理性的人格和圆融通达的处事方式。

面对千变万化的境况,人们要学会坚守本心,忘却肉体的、现实的、有名利是非观念的世俗之"我",复归生命本源的纯真自然之"真我",进而超脱世俗外物的干扰,进入到高度自由的精神境界。

一七

心是一颗明珠。以物欲障蔽之①,犹明珠而混以泥沙,其洗涤犹易②;以情识衬贴之③,犹明珠而饰以银黄④,其涤除最难。故学者不患垢病⑤,而患洁病之难治;不畏事障,而畏理障之难除⑥。

【注释】

①障蔽:遮蔽,遮盖。

②洗涤:冲荡,清洗。又作除去罪过、积习、耻辱等解。

③情识:谓感觉与知识。衬贴:衬托,陪衬。

④银黄:白银和黄金。

⑤不患:不用担忧。

⑥不畏事障,而畏理障之难除:不要畏惧贪、嗔、慢等烦恼,而要畏惧由邪见理惑阻碍真知、真见的毛病难以祛除。事障,佛教语,指贪、嗔、慢、无明、见、疑等烦恼。理障,佛教语,指由邪见等理惑障碍真知、真见。《圆觉经》卷上:"云何二障? 一者理障,碍正知见;二者事障,续诸生死。"

【译文】

人的内心正如一颗明亮的珍珠。因为物质诱惑而屏蔽遮盖它,就好像珍珠被混入泥土沙砾之中，清洗荡涤仍算容易；如果用才情识见遮蔽它，就好像珍珠被装饰上金银，这是最难除去的。所以读书人不担心脏垢之病，而担心洁净无尘之病难治；不要畏惧贪、嗔、慢等烦恼，而要畏惧由邪见理惑阻碍真知、真见的毛病难以祛除。

【点评】

《尚书·虞书·大禹谟》载："人心惟危，道心惟微，惟精惟一，允执厥中。"人心是危险难安的，道心却微妙难明。惟有精心体察，专心守住，才能坚持一条不偏不倚的正确路线。人性在最初阶段，都能保持纯净、自然、善良，但是名、利、穷、达，七情六欲，就如无数张迷离的网，捕获了世人向往名利的脆弱虚荣的灵魂，使其无法从利欲的陷阱中挣脱出来，从而远离道义天理的要求，偏离了君子的修为。因此，守住本心，不再妄动，专注于道义天理的专研和修持，才能突破人生的种种障碍，保持精神的纯洁与清明。

一八

躯壳的我要看得破①，则万有皆空而其心常虚②，虚则义理来居③；性命的我要认得真④，则万理皆备而其心常实，实则物欲不入。

【注释】

①躯壳：指有形的身体、肉体（对精神而言）。

②万有皆空：即佛家所说的"五蕴皆空"。五蕴，佛家语，指色、受、想、行、识。众生由此五者积集而成身，故称五蕴。五蕴都没有了，就到了佛家修行的最高境界。《般若波罗蜜多心经》："观自在菩萨，行深般若波罗蜜多时，照见五蕴皆空，度一切苦厄。"常虚：谓道体虚无，故能包容万物；性合于道，故有而若无，实而若虚。

③义理：合乎一定伦理道德的行事准则。

④性命：中国古代哲学范畴，指万物的天赋和禀受。《易·乾》："乾道变化，各正性命。"孔颖达疏："性者，天生之质，若刚柔迟速之别；命者，人所禀受，若贵贱夭寿之属也。"朱熹本义："物所受为性，天所赋为命。"

【译文】

身披躯壳的"我"对世界看得透彻，就会放下世间所有执念而包容万物，包容万物则礼义伦理就会寄居；本性天命的"我"要认得真切，就会万般道理齐备而心灵充实，心灵充实则物欲不能入侵。

【点评】

虚心才能使心胸宏大宽广，容纳万物，才能听进各方意见，消除粗鄙偏见，使知识齐备，道义长存，而精神不易被物欲蒙蔽。

春秋时，卫国有个叫孔圉的大夫去世后，被卫国国君赐予"文"的谥号。子贡不解，便去问孔子。孔子回答说："敏而好学，不耻下问，是以谓之'文'也。"孔子认为孔圉聪明而又虚心好学，从不因为向不如自己的人求教而感到羞耻，所以被称为"文"。这段对话记载在《论语·公冶长》中。

唐朝时期著名画家阎立本曾在荆州观赏张僧繇留下的画迹。初次看到觉得印象一般，认为张僧繇只是虚有其名。第二天，他告诫自己要虚心，又跑去仔细观摩。此次大有收益，体会到盛名之下的确没有假名士！他越是沉浸其中潜心学习，越领悟到张僧繇作品的真正妙处，于是朝夕揣摩、坐卧观赏了十余天，这才依依不舍地离去。阎立本从最初的不屑一顾到后来能体会到张僧繇绘画的精妙之处，在于他放下了偏见，并能虚心学习钻研。阎立本后来能在绘画上取得巨大成就，与受张僧繇作品的启发也不无关系。

一九

面上扫开十层甲①,眉目才无可憎;胸中涤去数斗尘,语言方觉有味。

【注释】

①甲:原指植物某些部分的外层,如种皮、花萼、果实外壳等。此指颜甲,脸厚如甲,谓不知羞耻。

【译文】

剥落脸上层层伪装,面目才不再可憎;涤荡心中数斗俗尘,言语方觉有味。

【点评】

《中庸·第二十章》云:"诚者,天之道也。诚之者,人之道也。诚者,不勉而中,不思而得,从容中道,圣人也。诚之者,择善而固执之者也。"真诚是上天的原则,追求真诚是做人的原则。天生真诚的人,不用勉强就能做到,不用思考就能拥有,自然而然地符合上天的原则,这样的人是圣人。努力做到真诚,就要选择美好的目标执着追求。

诚实,是为人处世的原则之一。去除伪装的真诚,显露出纯粹真实的自我,表达内心的真正想法,不再虚与委蛇,才是与人交往的正确做法,才能保持友好的人际关系。内心若被俗世尘念浸染,歆羡人间荣华,就会被名利冲昏头脑。只有涤除纷杂妄念,保持心灵的高洁清雅,言行举止才能消除市侩之气,尽显飘逸出尘的风采。

二〇

完的心上之本来①,方可言了心②;尽的世间之常道③,才堪论出世④。

【注释】

①完的:指行有所得。本来:指人本有的心性。

②了心:同"了然于心",一看心中就明白。

③常道:一定的法则、规律,常有的现象。

④出世:佛教用语,意谓超脱人世束缚。佛教徒以人世为俗世,故称脱离人世束缚为出世。

【译文】

修习完善自我的心性,方可说了解心之本性;阅尽人世间的常识道理,才可以谈论超脱人世束缚。

【点评】

有人曾经问苏格拉底世界上最难的是什么,苏格拉底回答是认识自我。德国哲学家卡西尔在《人论》开篇说:"认识自我乃是哲学探究的最高目标——这看来是众所公认的。在各种不同哲学流派之间的一切争论中,这个目标始终未被改变和动摇过:它已被证明是阿基米德点,是一切思潮的牢固而不可动摇的中心。"

人类在认识发展的过程中,从向内和向外两个方面来思考:向外,是认识自然世界的过程;向内,就是认识自我的内心世界、认识人类的过程。按照中国古老的说法,人本身也是一个小宇宙,也有一个完整的世界。一个思想体系在完善的过程中,必须完善这内外两个方面。

古希腊哲学家芝诺曾经说过,人的知识就好比一个圆圈,圆圈里面是我们已知的,圆圈外面是未知的。你知道得越多,圆圈也就越大,你不知道的也就越多。很多求知者都会感慨,我越是钻研学问,越感到自己无知。这是有知的"无知",在苏格拉底看来,这才是人最大的智慧。因为自知无知的人,能真正认清自己的局限,从而超越自己。波普尔说:"自我超越是一切生命和一切进化,尤其是人类进化最惊人、最重要的事实。"如果只是认识自己而不去改善和超越自己,认识自己其实没什么意义。

二一

我果为洪炉大冶^①，何患顽金钝铁之不可陶镕^②；我果为巨海长江^③，何患横流污渎之不能容纳^④。

【注释】

①洪炉：大火炉。比喻锻炼人的环境。大冶：冶炼的大师。

②顽金：坚硬的金属。钝铁：笨重的铁石。陶镕：陶铸熔炼。比喻培育、造就。

③巨海：大海。

④横流：大水不循道而泛滥。《孟子·滕文公上》："当尧之时，天下犹未平，洪水横流，泛滥于天下。"污渎（dú）：污浊的水沟。渎，水沟，小渠，亦泛指河川。

【译文】

如果我是洪大火炉的冶炼大师，何必担忧无法陶铸冶炼坚硬金属、笨重铁石；如果我是广袤的海洋蔓延的长江大河，何必担忧无法容纳横溢河流、污水沟渠。

【点评】

明代兵部尚书袁可立"弗过堂"自勉联云："受益惟谦，有容乃大。"宽容是中华美德之一，袁可立在处事立身中积极践行宽容的原则。他刚毅持正，不畏权贵，仗义上书，直指时弊，被万历皇帝贬官为民。罢官期间，袁可立没有消沉，把仕途不畅作为磨砺自我的机会：结联诗社，教化地方，礼贤父老，调停事务。复出后，巡抚登莱军务，因考虑军事需要，对悍将毛文龙多有提拔援助。但是，毛文龙势力壮大后桀骜不驯，唆使言官攻击袁可立。为了维持海疆防务大局，停止政治内斗，袁可立接连上疏乞求辞官。袁可立的继任者袁崇焕却擅自杀掉毛文龙，致使东江军局面大乱，登莱防务渐趋瓦解。

《尚书·君陈》云:"有容,德乃大。"人具备像海一样的宽广胸怀和雍容气度,德行才能广大,惟有德者能以宽容之心育人律己,融合天地万物,升华思想境界,调节社会关系,创造和谐共处的氛围。

二二

白日欺人,难逃清夜之鬼报;红颜失志①,空遗皓首之悲伤②。

【注释】

①红颜:指少年。

②皓(hào)首:白头,白发。谓老年。皓,白,洁白。

【译文】

白天做了欺骗别人之事,晚上就难逃鬼神来报复;年轻时丢了志向节操,年老时就会空留遗憾悲伤。

【点评】

我国古代迷信鬼神,人们对鬼神普遍存在敬畏心理,认为鬼神拥有神秘莫测的力量,能够洞察世间的一切,具有奖善惩恶的道德品质。如果人们违背鬼神的意志,触犯礼教和法律,弄虚作假,作奸犯科,鬼神将会通过各种方式使之受到报应。鬼神之说,虽具有迷信色彩,但是渴望正义的黎民百姓希望通过善有善报、恶有恶报的形式,劝人行善,彰显正义,惩治不法之徒。

《乐府诗集·长歌行》言:"少壮不努力,老大徒伤悲。"岳飞《满江红·写怀》云:"莫等闲,白了少年头,空悲切。"都在告诫人们,珍惜青春年少的美好韶华,为国为民,博学笃志,奋发图强,而不是把青春时光空抛洒,无谓消磨,直到年老力竭、白首苍颜时才了悟一生无所作为,空留遗憾。

二三

　　以积货财之心积学问①，以求功名之念求道德，以爱妻子之心爱父母，以保爵位之策保国家②，出此入彼③，念虑只差毫末④，而超凡入圣⑤，人品且判星渊矣⑥。人胡不猛然转念哉⑦！

【注释】

①货财：货物，财物。

②爵位：爵号，官位。

③出此入彼：指从一种想法到另一种想法。

④念虑：思虑。毫末：毫毛的末端，比喻极其细微。

⑤超凡入圣：超越平常人而达到圣贤的境界。形容学识修养达到了高峰。

⑥判：区别。星渊：指天渊，比喻差别大，有如天壤之别。

⑦胡不：何不。转念：再想一想，多指改变主意。

【译文】

　　用囤积货物财产的心情去积累学识，用追求功名利禄的意念去追求道德，用呵护妻儿的心意去爱护父母，用保存爵号官位的策略保家卫国，从一种想法到另一种想法，思虑只是微末的差别，却能超越凡俗进入圣人的境界，人的品质几乎就有天壤之别了。世人何不猛然转变想法呢！

【点评】

　　人们追求财富、功名、利禄，是基于人之本性，无可厚非。如果把对财富、功名、利禄的追求转为对知识、道德、孝道、国家大义的追求，虽然仍要付出艰辛的努力，但是产生的结果会有本质的不同。人们跳出了个人私欲的桎梏,表现出对天理至道的孜孜以求,品格气节得以升华,最终的境界也就有了天壤之别。

二四

立百福之基^①,只在一念慈祥^②;开万善之门,无如寸心挹损^③。

【注释】

①百福:犹多福。

②慈祥:慈爱,和蔼。

③无如:不如,比不上。寸心:心里,内心。旧时认为心的大小在方寸之间,故名。挹(yì)损:谦逊。宋叶适《北村记》:"(公)既以天趣得道乐,而又能挹损其言,不自夸擅,可谓贤矣。"

【译文】

建立百般福气的基础,只在于一个慈爱祥和的念头;开启万般善良的大门,不如减少方寸心田间的私念。

【点评】

劝人行善,是《菜根谭》的宗旨之一,书中多次提及行善积德、惩恶扬善、因果报应等内容,以此教化民众,树立向善的意识,累积行善的果报,达到自我度化,仁爱泽世、积德获福的功效。俗语常言:凡心两扇门,善恶一念间;行善福报,作恶祸临。人人心中充满慈爱的念头,才能为自己和后代子孙积累充盈的福气,广植福田。同时,时刻保持警醒,及时清除心田的杂念,一心向善,乐善好施,才能拥有幸福圆满的生活。

二五

　　塞得物欲之路①,才堪辟道义之门②;弛得尘俗之肩③,方可挑圣贤之担。

【注释】

①物欲:对物质享受的欲望。明王守仁《传习录》卷下:"只是物欲蔽了,须格去物欲。"

②才堪:才能。辟:开辟。

③弛:舍弃,放下。

【译文】

　　堵塞物质欲望的道路,方能开辟道义的大门;舍弃凡尘俗世的负担,方可挑起圣贤之责任。

【点评】

　　明景泰六年(1455)十二月,孔子六十一代孙,八岁的孔弘绪袭封衍圣公爵位。代宗皇帝在袭爵当天召见孔弘绪,见他还是垂髫小儿,命官人把他的发髻剃掉,让他交给母亲保管。代宗希望通过这个特殊的礼仪,使孔弘绪意识到自己身上的责任,承继孔氏家族门风,成为国之典范。又念其年龄幼小,下敕告诫他"钦承祖德,聿体朕怀,修身谨行,以孝弟为先,力学亲贤,以诗礼为本"。但是,孔弘绪年少得厚遇,生长环境优渥,生活逐渐骄奢。后娶大学士李贤之女为妻,倚仗权势,行止逾举。明成化五年(1469),孔弘绪因"宫室逾制"被弹劾,夺爵废为庶人。

　　孔弘绪事件对孔府来说,是教训,也是警示。此后,孔府内宅门内衍圣公进出的必经之路上绘制了《戒贪图》,借此提醒孔氏后裔不要因为贪婪而做下悔恨终生的错事。《戒贪图》中,有一种狮头、鹿角、虎眼、麋身、龙鳞、牛尾的动物,便是传说中的贪婪之兽"犭贪"。据说这种动物不吃五谷杂粮,专吞金银财宝。图中犭贪四周的彩云中,隐藏的全是它占有的宝物,然而不满足的獟仍怒视着太阳的方向,张开血盆大口妄图吞没太阳,将其据为己有。可悲的是,獟吞日不成,最终却葬身大海。贪得无厌,最终必走向毁灭。

孔子一生都在提倡道德教化,强调"君子爱财,取之有道",认为追求物质利益要符合道德范畴,如果对物欲的追求超过道义的界限,就会危害自身,何谈担负教化百姓的责任。

二六

融得性情上偏私①,便是一大学问;消得家庭内嫌隙②,便是一大经纶③。

【注释】

①融:熔化,消融。性情:人的禀性和气质。偏私:袒护私情,不公正。

②嫌隙:因猜疑或不满而产生的恶感、仇怨。

③经纶:整理丝缕、理出丝绪和编丝成绳,统称经纶。此指治理国家的抱负和才能。《礼记·中庸》:"唯天下至诚,为能经纶天下之大经,立天下之大本,知天地之化育。"

【译文】

能消融性情上的偏颇自私,就是一门大学问;能调解消弭家族内的猜疑不满,就是一种真才干。

【点评】

真正的才学,不仅限于安邦治国,教化民众,立德立言,开启民智等宏伟大业,还要具备提升道德修为、解决现实问题的能力。如,待人处事秉公无私,消弭人性中自私自利的劣根性,塑造完美品格,具备"公而忘私,国而忘家"的情怀,也是人生的学问之一。甚者,家庭和睦是社会稳定的因素之一,能够妥善处理家庭内部事务,消除人际矛盾和嫌隙,维护家庭的和谐美满,也是"齐家"的基本素养。

二七

功夫自难处做去者①,如逆风鼓棹②,才是一段真精神;学问自苦中得来者,似披沙获金③,才是一个真消息④。

【注释】

①功夫:本领,造诣。

②逆风鼓棹(zhào):逆风行舟。鼓棹,此指划船。棹,划船的一种工具,形状和桨差不多。

③披沙获金:意同"披沙拣金",指去芜存菁,比喻精选。披沙,淘去泥沙。

④消息:这里指奥妙、真谛。

【译文】

学习本领要从难处着手,这就仿佛逆风行舟,不进则退,才是一种真正的学习精神;学问从勤学苦练中得来,这就仿佛在沙子里淘金,去芜存菁,才能获得知识的真谛。

【点评】

明朝著名散文家、学者宋濂在流传于世的《送东阳马生序》中,讲述了其早年虚心求教和刻苦求学的经历。宋濂自幼好学,但家里贫穷,没有办法买书来读,就经常借书来抄,并时刻谨记按时归还。有时天寒地冻,砚台里的墨水结成冰,手指冻得不能自如活动,他也不停止抄书,唯恐超过约定的期限。因为守信重诺,大家都愿意把书借给他,于是宋濂通过抄书的方式读到很多书。成年以后,宋濂更加仰慕古代圣贤的学说,经常冒着严寒大雪,背着书籍,在崎岖的道路奔波,去很远的地方向有名望的前辈请教,有时脚被冻伤了也浑然不觉。

艰辛的求学之路，成就了宋濂渊博的知识、坚毅的性格。在他看来，一个人要想学业有成，主要在于主观努力。天资的高下和环境的优劣，都是次要因素。决定性的因素还是能否排除一切外界干扰，不怕艰难困苦，专注地投入学习。在庞杂纷繁的知识海洋里，只有甄别真伪，去芜存菁，苦学深思，方能获得真知。

二八

执拗者福轻①，而圆融之人其禄必厚②；操切者寿夭③，而宽厚之士其年必长。故君子不言命，养性即所以立命④；亦不言天，尽人自可以回天⑤。

【注释】

①执拗（niù）：坚持己见，固执任性。

②圆融：佛教语。破除偏执，圆满融通。《楞严经》卷十七："如来观地、水、火、风，本性圆融，周遍法界，湛然常住。"禄：福。

③操切：办事急躁。寿夭：寿命短促。夭，未成年而死，早死。

④养性：修养身心，涵养天性。

⑤回天：喻力量之大，能左右或扭转难以挽回的局势。

【译文】

做事固执的人福气轻薄，而做事圆融之人则福禄深厚；做事急躁之人寿命短促，而宽容厚道之人年寿绵长。所以君子不轻言性命，而是通过修身养性而安身立命；也不轻言天意，而是充分发挥人的主观能动性，以此来改变天意。

【点评】

圆融、宽厚、淳朴、仁爱作为中华民族传统道德体系中的核心内容，它彰显的是做人的情操和品行，也是人际交往中重要的处事原则。日常生活中，若能做到圆融顺达、厚德载物、宽以待人、接纳世间万物，就能为自己和子孙后代广集福缘，寿泽绵长。正如宋代理学家张载所言："心大则百物皆通，心小则百物皆病。"立世做人心胸狭窄，目之所及，都是不满和厌恶。人生若充满荆棘，缺乏和气，则难以滋养福泽。

士君子涵养天性，顺应道德，遵循天理，构建完美品格，做到心胸宽广、气量宏大、仁爱宽厚，就可以此安身立命，接受命运的考验，扭转时局天意。

二九

才智英敏者①，宜以学问摄其躁②；气节激昂者③，当以德性融其偏④。

【注释】

①才智：才能与智慧。英敏：聪慧而有卓识。

②摄：收敛，收聚。

③激昂：奋发昂扬。

④德性：指人的自然至诚之性。《礼记·中庸》："故君子尊德性而道问学。"郑玄注："德性，谓性至诚者也。"孔颖达疏："'君子尊德性'者，谓君子贤人尊敬此圣人道德之性，自然至诚也。"融：融合，消融。

【译文】

才智出众、聪颖而有见识的人，最适合以学问来收敛浮躁之气；气度和节操过于激烈昂扬的人，应当通过修身养性来融合个性中偏激的部分。

【点评】

学习是一个积累知识、修养品德、培养情操的过程，需要恒心、毅力、专注和勤奋。才思敏捷之人，若内心躁动难安，无法静心潜思，仅满足于标新立异，是很难在学业上取得成绩的。需要通过学习道义和恪守礼法，逐渐收敛身上的躁气，厚养心性，培养谦虚宽和的气度。

　　气节激昂的人富有勇气和热情，待人处事刚正不屈，但也容易偏激执着，无法做到客观理性。他们需要修养德行，平和心态，与人相处时保持谦虚谨慎，戒除性格中偏执激切的部分，三思而后行，时时警惕因一时的偏执而毁掉人生。

三〇

　　云烟影里现真身①，始悟形骸为桎梏②；禽鸟声中闻自性③，方知情识是戈矛④。

【注释】

①云烟：云雾，烟雾。真身：佛教语。为度脱众生而化现的世间色身，指佛、菩萨、罗汉等。

②形骸（hái）：人的躯体。桎梏（zhì gù）：刑具名，指脚镣和手铐。桎，拘系犯人两脚的刑具。梏，古代木制的手铐。后比喻像脚镣、手铐一般约束、妨碍人自由的事物。

③自性：佛教语。指诸法各自具有的不变不灭之性。南朝梁武帝《净业赋》："既除客尘，又还自性。"

④情识：谓感觉与知识。

【译文】

　　在云雾的影影绰绰中显示自我的真实存在，开始领悟身体原来是束缚人性的枷锁；在禽鸟的鸣叫声中见识了自我的本性，才知道感觉与知识是攻击人性的武器。

【点评】

　　中国文人在现实生活中无法施展人生理想时，往往投身于自然，面对云海雾霭、鸢飞禽鸣等自然变化,逐渐平复惆怅郁闷的心情,寻找心理慰藉,获得内心的宁静与自适。他们主张从浩瀚广阔的自然中获得心灵感悟,来摆脱人情世理的羁绊,获取心灵的解放。自然万物成为他们进一步认识世界、认识自我的媒介,并不断冲击着他们丰富易感的灵魂,使其领悟到物质世界对精神的束缚,领悟到纯真自然的自我本性,使身体形骸摆脱七情六欲的牵制,灵魂得以升华。

三一

人欲从初起处翦除①,便似新刍遽斩②,其工夫极易;天理自乍明时充拓③,便如尘镜复磨④,其光彩更新。

【注释】

①翦除:消除。翦,斩断,除去。

②新刍遽(jù)斩:马上割掉新长出的草。刍,喂动物的草(料)。遽,赶快,疾速。

③充拓:扩充开拓。明王守仁《传习录》卷上:"孩提之童,无不知爱其亲,无不知敬其兄,只是这个灵能不为私欲遮隔,充拓得尽,便完完是他本体。"

④尘镜:明镜蒙尘之意。

【译文】

人的欲望从最初滋生时就要消除,就好似快速地清除新长出的嫩草,很容易就能做到;人的天性要从刚显现时就充实拓展,就像重新打磨蒙尘的镜子一样,会让其焕发新的光彩。

【点评】

欲望是人与生俱来的天性,无法消除,只能节制,否则会违背天理。合理范畴的欲念,是人对物质世界的正常需求。但是"欲"经常和自私、罪恶联系在一起,欲念丛生会激发人性中的恶,改变人善良的本性,甚至使人产生病态的疯狂执念。为了满足欲望甚至铤而走险,采取非法手段,获取不当利益,违背法律与伦理道德,危害社会,这样的欲望应该果断制止,并且从思想根源上清除。

人们可以通过磨砺自我、认知自我的方式,使纯净淡泊的本性逐渐显现。此时,要排除干扰因素,给予自我充分的道德教化,让俗世尘埃沾染到的心灵,回归到纯真自然的本我。而曾经蒙昧迷茫的精神,也会因此重新焕发生机。

三二

一勺水,便具四海水味①,世法不必尽尝②;千江月,总是一轮月光,心珠宜当独朗③。

【注释】

①四海:古人认为中国四境有海环绕,各按方位为东海、南海、西海和北海。此处也可理解为天下、全国各处。

②世法:对出世法而言,佛教把世间一切生灭无常的事物都称世法。

③心珠:佛教语。喻指清净如明珠的心性。

【译文】

大海中的任何一勺水,都具备了所有海洋的味道,世间的修行也是相通的,并不需要经历一切才能了解世间万事万物;照耀千条河流的月亮,归根结底都是天上的那一轮明月,心性也要如明月一样,独自明朗皎洁。

【点评】

老子曰:“道生一,一生二,二生三,三生万物。”《五灯会元》载:“一即一切,一切即一。但能如是,何虑不毕。”这里所指世界由一而至无限,由无限而至“一”。“一”与“多”可以等同,由一切中知“一”,由“一”中知一切。就像大海之水，浩瀚无垠，无论何时何处，一勺海水代表了所有海水的味道，是一切中的"一"。修行也是这样，天下的道理和修行的法则都是相通的，并不需要把世间法通通体验过，才能了解世间万象。一切即"一"，就像天上的明月照映着世间的千万条江河，一轮明月的光辉可以遍洒万物中。这就是由"一"中衍生出无限的意象。要练就世间的一切法则，离不开心的本性，心性如月光般皎洁明朗，一颗心可以遍及一切修炼的法则，最终参悟明了世间法理。

三三

得意处论地谈天①，俱是水底捞月②；拂意时吞冰啮雪③，才为火内栽莲④。

【注释】

①论地谈天：即谈天论地。比喻学识渊博。

②水底捞月：比喻去做根本做不到的事情，只能白费力气。

③拂意：不如意。啮（niè）：指嚼食。

④火内栽莲：火海内栽种莲花，即"火中莲""火生莲"。语出《维摩经·佛道品》："火中生莲华，是可谓希有。在欲而行禅，希有亦如是。"后因以"火生莲"喻虽身处烦恼中而能解脱，达到清凉境界。

【译文】

得意的时候谈论天地宇宙、万事万物，都是空虚幻想，无法实现；在逆境中吞冰咽雪，才能如烈火中栽种莲花一般历经锤炼，摆脱尘世烦扰，到达真我境界。

【点评】

苏轼曰："生死穷达，不易其志。"即便遭受生与死的考验，困窘与显达的磨砺，也不能更改一个人的志向。人生得意时，可以纵情欢歌，谈天论道,但是种种得意都是瞬间的欢愉。人生中更多的情景则是镜花水月,朦胧美好,却难以把握。只有历经炼狱般的烈火锤炼,才能抵御住一切腐蚀心灵的外部因素。如若经历了考场失意、仕途崎岖、人事倾轧、亲情离散等变故,还能凭借坚韧的心性不向命运屈服,才是对俗世尘情通达明了。

三四

事理因人言而悟者①,有悟还有迷,总不如自悟之了了②;意兴从外境而得者③,有得还有失,总不如自得之休休④。

【注释】

①事理:事物的道理。

②了了:明白,清楚。

③意兴:犹意境、兴致。外境:指外界事物。《史记·乐书》:"人心之动,物使之然也。"唐张守节正义:"物者,外境也。外有善恶来触于心,则应触而动,故云物使之然也。"

④自得:自己有心得体会。休休:安闲或安乐的样子。

【译文】

因为他人言语而领悟事物道理的人,虽有所领悟却仍有疑惑,总不如自己透彻领悟那些道理来得清楚明白;从外界事物中得到意境兴致的人,有所得必然会有所失,总是比不上自己修习心得、有所收获来得快乐自在。

【点评】

《新唐书·张旭传》载:"观倡公孙舞剑器,得其神。"唐代书法家张旭在观看了公孙大娘酣畅淋漓的剑舞后,从中领悟到运笔行文的奥妙。当人们通过苦思冥想对事物有所顿悟,自会融会贯通,豁然开朗,心中疑难尽数消除。

有些人通过酒色感受放纵迷醉,有些人通过山水感受放逸旷达,有些人通过品茗感受清雅悠然……从外物中获得的意趣情致,会带给人强烈的感官享受与心灵启迪。然而,一旦外物刺激消失,由它们带来的精神感悟也会随之消失。真正的怡情悦性,在于寻求内在的精神动力,超越以物悲喜的境界,从而获得思想上的领悟和自由。

三五

情之同处即为性,舍情则性不可见;欲之公处即为理,舍欲则理不可明。故君子不能灭情,惟事平情而已[①];不能绝欲,惟期寡欲而已[②]。

【注释】

①惟:只有,只是。平情:公允而不偏于感情。

②期:期望,希望。寡欲:保持心地清净,头脑清醒冷静,欲望少。

【译文】

众人情感相同的地方就是人性,舍掉情感则人性也不能凸显了;众人欲望共同处就是义理,舍弃欲望则义理不能明了。所以君子不能舍弃情感,只做公允而平和的事情而已;不能禁绝欲望,只是希望减少和克制欲望而已。

【点评】

关于性情说,既有程颐“性即理也”,又有张载“心统性情”,朱熹承继发扬曰:“心是神明之舍,为一身之主宰。性便是许多道理,得之于天而具于心者,发于智识念虑处皆是情,故曰心统性情。”又说:“如仁义自是性,孟子则曰‘仁义之心’;恻隐、羞恶自是情,孟子则曰‘恻隐之心,羞恶之心’。盖性即心之理,情即性之用。”心有体有用,心之体是性,心之用是情,性情皆由心中发出,仁义礼智等性理在心的作用下转化为道德情感,并落实到人生实践中。相同的情感来自共通的人性,人们不能只追求性理,而舍弃情感,成为理性枯燥之人。

欲望是人的天性之一,一般包括物质需要和情感需要两个层面。如饥则食,渴则饮,属于人的基本生理需求。古代社会认为欲的存在弊大于利,泛滥的欲望不利于个人的修身养性,它对社会稳定和发展也不利,尤其私欲、恶欲更是如此。韩非认为:"可欲之类,进则教良民为奸,退则令善人有祸。奸起则上侵弱君,祸至则民人多伤。"不正当的欲望会使善良的民众奸邪惑世,灾祸不断,伤及政治根本,冲击社会的道德准则,这是要加以控制的。而在仁义礼智信的道德范畴内的人欲,则是可以接受的。

因此,人们追求义理,塑造完美的道德情操和朴素清静的价值取向,并不需要压制清除正当的情欲与物欲,如此只会影响正常的情感和人格的建立,使社会缺乏蓬勃发展的动力。

三六

欲遇变而无仓忙①,须向常时念念守得定②;欲临死而无贪恋,须向生时事事看得轻③。

【注释】

①仓忙:匆忙。

②常时:平时。守得定:牢牢守住。

③生时:活着的时候,生前。

【译文】

如想遭遇变故而不仓促,就应在平常时坚守每个念想;如想面临死亡而不过分留恋,就应在活着时淡然地看待每件事情。

【点评】

培养从容镇定的气度,功夫要下在平时。人们遭逢突发的变故,惊慌失措之间,常不知如何处置乱局。如果平时注意涵养性情、磨炼心志者,就会懂得顺应天道,乘势而为,镇定自若地解决人生中出现的急难之事。而且,人一旦在日常生活中参透生死本质,就能做到生亦何欢,死亦何苦。正如《邓析子·无厚》所言:"死生有命,贫富有时。怨天折者,不知命也;怨贫贱者,不知时也。故临难不惧。"

三七

　　一念过差①,足丧生平之善②;终身检饬③,难盖一事之愆④。

【注释】

①过差:过失,差错。

②生平:平素,往常。

③终身:一生,终竟此身。检饬(chì):谓检点、自我约束。

④愆(qiān):过错,罪过。

【译文】

　　一念间的差错过失,足够丧失平生的善行;一生谨守着规矩自我约束,却难以掩盖一件事情造成的过错。

【点评】

　　诸葛亮筹谋善断半生,却因用人失误导致街亭之失,成为其政治生涯中的一大败笔。

　　蜀后主建兴六年(228),诸葛亮发动了一场北伐曹魏的战争,任命参军马谡为前锋,镇守战略要地街亭(今甘肃秦安东北),并亲自率领大军,准备进攻魏军踞守的祁山。诸葛亮知道街亭虽小,但关系重大,所以临行前一再告诫马谡一定要考虑周密,在依山傍水处安营扎寨,不得失误。如果失掉街亭,蜀军必败。

马谡到达街亭后,违背诸葛亮的命令,欲将蜀军驻扎在山上。副将王平见此情形,提出反对意见。但是,马谡刚愎自用,不听王平劝谏。曹魏将领张郃奉命进攻街亭,得知马谡大军全部驻扎在山上时不由窃喜,立即断绝水源,把控粮道,将蜀军围困在山上,然后开始火攻。蜀军既无水粮,又遭遇大火,军队大乱,在张郃围攻下,蜀军溃败。马谡失守街亭,战争形势变化,迫使诸葛亮退守汉中。

马谡失街亭,是其骄傲轻敌所致;诸葛亮败给魏军退守汉中,是其识人不清所致。尽管他挥泪斩马谡,并不断悔悟自省,多次以用人不当为由,请求自贬,但是丢失街亭,已然成为诸葛亮北伐曹魏战役中的重大失误。

三八

　　从五更枕席上参勘心体①,气未动,情未萌,才见本来面目;向三时饮食中谙练世味②,浓不欣,淡不厌,方为切实工夫。

【注释】

①五更:旧时自黄昏至拂晓一夜间,分为甲、乙、丙、丁、戊五段,谓之"五更"。又称五鼓、五夜。此处特指第五更的时候,即天将明时。枕席:枕头和席子,也泛指床榻。参勘:检讨,检视。参,检验。勘,校订,核对。心体:指思想。明王守仁《传习录》卷下:"先生尝语学者曰:心体上着不得一念留滞,就如眼着不得些子尘沙。"

②三时:指早、午、晚。谙(ān)练:熟习,熟练。世味:人世滋味,社会人情。

【译文】

黎明躺在床榻上，检视参省自己的内心，心意尚无动荡，情绪没有萌生杂念，才能洞见本来面目；在三餐饮食中熟习人生滋味，浓郁时不必欣喜，淡薄时不必厌弃，方是切实的修养工夫。

【点评】

曾子曰："吾日三省吾身：为人谋而不忠乎？与朋友交而不信乎？传不习乎？"君子反省自我，慎言慎思，避免意气用事，是每日的功课。尤其清晨思虑未动之时，内心一片澄澈，私欲杂念远离自身，认识到自我本性，从而修正己心，端正言行，塑造完美道德品格。因此，内省自悟是君子修身养性的重要途径。

省视自身，无处不在。一日三餐的生活，看似平常，却是磨砺考验心性的重要场所。浓郁富贵的人生或者清淡质朴的生活，都会使人遍尝酸甜苦辣咸等人生滋味，只有认清了物欲的本质，才能拥有立身处世的道德基础。

应酬

三九

操存要有真宰①,无真宰则遇事便倒,何以植顶天立地之砥柱②! 应用要有圆机③,无圆机则触物有碍④,何以成旋乾转坤之经纶⑤!

【注释】

①操存:指操守、心志。真宰:指自然之性。此指原则、主见。

②植:立,树立。顶天立地:头顶天,脚踏地。形容形象高大雄伟,气概非凡。砥(dǐ)柱:山名。又称底柱山、三门山。在今河南三门峡市,在黄河中流。以山在激流中矗立如柱,故名。今因整治河道,山已炸毁。此处比喻能负重任、支危局的人或力量。

③应用:适应需要,以供使用。圆机:比喻超脱是非,不为外物所拘牵。也指见解超脱,圆通机变。

④触物:接触景物、事物。碍:阻碍,妨碍。

⑤旋乾转坤:扭转天地。比喻从根本上改变社会面貌或已成的局面。也指人魄力极大。经纶:指治理国家的抱负和才能。

【译文】

操守心志要有原则，没有原则遇事就会立场不坚定，如此怎能成为顶天立地的社会栋梁！应对事务要懂得圆通机变，没有圆通机变，做事就会障碍重重，如此怎能做扭转乾坤的大事！

【点评】

为人处事既需要世事洞明，懂得机变，又要外圆内方，坚持原则。外圆只是我们呈现在外的态度，是对事情灵活机智、圆融通达的处理方式，是对利益的多方位的考虑，是与人为善的融洽的和谐关系，是对矛盾的协调和避免。内方则是自我的风骨和涵养，自我的判定和规则，自我的利益和坚持。每个人都有基于利益的原则和底线，因此，就会有自己的立场和坚持。

黄炎培曾送给儿子黄大能三十六字箴言："事闲勿荒，事繁勿慌；有言必信，无欲则刚；和若春风，肃若秋霜；取象于钱，外圆内方。"这里的圆，指的是做事的灵活性，而不是圆滑狡诈；而内在方正，则是希望能坚持原则，心存傲骨气节，不因利益而随意低头就范。其实就是倡导一种知世故而不世故的处世之道。

我们面对错综复杂的社会，要学会审时度势，进退自如，不因锋芒毕露、立场坚定而招致攻讦；又要保持初心，刚正不阿，恪守基本的道德准则。生活从来就不是简单的非黑即白的二元论，为人处事的方式讲求多样化、灵活性，而不是简单粗暴的一种模式。努力构建与他人之间的和谐关系，了解俗世情理，坚持原则和立场，心中自有做事的尺度，维持世故与不世故间进退有度的微妙平衡。

四〇

士君子之涉世^①，于人不可轻为喜怒，喜怒轻，则心腹肝胆皆为人所窥^②；于物不可重为爱憎，爱憎重，则意气精神悉为物所制。

【注释】

①士君子：泛指读书人。涉世：接触社会，经历世事。

②心腹：衷情，真意。肝胆：比喻真心诚意。窥：本义从小孔或缝里看，暗中察看。亦泛指观看。

【译文】

读书人之立身处世，不可轻易向他人展现欣喜怨怒，欣喜怨怒轻易显现，很容易被他人窥见内心世界；对于事物不可过分喜爱或憎恶，过分喜爱或憎恶，精神意识就会受制于物。

【点评】

俗语常说：喜怒不形于色，好恶不言于表，悲欢不溢于面，生死不从于天。纵观古今成大事者，即便面对雷霆万钧，也能做到胸有丘壑，气定神闲，挥洒自如，喜怒不形于色，言行不溢于人前。

正德十四年（1519），宁王朱宸濠在南昌发动叛乱。王阳明募集了八万义兵攻击南昌，双方在鄱阳湖大战，朱宸濠最终被王阳明生擒。谁知这一举动却得罪了张忠、许泰率领的代表正德帝的北军，他们进驻南昌后，对王阳明百般谩骂，恶意阻挠或寻衅闹事。北军的到来给平叛中的王阳明带来了很大的困扰，但是他巧妙掩饰内心的愤怒情绪，用温和方式去化解北军的敌意。他不仅关心北军的生活，而且遇到士兵伤亡，派百姓在城中祭奠、哀悼战死的亡灵。久经战乱的北军受到如此优抚，终被王阳明的盛情所感动，纷纷要求返乡。

与之相反，拓跋焘则因为不加掩饰的情感外露而为自己招致杀身之祸。魏太武帝拓跋焘宠爱宦官宗爱，但是宗爱和太子拓跋晃之间关系紧张。宗爱怕拓跋晃继位后会惩罚他，就想方设法诬陷太子谋反。拓跋焘晚年狂躁暴虐，滥杀无辜，太子非常害怕失去信任，在忐忑不安中抑郁而逝。太子逝后没多久，拓跋焘才反应过来，觉得太子都监国了，不至于谋反，为他感到惋惜。宗爱看到拓跋焘不时哀悼太子，非常恐惧。正平二年（452），宗爱弑杀太武帝。《资治通鉴》记载道："魏世祖追悼景穆太子不已；中常侍宗爱惧诛，二月甲寅，弑帝。"

四一

倚高才而玩世①，背后须防射影之虫②；饰厚貌以欺人③，面前恐有照胆之镜④。

【注释】

①高才：亦作"高材"，聪明、才能高超过人。玩世：以不严肃的态度对待现实生活。

②射影之虫：射影为蜮的异名。此指暗地中伤者。《诗经·小雅·何人斯》中有"为鬼为蜮"，三国吴陆玑疏："蜮，短狐也；一名射影。江淮水滨皆有之。人在岸上，影见水中，投人影则杀之，故曰射影也。"

③饰：装饰，修饰。厚貌：外貌厚道，内心不可捉摸。

④照胆之镜：即照胆镜。此指正义的惩罚。东晋葛洪《西京杂记》卷三载，汉高祖入咸阳宫，见"有方镜，广四尺，高五尺九寸，表里有明。人直来照之，影则倒见，以手扪心而来，则见肠胃五脏，历然无碍。人有疾病在内，则掩心而照之，则知病之所在。又女子有邪心，则胆张心动。秦始皇常以照宫人，胆张心动者则杀之。"

【译文】

倚仗才能高超就玩世不恭，必须防备他人背地里暗中伤人；伪装成厚道的样子来欺骗他人，恐怕总会有被揭穿识破的时候。

【点评】

明代中晚期，文人辈出，而其中才高傲世、桀骜不驯、玩世不恭者，非金圣叹莫属。金圣叹蔑视科举，对传统道学嗤之以鼻。他在哭庙案中，受到官员陷害,被斩杀而亡。即便临刑前,他还在讽诵:"莲子心中苦,梨儿腹内酸。"而唐代宋之问文思斐然,颇受朝廷重用。虽然貌似忠厚,但是为了权势地位,不断攀附权贵,汲汲营营,手段低俗,品行恶劣,最终被赐死在流放徙所。

才华横溢的人在为人处事中要谨防小人的诬陷迫害,防人之心不可无;貌似忠厚的虚伪之人,能伪装一时,不能伪装一世,当真面目被世人识破时,将会受到惩罚。

四二

心体澄彻①,常在明镜止水之中②,则天下自无可厌之事③;意气和平④,常在丽日光风之内⑤,则天下自无可恶之人。

【注释】

①澄彻:同"澄澈",水清见底,后引申为清亮明洁、明白。

②明镜止水:比喻心境澄澈平和、平静坦然。明镜,明亮的镜子。止水,静止的水面。语出《庄子·德充符》:"人莫鉴于流水,而鉴于止水,唯止能止众止。"

③厌:憎恶,嫌弃。

④意气:志向与气概。

⑤丽日光风:此指平静和谐的状态。也比喻开阔的胸襟和心地。丽日,明媚的太阳。光风,雨止日出时的和风或月光照耀下的和风。

【译文】

若身心澄澈,仿佛经常映照在明镜中、静水里,世间就没有可厌之事;若心态平和,仿佛经常沐浴在明媚阳光、和煦微风中,天下就没有可恶之人。

【点评】

此条讲述了心气平和，世间就没有令人厌恶的人与事。

人们追求清净纯粹的心境，致力于从清净修为中寻求内心的平静。当人们抑制了内心的贪欲，消除了杂念烦恼，内心自然会平静坦然，心态也逐渐平和。由此世间和气渐生，暴戾之气消散，呈现一派和煦温暖的景象。在这种清静平和的心态下，人的胸襟会变得开阔，眼界与格局得到提升，会拥有雍容的气度，不会过度苛责周围的人与事。最终，人与我、人与人、人与社会的关系都达到一种和谐的状态。

四三

当是非邪正之交①，不可少迁就②，少迁就则失从违之正③；值利害得失之会，不可太分明，太分明则起趋避之私④。

【注释】

①是非：事理的正确与错误。《礼记·曲礼上》："夫礼者，所以定亲疏，决嫌疑，别同异，明是非也。"邪正：邪恶与正直。

②少：稍，略。迁就：降格附和，曲意迎合。

③从违：依从或违背。此指取舍。

④趋避：指趋利避害，趋吉避凶。

【译文】

当是与非、邪与正交织在一起时，不能有稍许的迁就，有稍许迁就，就会失去正确的选择；遇到利与害、得与失聚拢在一起时，不可太分明，太分明就会产生趋利避害的私心。

【点评】

东汉王充《论衡·案书篇》言："两刃相割，利钝乃知；二论相订，是非乃见。"两种学说、观点互相辩证切磋，才能判定是非曲直。

　　武周长寿二年（693），长安附近发生了一起令人震惊的凶杀案，一个名叫徐元庆的驿站仆役，刺杀了当朝御史大夫赵师韫。他向世人申辩说，赵师韫当同州下邽县尉时，枉杀了他的父亲徐爽，他曾为此案多方努力但是都没有结果，只好手刃仇人。

　　历史上为冤屈的血亲复仇一直是朝廷褒奖的孝道范畴。百善孝为先，杀父之仇不共戴天，都是在传统儒家统治下默认的伦理纲常。陈子昂的《复仇议状》和七十多年之后柳宗元的《驳复仇议》，对此案提出了两种不同的见解。陈子昂提出徐元庆为父报仇的行为，合乎孝道和礼法，应先表彰他的义行，并在全国宣扬；但是他杀死朝廷命官的罪行，又不可赦免，应处以死刑。武则天从帝王权术的角度出发，推翻了之前的判决，接纳了陈子昂的建议，将徐元庆处决，然后再到他的家乡表彰他的孝行。柳宗元则认为这样的判决是非不清、赏罚不明、观念混乱令人无所适从。如果徐元庆的父亲无罪被杀，那赵师韫就是滥杀无辜，而上官不追究赵师韫的罪行，则是官官相护，又怎么能将徐元庆处死呢？如果徐元庆的父亲有罪，那么他就不是被赵师韫所杀，而是死于国法。在这种情况下处死徐元庆，就是明正典刑，又怎么能表彰他呢？柳宗元引经据典，从维护封建的"礼"与"法"的尊严出发，调和为亲报仇与遵守法治之间的矛盾，说明陈子昂的主张背礼违法，容易引起社会的不稳定。

　　武周政权通过维护儒家的伦理道德以稳定社会秩序。当礼与法发生冲突时，从仁政的角度出发，不得不放弃对法律过于严苛的执行。法不外乎人情，它不是脱离和超越人类社会情感的冰冷条文，在具体执行时，还要考虑是否符合社会的基本伦理道德和人类的共同情感。

四四

　　苍蝇附骥①，捷则捷矣②，难辞处后之羞③；萝茑依松④，高则高矣，未免仰攀之耻⑤。所以君子宁以风霜自挟⑥，毋为鱼鸟亲人⑦。

【注释】

① 附骥（jì）：即"附骥尾"。比喻依附贤者或先人以成名。《史记·伯夷列传》："颜渊虽笃学，附骥尾而行益显。"司马贞索隐："苍蝇附骥尾而致千里，以譬颜回因孔子而名彰也。"后来一般用为谦辞。骥，骏马。

② 捷：敏捷，迅速。

③ 难辞处后之羞：难以避免依附在马后的羞耻。难辞，难以避免。

④ 萝茑（niǎo）：即女萝和茑。两种蔓生植物，常缘树而生。女萝，一种地衣类植物，即松萝。多附生在松树上，成丝状下垂。茑，寄生也。落叶小乔木，茎攀缘树上，叶掌状分裂，略作心脏形，花淡绿微红，果实球形，味酸。《诗经·小雅》："茑与女萝，施于松柏。"

⑤ 仰攀：犹言高攀，指与地位高于自己的人结交或联姻。

⑥ 风霜：比喻艰难辛苦。自挟：犹自恃、自负。

⑦ 鱼鸟：鱼和鸟，常泛指隐逸之景物。唐韩愈《海水》诗："风波一荡薄，鱼鸟不可依。"亲人：亲近人。此指依附他人。

【译文】

苍蝇叮附在马尾上，虽然速度迅捷，但难以避免依附在马后的羞耻；茑萝缠绕着松树生长，虽然处于高处，却不免攀附依赖的耻辱。所以，君子宁愿在风霜雨雪中自我磨砺，也不愿像花鸟鱼虫一般亲附他人。

【点评】

宋代佞臣丁谓，天资聪颖，颇有才气，当时著名的文学家王禹偁称赞他的文章自唐韩愈、柳宗元以来，二百年间始有此作。丁谓进入仕途后，也显露了不凡的治理能力。在地方任职期间，上奏减免百姓税赋，造福乡里。他还组织编写反映宋初财政状况以及应对策略的专著，成为后世研究宋代经济的重要文献。如果丁谓一直坚持为国为民的正道，也许会成为一代名臣。但是在追逐权力的过程中,他逐渐迷失,变得奸诈狡邪。为了依附皇权和巩固地位,丁谓做了不少罔顾朝臣职守的坏事,比如逢迎皇帝,大兴土木,不择手段陷害忠良等。多行不义必自毙,丁谓虽官至宰相,最终也没有逃脱被贬斥崖州(今海南三亚)的命运。

依附权势,获得利益的小人,享受的是暂时的荣华富贵。真正的君子,品行高洁,志向宏远,宁愿在艰难困苦中磨砺自我,也不愿放弃理想与气节。

四五

好丑心太明^①,则物不契^①;贤愚心太明^②,则人不亲。士君子须是内精明而外浑厚^③,使好丑两得其平^④,贤愚共受其益^⑤,才是生成的德量^⑥。

【注释】

①契:古同"锲",刻。本谓占卜时以刀凿刻龟甲,后泛指刻物。此处指契合。

②贤愚:贤智和愚拙的人。

③精明:纯洁聪明,精细明察。浑厚:淳朴,敦厚。

④好丑两得其平:美好与丑陋二者之间有所平衡。平,平衡。

⑤贤愚共受其益:贤明与愚笨的人都能得到好处。

⑥德量:道德涵养和胸怀气量。

【译文】

区别美好和丑陋之心太过分明,则万物不会称心;区别贤良和愚笨之心太过清晰,则难以使人亲近。读书人应该内心精明外表淳朴宽厚,使美好与丑陋二者得以平衡,贤明和愚笨的人都可受益,这才能逐渐生成涵养和气量。

【点评】

人们的处世方略不同,就会对事物评判的标准产生差异。如果不能一分为二地分析、辨别事物,就会形成非美即丑、非贤即愚、非好即坏的僵化、严苛的标准。而且求全责备,容易令人陷入"水至清则无鱼,人至察则无徒"的境况。因为对待人与事,明察太过,无法包容体谅,常使自己处于不满意的状态,心生怨尤,反而令人难以亲近。所以,文人士子做人处事不宜过于清正刚直,而应外圆内方,圆顺通达,既保持圆融宽厚的品格,又有内在坚持的原则,以宽容仁慈之心,接纳世间万物。

四六

伺察以为明者①,常因明而生暗,故君子以恬养智②;奋迅以为速者③,多因速而致迟,故君子以重持轻④。

【注释】

①伺察:侦视,观察。

②以恬养智:用恬静淡泊来培养智慧,涵养心性。

③奋迅:精神振奋,行动迅速。

④以重持轻:用厚重把持轻微,即用严肃认真的态度把握处理轻微细小的事情。重,本义分量大,与"轻"相对。此指敦厚持重。持,握。引申为掌握、控制。

【译文】

把洞明世事当做贤明的人,常因自以为精明而导致愚昧,所以君子应以恬静淡泊培养智慧;把奋起疾行当做迅速的人,常会欲速而不达,因此君子以稳重的方式处理细微的事情。

【点评】

《论语·子路》载:子夏为莒父宰,问政。子曰:"无欲速,无见小利。

欲速则不达,见小利,则大事不成。"子夏是"孔门七十二贤"之一,曾经在莒父(今山东莒县)做地方长官。他想要做一番事业,专程向老师孔子咨询关于治理地方的问题。孔子告诉他为政的关键在于要眼光长远,明察世情,不要只追求快速的成功,因此贪图蝇头小利反而急功近利,缺乏高瞻远瞩、聪明睿智的眼界和格局。

待人处事如果一味雷厉风行,鲁莽冒进,为达目的不择手段,反而会离目标更远。罗马城不是一天建成的,事情不是一蹴而就的。做事循序渐进,由量变积累至质变,才能产生意想不到的结果。

四七

士君子济人利物①,宜居其实,不宜居其名,居其名则德损;士大夫忧国为民②,当有其心,不当有其语,有其语则毁来③。

【注释】

①济人利物:谓救助别人,对世事有益。

②忧国:为国事而忧劳。

③毁:诽谤,贬毁。

【译文】

读书的人救济他人,于世事有益,要把事情落在实处,不能只为凸显名声,留意名声就会损害品德;做官的人忧劳国事为民造福,应当怀有为国为民的真心,而不是空谈口号,空有语言而没有实际行动就会招致诽谤。

【点评】

《颜氏家训》载:"上士忘名,中士立名,下士窃名。"对中国古代知识分子而言,救济帮扶他人是立善积德的功业,是践行道德理想的人生追求,而不是为了赢得社会声誉的虚伪表现。在此行善过程中,文人士子要踏踏实实做事,并清楚认识到功名利禄是束缚人性的枷锁,是精神的负累,千万不能堕入名利的深渊,以致影响品格与气节。

忧国忧民,济世经邦,是中国古代知识分子的政治理想。他们冀望开创太平盛世,实现国富民强,海清河晏,为天下苍生建立一个和谐安康的大同社会。为了践行理想,他们砥身砺行,鞠躬尽瘁,在所不惜。即使遍尝宦海人间的艰辛与忧愤,也"专利国家,而不为身谋"。经世济邦,不是一边空喊着爱国忧民的口号,一边不忘享乐安逸,毫不作为。它是无数践行者用热血和情怀汇聚的浩然长卷,有"乐以天下,忧以天下"的人生使命,有"人生自古谁无死,留取丹心照汗青"的豪情壮志,有"苟利国家生死以,岂因祸福避趋之"的无私奉献。

四八

遇大事矜持者①,小事必纵弛②;处明庭检饬者③,暗室必放逸④。君子只是一个念头持到底,自然临小事如临大敌,坐密室若坐通衢⑤。

【注释】

①矜持:庄重,拘谨。

②纵弛:恣意放纵,放松。

③明庭:本意古代帝王祭祀神灵之地。此指明亮的庭院。检饬(chì):检点,自我约束,整治。

④暗室:幽暗的内室,别人看不见的地方。宋李昌龄《太上感应篇》:"是道则进,非道则退。不履邪径,不欺暗室。"放逸:放纵逸乐。

⑤密室:秘阁,帝王藏书之所。此处指隐秘的房间。通衢(qú):四通八达的道路。

【译文】

遇到重大事情才持重谨慎者,在处理小事上一定放纵松懈;在大庭广众下才知检点者,在别人看不见的地方必定放纵自己。君子则始终坚持一个原则,面临小事,也如同处理重大事情一样小心谨慎;即使坐在密室独处,也如同坐在人潮涌动的通衢大道一样,时时注意约束自己的行为举止。

【点评】

《礼记·中庸》载:"道也者,不可须臾离也;可离,非道也。是故君子戒慎乎其所不睹,恐惧乎其所不闻。莫见乎隐,莫显乎微,故君子慎其独也。"人们遵循天性,修养品性,构建道德体系,这样的道是片刻都不能离开的,能离开的就不是道。因此,君子要"慎独",无人看见也要谨慎持重,无人听到也要诚惶诚恐。

"君子慎独,不欺暗室",是君子的操守之一。一个人独处时,不论在昏暗的幽室,还是在敞亮的通衢之处,不论是空无一人,还是人潮汹涌,都能坚守道德准则,不做违背社会良知的坏事,这是作为君子高尚旷达的精神境界。

四九

使人有面前之誉①,不若使其无背后之毁;使人有乍交之欢②,不若使其无久处之厌。

【注释】

①面前:当面。

②乍:刚,起初。

【译文】

使人在当面称赞你,不如使他不要在背后毁谤你;使人有初次交往的欢喜,不如使他们在与你长久交往之后也不会产生厌恶。

【点评】

与人交往,贵在真诚。不论赞美还是批评他人,都要当面进行,而不是两面三刀,虚假诈伪,当面赞美,背后诽谤。良言暖人心,恶言寒三冬,尤其是背后的谗毁之言,更能伤害他人。至于交友之道,古人讲求仁义、忠信、宽恕等原则,不渴求瞬间的浓烈如火、热情澎湃,但求君子之交淡如水。在长期的交往中,即使经历风霜雪雨,亦不弃友情而不顾,成为知己故交。而不是在了解彼此后,背道而驰,成为殊途之人。令人心生向往的情谊,也许是"桃花潭水深千尺,不及汪伦送我情",也许是"一片冰心在玉壶",也许是"海内存知己,天涯若比邻",总之,深情厚谊,令人铭刻。

五〇

　　善启迪人心者①,当因其所明而渐通之②,毋强开其所闭;善移易风化者③,当因其所易而渐反之,毋轻矫其所难④。

【注释】

①启迪:开导,启发。

②因:遵循。

③移易:改变。风化:犹风教、风气。

④矫:本义把弯箭反向弄直。引申把弯曲的物体弄直,改正,纠正。《荀子·性恶》:"以矫饰人之情性而正之。"

【译文】

　　善于启发教育心智的人,应当循序渐进,从他们明白处开始而逐渐启发疏导,不要强行教授他们所不了解的内容;善于改变风俗教化的人,应当从人们容易改变的地方出发而循序渐进引导,不要轻易去改变那些难以改变的地方。

【点评】

　　孔子作为善于启迪心智的一代巨儒,针对不同的学生会选择适合的教育方式。《论语·先进》记载,子路和冉有都曾向孔子讨教,如果他们听到一种正确的主张,是否立即去做呢?对于子路的疑问,孔子的答案是:"你有父亲和兄长健在,为什么不先问问他们的意见呢?"针对冉有的问题,孔子的回答则干脆利落:"立刻去执行。"公西华在旁目睹这一幕,内心很疑惑,不禁问道:"老师,他们两人的问题一样,为什么您的回答却如此不同呢?"孔子分析道:"冉有为人畏缩、犹豫,所以我鼓励他做事果敢一些;子路勇猛飒爽,但遇事往往粗疏大意,所以我要压制一下他的冲动行事,让他三思而行。"这种因人而异却又恰到好处的教育方式,只有真正的智者才做得到。

学习与教化,相辅相成。移风易俗,方式方法也要恰如其分,循序渐进。隋朝时,辛公义被任为岷州刺史。岷州地区百姓因缺乏对疾病的认识,特别害怕病疫,随意抛弃病患,导致死亡率很高。辛公义听闻此事,下令将病人移至府衙的听事大堂内。夏天炎热,疾病暴发时,数百名病人挤满了厅堂和走廊。辛公义也在听堂内不辞辛苦地守候在病人身边,用俸禄请医生诊断,购买药材,亲自探望慰问病人。每当病人痊愈后,就召见他的家人,告诉他们因为家人的抛弃才导致他们死亡。病人的家属听到辛公义的话都感到惭愧,感谢而去。之后,只要岷州人得病,都会争着到辛公义身边。人与人之间也会相互关心与爱护,建立起和谐融洽的关系,岷州抛弃病患的陋习终于得到改变。

五一

彩笔描空①,笔不落色②,而空亦不受染;利刀割水,刀不损锷③,而水亦不留痕。得此意以持身涉世④,感与应俱适④,心与境两忘矣⑥。

【注释】

①彩笔:五彩之笔。

②落色:颜色脱落。

③锷(è):刀剑的刃。

④持身:立身,修身。

⑤感与应俱适:内心感受与实际体验完全相适。感、应,此指思想受外界影响而引起反应。

⑥心与境:佛教语,指意识与外物。

【译文】

用五彩斑斓的笔在天空描绘,笔上的颜色不会脱落,而天空也不会因此被沾染;用锋芒锐利的刀去切割流水,刀刃不会受损,而流水也不会留下刀割的痕迹。理解其中的意义,并在为人处世中加以实践,内心感受与实际体验完全适合,心境与物境就能两忘了。

【点评】

此处用彩笔描绘天空,晴空不染;利刃割流水,水却无痕,作为譬喻,告诉我们人生总要留痕,以何种方式留下印记,留下什么印记,值得深入思考。如果我们的言行举止不符合社会的价值取向,即便浓墨重彩的描绘,依然了无痕迹。《道德经》载:"善行无辙迹,善言无瑕谪,善数不用筹。"对有德君王而言,尽心尽力为百姓做好事,是自然而为;发布有益于百姓的法令,自然没有瑕疵;只要为百姓谋划,自然会使其繁荣昌盛。他们的所作所为,顺应天道,出发点都是为了天下黎民,并非为了权力声望。正是这样自然纯粹的初心,反而使他们留下耀眼的光彩。

至善之人,挥洒之间,举重若轻。他们心怀天下,志向高远,看透名利的本质,恪守道德准则,做事情水到渠成,自然而然间成就事业,似乎更能深刻理解君子要有所为,有所不为。

五二

已之情欲不可纵,当用逆之之法以制之①,其道只在一

"忍"字；人之情欲不可拂^②，当用顺之之法以调之，其道只在一"恕"字。今人皆"恕"以适己而"忍"以制人，毋乃不可乎^③！

【注释】

①逆：与"顺"相对，方向相反。

②拂：逆，违背。

③毋乃：莫非，岂非。

【译文】

自身的情感欲望不能放纵，应当用拂逆之法去克制它，真正有效的方法就在一个"忍"字；他人的情欲不能违背，应当用顺从的方法去调和，真正有效的方法就在一个"恕"字。现在的人都将"恕"字留给自己宽以待己，却将"忍"字留给他人严以律人，这样怎么可以呢？

【点评】

我们在处理情感欲望的问题上，不能把自己和他人对立起来，宽以待己，而严以待人。

对待自己的情感欲望，应当适度克制，控制欲念行之有效的方法是忍耐。对于别人的情感欲望，以宽恕的心态理解、顺应，才是解决问题的方法。但是，越来越多的人，不论自我如何放纵情感欲念，如何攫取利益，都只是宽恕自己，反而严苛地要求他人压制对功名利禄、荣华富贵的欲念。对自我的松懈，对他人的责难，必将导致心态与行为的失衡。

五三

好察非明^①，能察能不察之谓明；必胜非勇，能胜能不胜之谓勇。

【注释】

①察：深入仔细地看。引申有考察、辨别等意。

【译文】

喜欢把事情弄清楚不算明智，能弄清楚事情却不事事明察才是真正的明智；要求必胜不算勇敢，能够取胜却并不事事争胜才是真正的勇敢。

【点评】

我国民间关于郑板桥难得糊涂的传说故事很多，把难得糊涂作为处世哲学的人也很多。

郑板桥出任潍县知县期间，山东遭遇大旱，而钦差姚耀宗却不闻不问，反而向他求字画。郑板桥就以鬼画讽刺，钦差姚耀宗怒而撕画。郑板桥见百姓惨景，非常愤郁。其妻劝他说："既然皇上不问，钦差不理，你就装作糊涂嘛！"郑板桥怒言："装糊涂，我装不来。你可知道，聪明难，糊涂难，由聪明变糊涂更难，难得糊涂。"他所说的这句话，后来就成了"难得糊涂"的自注："聪明难，糊涂尤难，由聪明而转入糊涂更难，宽一着，退一步，当下心安，非图后来福报也。"告诫世人凡事不要太认真，得过且过，所谓"不痴不聋，不作阿家翁"。

生性刚直的郑板桥，虽以自我解嘲的方式，在嬉笑怒骂中与恶势力抗争，但是悲观、彷徨、压抑、无人理解的苦闷交织在一起，使他对官场充满了厌弃。在这种复杂情绪驱使下，在遵循良知道德和装作糊涂无所为之间难以抉择的痛苦中，郑板桥写下了"难得糊涂"四个大字，是他抗争不过官场的黑暗势力，又不愿昧着良心去"糊涂"的无奈之举。不久便辞官归隐。

郑板桥的这种处世哲学，既有积极的一面，大丈夫立世，应当经世济邦，扶助幼小，敢作敢为，具备与黑暗势力对抗的立场和勇气；也有消极的一面，面对腐朽的封建专制政权，知识分子造福生民的政治理想被处处打压，知其不可为而为的抗议，最终成为泡影，只能看破红尘，寻求消极的隐世思想，以求得方寸的恬淡安宁。

　　在现代社会,依然有人把"难得糊涂"作为处世哲学。我们应该吸取其积极的现实意义,抛去厌世不作为的消极影响,使它更加符合这个时代的精神追求。

五四

　　随时之内善救时①,若和风之消酷暑②;混俗之中能脱俗③,似淡月之映轻云④。

【注释】

①随时:任何时候,不拘何时。救时:匡救时弊。

②和风:和缓、温和的风,多指春风、冬天里的南风。

③混俗:谓混同世俗,不清高超脱。

④淡月:不太明亮的月亮或月光。轻云:薄云,淡云。

【译文】

　　无论何时都可以匡救时弊,就似和风消除炎热酷暑;身处世俗中又能够超脱尘俗,其品质好似淡淡月光映照着轻盈云彩。

【点评】

　　有识之士,随时能肩负起济世救民,匡扶天下的重任,其行为和煦温润足以慰藉天下百姓。而他们出入于凡尘俗世,见识到功名利禄,荣华显耀,还能拒绝名利诱惑,保持高洁的品节,出淤泥而不染,始终践行清逸脱俗、淡泊名利的人生理想。

五五

　　思入世而有为者①,须先领得世外风光,否则无以脱垢浊之尘缘②;思出世而无染者③,须先谙尽世中滋味④,否则无以持空寂之苦趣⑤。

【注释】

①入世：佛家语，与"出世"（脱离俗世）相对，生于世上。

②垢浊：犹污秽。尘缘：佛教、道教谓与尘世的因缘。

③无染：佛教语，谓性本洁净，无沾污垢。

④谙（ān）：经历，经受。此指尝遍。

⑤空寂：佛教语。谓事物了无自性，本无生灭。苦趣：人生的苦楚，佛教指地狱、饿鬼、畜生这三种"恶道"，均为轮回中的受苦之处。

【译文】

想要进入俗世而做出一番事业的人，必须先领略世俗之外的风光，否则无法摆脱污浊的俗世尘缘；想要脱离俗世而不被沾染的人，必须先尝遍俗世中的诸种滋味，否则无法在空虚寂寞中把持自己以苦中作乐。

【点评】

入世与出世，都是基于人生经历的选择。入世情怀，是希冀投身于现实世界，经世治国，立言立德，做一番功名事业，传承道德文章。出世情怀，则是隐逸于山林泉石，或歌或吟，或诗或画，或茶或酒，拂拭心灵尘埃，顿悟自我本真。但是，身在俗世凡尘，荣华富贵容易迷惑双眼，失去纯真自然的本性。所以，要有淡泊名利的心境，坚持高尚的情操，孤傲的品节，如此才能在繁华尘世中坚持心中的信念，建功立业，而不被利欲侵扰。而身处世外，首先需经历现实世界的繁华盛景，悲喜哀乐。遍尝人生滋味，才能在清风朗月、日暮余晖、风霜雨雪中，沉浸于淡泊宁静、超脱尘世的清雅生活。

五六

与人者，与其易疏于终①，不若难亲于始；御事者②，与其巧持于后③，不若拙守于前④。

【注释】

①与其：在比较两件事或两种情况的利害得失而表示有所取舍时，"与其"用在舍弃的一面。疏：疏远，不亲近。

②御事：治事。

③巧持：巧妙撑持。

④拙守：安于愚拙，不取巧。

【译文】

与人交往，与其最终会疏远，不如一开始就难以亲近；处理事务，与其在后期出现问题时勉力撑持，不如在最初做事时安守愚拙，勤勉做事。

【点评】

管宁、华歆曾一起在陈球门下学习，管宁淡泊名利，不论面对地上遗失的金箔，还是坐着豪车的高官，都无动于衷，而华歆则容易被名利所吸引，忘记正要做的事情。因为选择不同，两人渐行渐远，管宁也毅然割断共同的学习座席，使这段情谊走向终结。管、华的断交，归根结底，是因为彼此的价值观念和追求的人生道路不同。相较于华歆官至太尉，管宁终其一生未曾出仕，然而后世对管宁的评价极高，认为管宁怀才而遁世，不侍奉曹魏政权，品格高尚，眼界高远，应为三国第一人。

20世纪90年代，诺贝尔经济学奖获得者、科学家赫伯特·西蒙和埃里克森一起建立了"十年法则"，作家格拉德威尔在《异类》一书中提出"一万小时定律"："人们眼中的天才之所以卓越非凡，并非天资超人一等，而是付出了持续不断的努力。一万小时的锤炼是任何人从平凡变成世界级大师的必要条件。"他们都认为：但凡要在任何领域成为大师，一般都需要长时间的艰苦努力。因为真正的才能，必须经历严苛的培养和磨砺，不是单纯依靠技巧就可以获得的。与其妄想轻巧取胜，不如以超凡的耐心和毅力,刻苦学习,锻炼技术,厚积薄发,修成正果。

五七

酷烈之祸①,多起于玩忽之人②;盛满之功③,常败于细微之事。故语云:"人人道好,须防一人着恼④;事事有功,须防一事不终。"

【注释】

①酷烈:残暴,猛烈,强烈。

②玩忽:对法令、职守等不严肃认真地对待。

③盛满:满盈,盛极。

④着恼:生气,发怒。

【译文】

惨烈沉痛的灾祸,大多是因为玩忽职守的人造成的;盛大的功勋,时常因为细微之事而败落。所以常言道:"每个人都说好,还须防备有一个人懊恼生气;每件事都有功,还须防备有一件事无法善始善终。"

【点评】

《后汉书·郭陈列传》载:(陈忠上疏曰)"臣闻轻者重之端,小者大之源,故堤溃蚁孔,气泄针芒。是以明者慎微,智者识几。"因忽视蚂蚁洞而导致堤坝崩溃,因小小的针孔而导致气囊破裂,这些潜在的隐患微不足道,容易被忽视,但常常会酿成无法弥补的大灾祸。因此,《说苑·敬慎》云:"忧患生于所忽,祸起于细微。"指出忧患产生于疏忽的时候,灾祸常因微小的事情而起。为人处事注意恪守职责,谨慎细致,防微杜渐,在事情还处于萌芽状态的时候就加以制止,以免任由其发展下去而造成无法挽回的后果。

《尚书·旅獒》曰:"为山九仞,功亏一篑。"九仞高山,只因最后一筐土而未堆砌成功。有些事情看似再努力一下就能完成,可偏偏因为各种原因功败垂成。公元8年,东晋宰相谢安派谢石、谢玄带八万精兵去迎战前秦苻坚,在淝水之战中大败秦军,收复了北方的许多失地,使东晋的军事形势转危为安。就在此时,孝武帝司马曜听信谗言,忌惮谢玄的赫赫军功,令其收兵驻守淮阴。谢玄眼看胜利在望,却错失良机,最终忧愤成疾而亡。

谨小慎微,与人为善,才能避免微小的因素影响全局的胜利,从而建功立业,善始善终。

五八

功名富贵,直从灭处观究竟①,则贪恋自轻;横逆困穷②,直从起处究由来③,则怨尤自息④。

【注释】

①灭处:消亡之处。究竟:结局,结果。

②横逆:犹横祸、厄运。困穷:艰难窘迫,贫穷,困苦。

③起处:此指起源的地方。

④怨尤:埋怨责怪。《颜氏家训·归心》:"今人贫贱疾苦,莫不怨尤前世不修功业。"

【译文】

功名利禄,直接从它消亡处观看结果,则贪图依恋之心就会自动减轻;厄运穷困,直接从它缘起的地方追究缘由,则怨天尤人之意自会熄灭。

【点评】

李白《江上吟》云:"功名富贵若长在,汉水亦应西北流。"说明功名富贵不能长久。那么,富贵荣耀从哪里消亡?贫穷困厄又从哪里缘起?清醒地认识到这些祸福因果,就能消减名利之心,怨艾之意。

虽然功名利禄是刺激欲念的最直接的手段，多少人在尘世中奋斗，只为了创立功名事业，赚取万千家财，享受奢侈浮华的生活。但是，功名利禄又容易被时局所困，被形势左右，经营不善则成为一场败局。所以，理性对待富贵名利，不要沉陷其中无法自拔。而贫穷困厄是妄念丛生造成的恶果，是德行不修，品行不善的结果，因此而遭遇的人生起伏，是对人性的磨炼，使其逐渐明了无数欲念最终成空的道理，也就能以一颗平常心对待人生了。

五九

宇宙内事要力担当①，又要善摆脱。不担当，则无经世之事业②；不摆脱，则无出世之襟期③。

【注释】

①宇宙：犹言天下、国家。力：尽力，竭力。担当：承担并负责任。

②经世：阅历世事。事业：成就，功业。

③襟期：襟怀，志趣。

【译文】

天下之事要勇于承担，又要善于摆脱。不担当天下之事，就无法经历世事从而获得功业；不能摆脱，就无法拥有超脱尘世的襟怀。

【点评】

东汉光武名臣董宣为官刚正不阿，清正廉洁。被任命为洛阳令时，遇到光武帝的姐姐湖阳公主之仆杀了人，公主却多方袒护。董宣在公主车驾途中，杀死了作恶的仆人。公主大怒，立即回宫向光武帝告状。光武帝召见董宣，欲用木杖打死他，董宣据理力争。光武帝改变主意，命令他向公主叩头谢罪，并强令侍从按压他的脖颈，董宣推拒不从。光武帝感佩董宣刚烈，于是赦免了他，并重赏三十万钱，授为"强项令"。从此，董宣致力于打击豪强恶霸,被百姓称为"卧虎",时人歌颂说:"枹鼓不鸣董少平。"

历朝历代既有像董宣这样勇于承担责任,积极履行职责,面对权势绝不退缩的官员,也有不愿为五斗米折腰,潇洒挂印而去的渊明先生。出世入世,是文人士子基于现实、理想、伦理、道德的选择,都是对个人品性和情操的锤炼。

六〇

待人而留有余①,不尽之恩礼②,则可以维系无厌之人心;御事而留有余③,不尽之才智,则可以提防不测之事变④。

【注释】

①待人:此指待人接物,泛指与人往来接触。

②恩礼:旧谓尊上对下的礼遇。

③御事:治事。

④不测:料想不到的事情,多指祸患。事变:泛指事物的变化。

【译文】

对待他人要留有余地,不要把恩惠礼遇都给别人,这样才可以维系永不满足的人心;处理事情要留有余地,不要穷尽才能和智慧,这样才可以提防不可预测的变故。

【点评】

此处主要强调了留有余地的重要性。文人士子讲究作画要留白,文章要有余韵,故事要有想象空间。留下余地,才会有回味无穷的空间。这样的空白、缺失才能避免满而横溢的过度饱和,给处理事务留下合理的弹性空间和缓冲余地,不至于充满紧张和冲突。人间万象,纷繁复杂,千变万化,经常是物极必反,施恩不能太满引人抱怨,与人交谈不能太满引人退思,处事不能太满引人抗拒,给双方都留有斡旋的余地,更容易保持距离,掌握分寸,取得意想不到的结果。

曾国藩曾说过:"平日最好昔人'花未全开月未圆'七字,以为惜福之道、保泰之法莫精于此。"花朵含苞待放,明月将欲圆满,都是臻于极盛未盛之时的状态,虽略有缺憾,但是留存的那份余韵,才是真实的人生状态,才是最令人踏实安稳的状态。

六一

了心自了事,犹根拔而草不生;逃世不逃名,似膻存而蚋仍集①。

【注释】

①膻(shān):指羊的味道,泛指其他草食动物的气味。蚋(ruì):蚊类害虫。体形似蝇而小。吸人畜的血液,幼虫栖于水中。

【译文】

了结心中的念头,事情自然也会了结,犹如拔除根茎而嫩草不再生长;逃避尘世而不逃避名利,犹如腥膻犹存蚊蝇仍旧聚集其上。

【点评】

私欲、贪欲等内心深处的杂念,如藤蔓般盘结缠绕,生息蔓延,它们是带来烦恼、忧愁、痛苦与不幸的本源。俗语常说:"水无波自定,镜无尘自明。"去除杂念,斩断困扰心灵的种种恶欲私念,使其不再生长,心灵自会清明,而围绕周身的凡尘琐事也将逐渐消失。

出世是很多名士脱离俗世,淡泊名利的一种人生诉求,是彻底隔断红尘束缚的理想和情怀。但是有些隐士,内心向往的还是名利场,虽隐山水之间,仍然羡慕人间繁华,终究无法掩藏内心对财富权势的追求。隐居只是为了给未来的出仕增添一些色彩和分量,这些虚假的行径自然令人厌恶、诟病和抨击。真正的隐士则像隋唐之际的朱桃椎那样,生性淡泊,无欲无求,从不为官场声名动心。据《新唐书》载,朱桃椎以编织草鞋为业,并为此起名为"居士屦",因其厚实耐穿,人们争相购买。当地官员钦慕他的为人,希望征召他担任乡里职务,但被拒绝了。朱桃椎活得坦率真实,体现了一个远离繁华世界的隐士所拥有的遗世独立的情怀和品节,就如他的遗作《茅茨赋》所述:"吾意不欲世人交,我意不欲功名立。功名立也不须高,总知世事尽徒劳。"

六二

仇边之弩易避①,而恩里之戈难防②;苦时之坎易逃③,而乐处之阱难脱④。

【注释】

①弩:一种用机械力量射箭的弓。

②戈:兵器,横刃,用青铜或铁制成,装有长柄。

③坎:坑,穴。

④阱:陷阱,用于捕兽或擒人。喻指坑人的深渊。

【译文】

从仇怨中射来的箭容易避开,但是从恩惠里投来的戈难以防范;困苦中遇到的坎坷容易躲开,但是快乐时碰上的陷阱难以逃脱。

【点评】

人性难测,防范心理是个人安全需求的反应,因此害人之心不可有,防人之心不可无。绵里藏针、口蜜腹剑之人,为了利益阴谋陷害他人,防不胜防。很多时候,容易摆脱仇敌的攻击和苦难的煎熬,反而难以躲避亲友的陷害和善意掩盖下的陷阱。两军作战时,因为了解彼此的仇怨纠葛,所以不会轻易陷入对方设置的圈套中。如果矛盾冲突没有如此强烈,彼此之间还有一定的恩情,在思想上很可能就会松懈,以至于更容易招致陷害打击。同理，人在困难时保持高度的紧张与抗击力，能预知一些坎坷和困境，也因有所反省而容易躲避危险，渡过难关。但是，一旦适应了安乐的环境，放松了心态，反倒暗箭难防，屡屡中招，成为安逸生活的牺牲品。

六三

膻秽则蝇蚋丛嗫①，芳馨则蜂蝶交侵②。故君子不作垢业③，亦不立芳名④，只是元气浑然⑤，圭角不露⑥，便是持身涉世一安乐窝也⑦。

【注释】

①膻秽（shān huì）：膻臭污秽。膻，羊肉的气味，亦泛指臊气。蝇蚋（ruì）：苍蝇和蚊子。嗫（zuō）：吸吮。

②芳馨：芳香，也借指香草。交侵：迭相侵犯。此指采撷花蜜。

③垢业：指做不好的事情。垢，污秽不洁。

④芳名：美名。

⑤元气浑然：即天地本元质朴纯真。元气，指天地未分前的混沌之气。唐陈子昂《谏政理书》："元气者，天地之始，万物之祖。"浑然，质朴纯真貌。

⑥圭角：圭玉的棱角。比喻锋芒。

⑦安乐窝：北宋邵雍（1011—1077），自号安乐先生，隐居河南苏门山时，名其居为"安乐窝"。后迁洛阳天津桥南仍用此名。邵雍曾作《无名公传》自况："所寝之室谓之安乐窝，不求过美，惟求冬暖夏凉，遇有睡思则就枕。"后用"安乐窝"泛指安静舒适的住处。

【译文】

膻臭污秽的地方，苍蝇蚊子就会聚集在一起叮咬；芳气馨香的地方，蜜蜂蝴蝶就会争相采撷花蜜。所以君子既不做耻辱的坏事，也不图树立美名，只是保持天地浑然之气，不露锋芒，这就是安身立命的安乐窝了。

【点评】

才德之人若要安身立命，宜含蓄内敛，遵礼循法，为善而不扬名，蕴养灵性和淳朴本真，使才华得以发展。

晋朝戴逵、戴逯两兄弟，哥哥戴逯积极入世，在淝水之战中，立下大功，朝廷重用提拔他，地位随之显赫起来。弟弟戴逵学识渊博，精通琴棋书画。一生意趣高雅，淡泊名利，无意仕途，人生的理想是成为绘画和雕刻艺术大师。谢安曾问戴逯，为什么兄弟二人一个隐逸于世，一个却一心为国建功立业？戴逯回答说，他并没有出过多少力，受到如此重用，感觉责任重大，唯恐才能与职位不匹配；而戴逵始终保持初心，一心一意隐逸于世间，无论谁去劝说，都无法改变他的初衷，戴逵才是真的道德高尚，胸怀宽广之人。

不论是为国为民、积极治事，还是隐逸山林、完善自我，都需要保持纯真善良的本性，不树名，不慕权势，有所为有所不为，为实现人生理想全力以赴，这两种人生态度都是君子之为。

六四

从静中观物动，向闲处看人忙，才得超尘脱俗的趣味①；遇忙处会偷闲②，处闹中能取静，便是安身立命的工夫③。

【注释】

①超尘脱俗：即超凡脱俗。摆脱世俗的高雅境界。

②遇忙处会偷闲：能在繁忙中抽出一点空闲时间。

③安身立命：指生活有着落，精神有寄托。宋范成大《二偈呈似寿老》："何处安身立命？饥餐渴饮困眠。"

【译文】

在宁静中观察万物之运动,在悠闲处观看他人之忙碌,才能获得超脱尘世凡俗的趣味;遇到忙碌时能够挤出空闲时间,身处热闹喧嚣中能够获取心态安宁,这才是持身立世、修养心性的功夫。

【点评】

中国文人追求的悠闲人生,是淡然、闲雅、自在、超脱,是基于日常生活的点滴心得,并在山水自然的审美意趣中,寻找人性的本真以及生命的价值,最终超脱尘世的羁绊,物欲的诱惑,获取精神的自由洒脱。

生活悠闲时,保持恬淡自适的心态,静静体味万物的发展变化,体察他人忙碌的人生经历,从中感悟生老病死、喜怒哀乐、兴亡衰变等变化。工作和生活忙碌时,要懂得适时放下,于繁华喧闹中营造幽静闲雅的氛围,让紧张的身心得以放松与休憩。以恬静悠然的心态,体会宁静、平和、沉思的力量。

六五

邀千百人之欢①,不如释一人之怨②;希千百事之荣,不如免一事之丑③。

【注释】

①邀:请求,谋求。

②释:此指消除、消散。

③丑:此指不光彩、可耻。

【译文】

与其谋求千百人的欢心,不如消除一个人的怨恨;与其希望千百件事的荣耀,不如避免一件事的丑名。

【点评】

我们在人际交往中，不要奢求被成千上万的人喜欢，这是不现实的。人有千回百转的思虑，对所见所闻持有不同的见解和看法。有人只看到其他人的优点，有人则不断放大其他人的缺点。只有逐步消除误解和偏见，一点点冰释前嫌，解除顾虑，才能成为被彼此真正接受的朋友。因此，与其费尽心力讨好很多人，不如真诚地与一人相交相知。

世上无完人，即便荣誉等身的人，也有瑕疵之处。身处现实社会，与其汲汲名利，对荣耀百般追逐，不如潜下心来，兢兢业业，慎言谨思，不因恶小而为之，不以善小而不为，从点滴善行开始，积累功德福缘，修得圆满人生。

六六

落落者^①，难合亦难分；欣欣者^②，易亲亦易散。是以君子宁以刚方见惮^③，毋以媚悦取容^④。

【注释】

①落落：形容孤高，难与人相处。
②欣欣：喜乐貌。此指面容活悦可亲之人。
③刚方：刚直方正。惮（dàn）：畏难，畏惧。
④媚悦：讨好，取悦。取容：讨好，取悦于人。

【译文】

孤高磊落之人，难以与人相处，一旦相交也难以分离；面露活悦之色者，容易使人亲近，然而交往之后也容易离散。因此君子宁可以刚直方正来使人忌惮，也不要以谄媚的方式取悦他人获取好感。

【点评】

孤傲磊落之人，曲高和寡，难与人结交。但是，一旦与之心意相知，就会成为莫逆之交,友情牢固,难以背离。元末名士王冕,出身贫寒,孤傲峻节,鄙视权贵,对待朋友却真挚忠诚。他在北方游历途中,获知一位杭州的朋友卢生在滦阳(河北迁安西北)逝世,家中孤童幼女无人抚养。于是奔赴滦阳,料理卢生后事,并把孩子们带回家抚养。

反之,和颜悦色之人,看似易与人交往,善于利用小恩小惠拉近彼此间的关系。但是,面临友情考验时,为了利益,则容易改变立场,背叛友情,导致情谊难以维系。因此,刚正不阿的君子,在与人交往时,坚持正直的原则,且不可为获取肯定和赞赏而谄媚取悦他人。

六七

　　意气与天下相期[①],如春风之鼓畅庶类[②],不宜存半点隔阂之形[③];肝胆与天下相照[④],似秋月之洞彻群品[⑤],不可作一毫暧昧之状[⑥]。

【注释】

①意气:情谊,恩义。相期:投合。

②如春风之鼓畅庶类:就像春风激发万物生长。鼓畅,鼓动并使畅达。庶类,万物,万类。

③隔阂:阻隔,距离。

④肝胆:比喻真心诚意。

⑤洞彻:通晓,透彻了解。群品:万事万物。

⑥暧昧(ài mèi):不光明的,不便公之于众的。

【译文】

　　意气与天下众人的意气相投合,仿佛春风激发万物生长,不应该留存半点隔阂;肝胆与天下众人的肝胆相映照,宛如秋月照亮人间万物,不应该存有一丝一毫暧昧不清的情形。

【点评】

中国历代文人志士意气相通，赤诚相待的故事很多。辛弃疾和陈亮相识于逐渐势弱的南宋孝宗年间，当时朝廷偏安一隅，无力收复北方故土，二人上书朝廷抗击金国，力主北伐收复故国山河。

淳熙十五年（1188）冬天，陈亮到上饶拜访辛弃疾，共同商讨抗金大业。两人携手同游鹅湖，慷慨陈词，诗酒唱和。经过多日的相处，情投意合，相见恨晚，又相约拜访朱熹，探而不得，陈亮只好告辞归家。次日，辛弃疾思念归去的老友，追寻陈亮，终因道路受阻而不得不返回。此次鹅湖之会，见证了两人深厚的友谊，相同的爱国主义理想使他们心意相通。为了疏解内心的愤慨与壮志未酬的遗憾，两人用同一词牌相互酬唱，其中就包括著名的《破阵子·为陈同甫赋壮词以寄之》："醉里挑灯看剑，梦回吹角连营。八百里分麾下炙，五十弦翻塞外声，沙场秋点兵。马作的卢飞快，弓如霹雳弦惊。了却君王天下事，赢得生前身后名。可怜白发生！"

两人在词中肯定彼此间深厚的友谊，抨击朝廷偏安一隅放弃抵抗的绥靖政策。尽管故土难归，理想难以实现，但是二人立志收复神州、报效朝廷的爱国主义精神，激励后世，流传至今。

六八

仕途虽赫奕①，常思林下的风味②，则权势之念自轻；世途虽纷华③，常思泉下的光景④，则利欲之心自淡。

【注释】

①赫奕：显赫、美盛的样子。

②林下：山林田野退隐之处。

③世途：尘世的道路，人生的历程。纷华：繁华，富丽。

④泉下：黄泉之下，指人死后埋葬之处，迷信指阴间。

【译文】

为官仕进之路虽然显赫,但要常常想到隐退山林的风味,这样对权势的贪念自然会减弱;人世间的历程虽然繁华,但要常常想到离世后黄泉下的光景,这样对私利欲望的心思就自然会淡薄。

【点评】

洪应明对出世和入世一直抱有略微矛盾的心理。他既鼓励积极入世,做一番功名文章,又认为身处宦海仕途,拥有的权势名望非常短暂。名利也许会因为时代变化、政治斗争瞬间化为乌有,从权力顶峰跌至人生谷底也是朝夕之事。在这种虚无主义思想的影响下,洪应明希望人们身处官场时,保有对淡泊名利的闲适生活的倾心向往,坚持清净朴素的生活原则,消除掉对权势过于强烈的追求。尤其,清醒认识到离开人世之后,财富权势都会成为过眼云烟,消散而逝,就不会再贪恋人世间的荣华富贵。

六九

鸿未至先援弓①,兔已亡再呼矢②,总非当机作用③;风息时休起浪,岸到处便离船,才是了手工夫④。

【注释】

①鸿:大雁。援弓:拉弓。援,拉,引。

②矢:箭。

③当机:抓住时机,在紧要时刻立即做出决断。

④了手:高手。

【译文】

鸿雁尚未飞来就已拉开弓弦,兔子已逃亡了才去呼叫搭箭,终究不是抓住时机的果断作为;风停息时不要再鼓起波浪,船到岸边就应离开船只,这才是识时务的高手修养。

【点评】

此处旨在强调捉住时机,顺应形势,果断行动的重要性。

《易·系辞下》云:"君子见几而作,不俟终日。"汉东方朔《隐真论》言:"随时应变,与物俱化。"都是告诫人们抓住时机,遵循客观变化规律,灵活、机动地处理事情。打猎时,需要把握出箭的时机,未到最佳时机就出手,往往会错失捕获动物的机会。行船时,风止浪休,岸到离船,顺应形势变化行动。借此譬喻待人处事,要善观形势,善择时机,待机而动。若墨守成规,不知随机应变,就会像赵括那样,死守成法,缺乏灵活运用,最终导致失败。

七〇

从热闹场中出几句清冷言语①,便扫除无限杀机②;向寒微路上用一点赤热心肠③,自培植许多生意④。

【注释】

①热闹场:热闹的场所。清冷:冷清,冷落。

②杀机:欲加害之心。

③寒微:出身贫贱、社会地位低下的人。赤热:炽热,赤诚火热。

④生意:生机,生命力。

【译文】

在热闹喧哗的场所中说几句冷静的话,就能消除无数杀机;对出身寒微的人给予一点赤诚火热的帮助,就能在他心中培植出许多蓬勃的求生意愿。

【点评】

人际交往中,说话艺术至关重要,掌握技巧和话术,就可化解矛盾,消除误会。尤其,危机四伏,冲突一触即发时,更需要用冷静理智的头脑,巧妙的语言,解决纷争和矛盾。公元前632年,晋国和楚国大战于城濮,结果楚国大败,曾经辅助楚国的郑国成为晋文公眼中的头号敌人。两年后,晋国联合秦国讨伐郑国。郑伯闻讯后,派烛之武面见秦穆公,劝他退兵。烛之武凭借一己之力,挽狂澜于既倒,通过对秦晋郑三国形势的细微观察和深度理解,利用高超的辩术,用机智巧妙的语言打动了秦穆公,瓦解了秦晋联盟,使处于水深火热的郑国免于灾难。其不畏艰难、为国为民勇担重任的精神以及巧思善辩的杰出外交才华,令人折服。

　　济寒怜弱是中华民族的传统美德,需要整个社会的努力。君王实施仁政、仁心,赈民济贫,拯救民生。民间人士以宗族、社团等形式,救助身处贫寒之中的民众。如北宋范仲淹在杭州任知州时,就在苏州设置范氏义庄,以所得租米供养宗族,从而养老、慈幼、济贫,使人有所养。通过种种措施,使身处贫穷困境的人们得到物质保障,摆脱衣食困乏的状态,重新焕发生机。

七一

　　随缘便是遣缘①,似舞蝶与飞花共适②;顺事自然无事③,若满月偕盂水同圆④。

【注释】

①随缘:佛教语,谓佛应众生之缘而施教化。缘,指身心对外界的感触。也指顺应机缘,任其自然。遣缘:把握机缘。遣,运用、使用。

②共适:和谐相处。适,恰当,得当。

③无事:没有变故,多指没有战事、灾异等。

④偕(xié):俱,同。盂:盛饮食或其他液体的圆口器皿。

【译文】

顺缘就是把握机缘因势利导,好似飞舞的蝴蝶与飘落的花朵和谐共处;事事顺其自然就不会发生大的变故,宛若天上满月与映照在杯盂中的月亮一样圆满。

【点评】

唐朝百丈禅师诗云:"有缘即住无缘去,一任清风送白云。"写出了随缘自适,洒脱豁达的人生境界。顺应事物发展,不自强求,而是随遇而安,恬静悠然,才能造就一派和谐景象。

自然博大精深,世间万物遵循自然法则,或生或灭。世界上没有永恒的存在,花开花落,月圆月缺,生命的任何状态,世间的枯荣盈亏,都是自然规律。只有顺其自然,才是人类与自然和谐相处的最佳选择,才能适性自在,圆满通达。

七二

淡泊之守,须从浓艳场中试来①;镇定之操,还向纷纭境上勘过②。不然操持未定,应用未圆③,恐一临机登坛④,而上品禅师又成一下品俗士矣⑤。

【注释】

①浓艳:艳丽,华丽。常代指鲜艳的花朵或浓妆艳抹的妇女。

②纷纭:多而杂乱的样子。

③应用:适应需要,以供使用。勘:察看,探测。

④临机:面临变化的机会和情势。登坛:登上坛场。古时会盟、祭祀、帝王即位、拜将,多设坛场,举行隆重的仪式。

⑤上品:佛教谓修净土法门而道行较高者,命终化生西方净土后所居的高等品位。下品:犹下等。

【译文】

世人淡泊宁静的操守,要经得起繁华浓艳场合的磨练;世人镇定自若的操守,还要经历纷杂无章的环境考验。不然,内心操守尚未修炼坚定,无法圆通顺畅地应用于自己的言行中,恐怕一有机会登上坛场,原本以为的有道高僧就变成一个品味下等的凡夫俗子了。

【点评】

欧阳修《感春杂言》云:"人生一世中,一步百险艰。"人生道路艰险,每前行一步,都要经历考验。荣华浓烈的人世,纷繁无序的人世,都是磨练人性的场所。不经历磨砺,就无法坚定内心的操守,无法抗衡外界的干扰。一旦面对人生的困苦与磨难,所谓完美的品德就会不堪一击。因此,凡尘俗世,磨砺着人的品性与气节,塑造人的道德与情操,塑造冲淡守静的人生意趣,最终,成为真正超凡脱俗的有德之人。

七三

廉所以戒贪①,我果不贪,又何必标一廉名,以来贪夫之侧目②;让所以戒争,我果不争,又何必立一让的③,以致暴客之弯弓④。

【注释】

①所以:可以。

②来:同"徕",引来,招致。贪夫:贪婪的人。侧目:斜目而视,形容愤恨。

③的:标的,箭靶的中心。

④暴客:强盗,盗贼。弯弓:挽弓,拉弓。此喻指伤人的暗箭。

【译文】

廉洁可以戒除贪婪,我果真不贪婪,又何必树立一个清廉的名声,招致贪婪之人的仇视愤恨;谦让是用来遏制争强好斗的,我果真不好争斗,那又何必标榜一个谦让的名声,招致残暴之人的暗箭。

【点评】

清正廉洁和谦让恭谨都是有德之士所应具备的美德。但是贤德之名，容易招致贪名慕利、争强好斗之徒的嫉妒和报复，从而遭到阴险算计，使正人君子身处险境而不自知，使生活充满不安定的因素。为了避免遭此陷害，人们不宜大肆宣扬自己，处处标榜清廉、仁爱、谦让的名声，而是适当地韬光养晦，内敛低调，才能保证安然无恙。懂得名声只是身外之物，选择藏而不露的处事原则，不啻为一种实用而精明的生活哲学。

七四

无事常如有事时，提防才可以弥意外之变①；有事常如无事时，镇定方可以消局中之危。

【注释】

①弥：通"弭"，止息。

【译文】

没有事情发生时，要常常像有事情的时候，有所提防戒备，才能平息意外发生的变故；有事情发生时，要常常像没有事情的时候，保持沉着镇静，才能消除局势中的危机。

【点评】

世事难料，居安思危、未雨绸缪方能防患于未然。

周公在平息管叔、蔡叔等叛乱后，曾作《鸱鸮》一诗奉献给成王。其诗曰："迨天之未阴雨，彻彼桑土，绸缪牖户。今女下民，或敢侮予？"诗中虽写鸱鸮在雨未下时，就想办法稳固巢穴，实则是讽谏成王，希望他事事预先准备周全，在其萌芽阶段就制定方法予以解决，以防范事态恶化。

名医扁鹊曾向魏文王介绍其兄弟三人的医术高低，认为其长兄最佳，中兄略次之，他最差。为什么这样评价呢？扁鹊分析说其长兄给人治病，能在病情未发作前给予治疗，事先铲除病因，不使病情发作起来；其中兄治病，能在病情刚发作时给予治疗，使病症还比较轻微时，就能痊愈；而扁鹊自己治病，都是病情发展严重的时候，必须在经脉上穿针引刺放血治疗或刮骨疗伤。真正懂得医术的人都知道，能在病情未发作之前就探明治愈，以及能在病情细微时探明原理治愈，都必须具备高超的医术才能做到，而等到病情危机时，虽有时也能力挽狂澜，却因为未洞察先机就比较被动了。

七五

　　处世而欲人感恩，便为敛怨之道①；遇事而为人除害，即是导利之机②。

【注释】

①敛怨：招惹怨恨。

②导利：此指积累功德。

【译文】

　　持身立世而想要他人感恩戴德，就是招致怨恨的方式；遇到事情而为他人除却危害，就是积累功德的机会。

【点评】

　　《朱子家训》言："善欲人见，不是真善；恶恐人知，便是大恶。"以此告诫世人真正的善良是低调隐忍，默默奉献，不求回报。如果做善事贪图世人的回报或赞扬，沾染了功利色彩，就算有再多的善举，也无法体现行善的真正意义。若以帮助别人的善行谋取回报，只会招致非议、抱怨，以致善行变质，成为谋求世俗声望和利益交换的工具。善良之人，遇到陷入困境的人，一定要援之以手，帮助他解除危机和困难，这样也是积累功德的好时机。事事怀有助人之心，利人利己，方能在帮助别人的同时成就自己。

七六

　　持身如泰山九鼎凝然不动^①，则愆尤自少^②；应事若流水落花悠然而逝^③，则趣味常多。

【注释】

①泰山：山名，在山东中部，又名岱山、岱宗等，为我国著名的五岳之一。主峰玉皇顶气势雄伟磅礴，有"五岳之首""五岳之尊"等美誉。古代帝王常在泰山举行封禅大典。九鼎：国家权力的象征。相传夏禹铸九鼎，象征九州岛，并将九州岛的名山大川、奇异之物镌刻于九鼎之身。夏商周三代将之奉为象征国家政权的传国之宝。战国时，秦楚皆有兴师到周求鼎之事。《战国策·东周·秦兴师临周而求九鼎》载："秦兴师临周而求九鼎，周君患之，以告颜率。"周显王时，九鼎没于泗水彭城下。唐武后、宋徽宗也曾铸九鼎。凝然：安然，形容举止安详或静止不动。

②愆（qiān）尤：过失，罪咎。

③应事：处理世务，应付人事。

【译文】

　　修养身心使其犹若泰山九鼎般岿然不动，自然就会减少过失；处理事务宛如流水落花般悠然而去，就会增加许多趣味。

【点评】

　　此处用泰山九鼎之重与落花流水之轻相对仗，将沉稳、安定、持重的品格与处理事务如落花流水般的自在惬意相比较，凸显出修身养性的重要性，说明待人处事须宛转洒脱。人们具备坚毅持重的人格，崇尚仁义礼智信的原则，坚持情操气节，节制自身欲念，遵礼守法，就会减少失误的机率。处事待人，淡然清逸，潇洒自在，少些尘世俗味，多些高雅自然之趣，更能体味多彩人生，增添人生意趣。

七七

君子严如介石而畏其难亲^①，鲜不以明珠为怪物而起按剑之心^②；小人滑如脂膏而喜其易合^③，鲜不以毒螫为甘饴而纵染指之欲^④。

【注释】

①介石：碑石。

②鲜（xiǎn）：非常少。以明珠为怪物而起按剑之心：一方奉送夜光珠，另一方却手持宝剑。比喻由于误会以敌意回报对方。《史记·鲁仲连邹阳列传》："臣闻明月之珠，夜光之璧，以暗投人于道路，人无不按剑相眄者，何则？无因而至前也。"按剑，以手抚剑。

③脂膏：油脂。

④毒螫（shì）：指毒汁、毒素。甘饴（yí）：甜蜜。染指：本指用手指蘸鼎中鼋羹，后泛指品尝某种食品。

【译文】

君子像碑石一样威严，让人心生畏惧而难以亲近，这就像很少有人不以突然出现的明珠为怪而产生按剑的想法；小人像脂膏一样滑腻，使人欢喜他的易于合作，这就像很少有人不认为毒汁是蜜糖而产生品尝的欲望。

【点评】

西汉齐人邹阳，以文辩著称于世。初为吴王刘濞效力，上书劝谏吴王停止叛乱，吴王不听劝阻，于是与枚乘、严忌等投奔梁孝王刘武，成为其门客。

邹阳为人有智谋，生性慷慨而不苟合。梁孝王与羊胜、公孙诡谋议杀袁盎等大臣，邹阳持反对态度。羊胜、公孙诡嫉妒邹阳之才，于是趁机向梁王进谗言，导致邹阳被下狱论死。邹阳写《狱中上梁孝王书》，申辩冤屈,提出了"忠无不报,信不见疑"的观点,揭示了君王沉诒谀则危、任忠信则兴的道理,以此劝谕梁孝王辨别忠奸,信用贤才,警惕小人谗言。梁孝王被上书感动,释放了邹阳。在刺杀袁盎的阴谋暴露后,梁孝王为景帝所疑,羊胜、公孙诡被迫自杀。梁孝王深恐朝廷追究,邹阳临危受命,赶赴长安,以善辩之术说服皇后之兄王长君,最终由其劝说景帝不再追究此事。

　　君子端方持正,严肃谨慎,令人心生敬畏。小人圆滑世故,谄媚奉承,像甜美的毒物一样诱人,使人容易陷入对他的盲目欣赏中。不同的品行和行事方式,导致不同的命运结局。

七八

　　遇事只一味镇定从容①,纵纷若乱丝②,终当就绪③;待人无半毫矫伪欺隐,虽狡如山鬼④,亦自献诚。

【注释】

①一味:单纯,一直。

②乱丝:紊乱的丝,常以比喻纷乱无绪的事物。

③就绪:一切安排妥当。

④山鬼:山精,传说中的一种独脚怪物。南朝宋郑缉之《永嘉郡记》载:"安固县有山鬼,形体如人而一脚,裁长一尺许,好啖盐,伐木人盐辄偷将去。不甚畏人,人亦不敢犯,犯之即不利也。喜于山涧中取石蟹。"

【译文】

　　遇到事情只要一直镇静沉着从容应对,即使事情纷繁杂乱如乱丝,终究会理出头绪;对待他人没有半点虚伪隐瞒,即使对方如同山鬼一般狡诈,也终会献出一片诚意。

【点评】

处理事务，经常会面对复杂纷乱的局面，此时不要自乱阵脚，保持镇定自若，于千头万绪中终能寻找到解决问题的方案。对待他人，保持诚恳的态度，绝不虚伪欺诈，不论面对多么狡诈圆滑之人，若以诚待人，以诚取信，最终也会获得他人的归顺与忠诚。

魏昭是东汉时期的一名大儒，童年时就因聪颖过人，成为京城声名显赫的神童。他倾慕郭林宗，想拜其为师。郭林宗认为以往众多求学者，只是做出求学的姿态但是内心并不真诚，仅仅想获取名声而已。为了考验魏昭，患病在身的郭林宗用借口让魏昭重复煎药，直到第三次熬好药，恭恭敬敬端给他时，郭林宗才被打动，欣然收魏昭为徒，把毕生的学识教授给他，而魏昭也终有所成。

七九

肝肠煦若春风①，虽囊乏一文，还怜茕独②；气骨清如秋水③，纵家徒四壁④，终傲王公。

【注释】

①肝肠：比喻内心。煦（xù）：温暖，暖和。

②茕（qióng）独：孤单，孤独。亦指孤独无依的人。

③气骨：气概，骨气。秋水：秋天的江湖水，雨水。比喻清朗的气质。

④家徒四壁：家里只有四面的墙壁。形容十分贫困，一无所有。宋黄庭坚《次韵宋懋宗》："家徒四壁书侵坐，马耸三山叶拥门。"

【译文】

赤诚之心宛如春风一般温暖，即使身无分文，也会怜惜孤独无依的人；气节风骨如秋水般明澈高洁，纵然家徒四壁，终究也会傲视王公贵族。

【点评】

此处旨在说明即便身无分文,只要心地善良,待人和煦,品性高洁,就是自我世界的主人,就可以睥睨天下权贵。人世间的尊贵与卑贱,并不以占有财富多寡和权势的高低来决定,而在于是否拥有一颗热血衷肠,一身傲骨清风。

八〇

讨了人事的便宜①,必受天道的亏;贪了世味的滋益②,必招性分的损③。涉世者宜审择之,慎毋贪黄雀而坠深井④,舍隋珠而弹飞禽也⑤。

【注释】

①人事:人情事理。

②滋益:滋养补益。

③性分:天性,本性。《后汉书·逸民传序》:"然观其甘心畎亩之中,憔悴江海之上,岂必亲鱼鸟乐林草哉,亦云性分所至而已。"

④慎毋贪黄雀而坠深井:比喻用错误的办法来解决眼前的困难而不顾严重后果。出自北齐杜弼《为东魏檄梁文》:"见黄雀而忘深井,食钩吻以疗饥,饮鸩毒以救渴,智者所不为,仁者所不向。"

⑤舍隋珠而弹飞禽也:出自《庄子·让王》:"今且有人于此,以隋侯之珠,弹千仞之雀,世必笑之。是何也?则其所用者重,而所要者轻也。"隋珠,古代传说中隋侯所得的宝珠。用宝珠去弹鸟雀,比喻得不偿失。

【译文】

在人情事理上讨取了好处,必然会遭受天理的亏缺;贪图了尘世人情的滋养补益,必然招致天性的损害。处世者应当审慎抉择,不要因为贪恋黄雀而坠入深井,舍弃珍贵的宝珠而去弹射飞禽。

【点评】

人生切忌贪婪无度,目光短浅,陷入名利的泥沼,得不偿失。

《东观汉记》载:东汉光武帝建武年间,每逢冬季天气寒冷之际,光武帝都会颁旨赏赐五经博士们每人一头羊。可是羊有大小肥瘦的区别,这些学识渊博的博士们不顾身份,为了争夺肥美之羊吵闹不休,有人甚至提出把羊宰杀掉,再平均分肉,以显示公平,场面一度非常难堪。五经博士甄宇觉得这种争吵对于饱读经书的人而言,是很羞耻的事情,就先拣了一只最瘦小的羊,这才避免了争执。光武帝知道这件事后,赐给甄宇"瘦羊博士"的美誉。

八一

费千金而结纳贤豪[①],孰若倾半瓢之粟[②],以济饥饿之人;构千楹而招来宾客[③],孰若葺数椽之茅[④],以庇孤寒之士[⑤]。

【注释】

①结纳:结交。贤豪:贤士豪杰。

②孰若:犹何如,怎么比得上,表示反诘语气。

③千楹(yíng):楹柱极多,借指广厦。楹,量词,计算房屋多少的单位,一列为一楹。

④葺(qì):用茅草盖屋。椽(chuán):承屋瓦的圆木。

⑤庇:袒护。

【译文】

耗费千金去结交贤士豪杰,不如倾倒半瓢粟米去救济饥饿之人;构建广厦招徕宾客,不如修缮数椽茅屋去庇护出身低微的贫寒之士。

【点评】

《汉书·张耳陈馀传》言:"势利之交,古人羞之,盖谓是矣。"古人招贤纳士,虽讲究厚币卑礼,以示重视,但是,若基于权势、利益和金钱构架起来的人际关系,则容易被人诟病,也无法长久维系。洪应明认为,与其大手笔地挥霍黄金千两,建起广厦千间,以结交天下贤士,不如把有限的资源用来救助贫困危难之人,礼贤低微贫寒之士,借以彰显积善立德的善举。《汉书·公孙弘传》载,公孙弘年轻时为狱吏,四十多岁才奋发图强,开始学习《春秋公羊传》,六十岁时因为才学被汉武帝征召为博士。后又成为丞相,封平津侯。时值汉武一朝,鼓励各地举荐人才。公孙弘虽担任高官,仍不忘平民出身。于是,修建住所,开门招纳良才贤士,以期共商治国大计。公孙弘生活朴素,粗茶淡饭,他的俸禄都用来给招纳的贤士提供衣食,家里并无余财。如此朴素、真诚的待人态度,维护了贤士高才的尊严,更容易赢得人心。

八二

解斗者助之以威①,则怒气自平;惩贪者济之以欲②,则利心反淡③。所谓因其势而利导之④,亦救时应变一权宜法也⑤。

【注释】

①解斗:使争斗的双方和解。《三国志·魏书·吕布传》:"布性不喜合斗,但喜解斗耳。"
②济:帮助,救助。
③利心:利欲之心。
④因其势而利导之:顺应事情发展的趋势,加以引导。
⑤应变:应付事变。权宜:暂时适宜的措施。

【译文】

劝解争斗之人,好言相劝并不能奏效,给他们鼓劲反能使他们的怒气平息;惩治贪图利益的人,给他们再送上一些利益,他们的利欲之心反而淡薄了。这就是顺应事物发展的趋势来引导它,也是匡救时弊应付事变的一种权宜之法。

【点评】

为人处事的原则之一是顺应形势,加以引导,以便达到目的。如何做到顺应情势,解决问题呢? 可以采取诱之以利、动之以情、晓之以理、胁之以威的方式,使利益、情感、道理、威势四者相互作用,以平息事端,控制事态朝着目标良性发展。相互争斗的双方,正处在怒气的当口,好言好语无法劝慰时,不如鼓励他们继续争执,使双方意识到所处的紧张形势,反而能使他们很快冷静下来。对于贪图小恩小利的人,与其完全杜绝他们的利益之心,不如满足那些适当的要求,使他们懂得适可而止,反而能平息贪欲。正如宋代陈亮所言:"因势顺导,殆如反掌。"只有善于把握形势发展,加以利用、引导,才能达到事半功倍的效应。

八三

市恩不如报德之为厚①,雪忿不若忍耻之为高②,要誉不如逃名之为适③,矫情不若直节之为真④。

【注释】

①市恩:以私惠取悦于人,犹言买好、讨好。

②雪忿:洗雪冤恨。

③要誉:猎取荣誉。逃名:逃避声名而不居。

④直节:谓守正不阿的操守。

【译文】

给他人施舍恩惠不如报答恩德来得厚道,沉冤昭雪不如忍受耻辱来得高明,索要名声不如逃避名声来得安适,掩饰真情不如坦诚做人来得率真。

【点评】

此条洪应明从品德、操守、名声、性情四个方面,劝诫世人要具备宽厚的德行,忍辱求全的节操,恬淡高雅的气节,坦率真诚的性情。

如果帮助别人,却潜意识索要回报,把恩义当作交易,试图挟恩求报,这样的行为远不如知恩图报,后者更能彰显宽厚的品德。若想通过沉冤昭雪以恢复名誉声望,其间可能会经历曲折艰难以及激烈的对抗,不如忍辱负重,静待时机为自己正名。热衷名誉,耗费心机沽名钓誉,处处凸显自己,看似花团锦簇,反不如淡泊名利,远离是非,悠然自得地生活。为人处事若矫揉造作,虚伪狡诈,定会令人心生厌恶,不如自然坦诚,正直率真。

八四

救既败之事者,如驭临崖之马①,休轻策一鞭②;图垂成之功者③,如挽上滩之舟④,莫少停一棹⑤。

【注释】

①驭:驾驭。临:靠近。

②策:鞭打,抽打。

③图:谋划,筹划。垂成之功:将要成就的大功业。

④挽:牵拉,牵引。

⑤棹(zhào):船桨。

【译文】

挽救即将失败的事情,就如驾驭靠近悬崖边的马,不要轻易鞭打它,否则会坠落悬崖；图谋即将成功的事业，就如牵引要上滩涂的船只，船桨一下都不能停，否则会陷入困境。

【点评】

事业面临失败边缘的时候，如果要挽救它，就不能操之过急，否则一个小小的举动，也许就会全盘皆输。所以要周密筹划，根据周围情况的变化制定可行性计划，为力保成功而竭尽全力。要获得事业的成功，除了天时地利，人占据了最重要的部分。一个善于筹谋、意志坚定、从不懈怠的人，是比其他人更容易获得上天的青睐。

八五

先达笑弹冠①，休向侯门轻曳裾②；相知犹按剑，莫从世路暗投珠③。

【注释】

①先达：有德行学问的前辈。弹冠：掸去帽子上的灰尘为以后戴做好准备。此指准备去做官。《汉书·王吉传》："吉与贡禹为友，世称'王阳在位，贡公弹冠'，言其取舍同也。"汉宣帝时，琅琊人王吉和贡禹是相知好友，在官场颇不得志。汉元帝时，王吉被征召为谏议大夫，贡禹听到消息后很高兴地取出官帽，弹去灰尘，准备戴用。果然没多久，贡禹也被任命为谏议大夫。此处"先达笑弹冠"反用其意，一旦"先达"即笑侮后来弹冠（出仕）者。

②曳裾（yè jū）：即"曳裾王门"之意。曳，拉。裾，衣服的大襟。这里指奔走于权贵之门。汉邹阳《上吴王书》："饰固陋之心，则何王之门不可曳长裾乎？"

③相知犹按剑，莫从世路暗投珠：《史记·鲁仲连邹阳列传》："臣闻明月之珠，夜光之璧，以暗投人于道路，人无不按剑相眄者，何

则？无因而至前也。"按剑，以手抚剑，预示击剑之势。暗投珠，即"明珠投暗"。后多用"明珠暗投"比喻有才能的人得不到赏识和重用，或好人误入歧途。亦比喻贵重的东西落到不识货的人手里。

【译文】

贤达先哲嘲笑准备出仕为官的后来者，休要轻易投靠达官显贵；相交的知己依然还会拔剑防备，不要在仕进途中明珠暗投。

【点评】

唐王维曾为劝慰友人裴迪创作过一首七律《酌酒与裴迪》，诗云："酌酒与君君自宽，人情翻覆似波澜。白首相知犹按剑，朱门先达笑弹冠。草色全经细雨湿，花枝欲动春风寒。世事浮云何足问，不如高卧且加餐。"诗中描绘了王维与裴迪饮酒畅谈，彼此宽慰，感慨人情世故就像波澜反复无常，相交到老的朋友还要按剑提防被陷害，而富贵显达的前辈嘲笑出仕的后辈，却不给予关爱和照顾。世事如浮云过眼不提也罢，不如高卧山林，潇洒恣意。此条借用了诗中"白首相知犹按剑，朱门先达笑弹冠"之意。

王维一生或隐逸山林，或显达文坛，既向往幽雅禅意，又无法完全遁世，因此内心常常矛盾交织。洪应明也是既接受儒家教化，又深受释老之道的熏陶，年轻时有入世的抱负而未能如愿，晚年则隐居山水之间，对于人情世故，有了更深刻的认识。因此，在饱尝人间冷暖后，才会对人心无常，白首相知而反目成仇，先达笑侮后辈以致落井下石等无情之举，发出讽谕、劝诫之声。

八六

杨修之躯见杀于曹操①，以露己之长也②；韦诞之墓见伐于锺繇③，以秘己之美也。故哲士多匿采以韬光④，至人常逊美而公善⑤。

【注释】

①杨修（175—219）：字德祖，东汉文学家，太尉杨彪之子，母袁氏为袁术的女儿，东汉末弘农华阴（今陕西华阴东）人。为人好学，才思敏捷，献帝建安中举孝廉，除郎中，后担任曹操仓曹属主簿。初始，杨修负责内外之事，颇合曹操心意。但杨修参与立嗣之事，数次帮助曹植通过曹操考验。曹操亦因此事，颇为气愤，杨修叹息："我固自以死之晚也。"后曹植失宠，曹操忌杨修之智谋过人，且修为袁术之甥，虑有后患，因借故杀之。卒时方44岁。罗贯中曾评价："聪明杨德祖，世代继簪缨。笔下龙蛇走，胸中锦绣成。开谈惊四座，捷对冠群英。身死因才误，非关欲退兵。"杨修一生著作颇丰，今共存作品数篇，其中有《答临淄侯笺》《节游赋》《神女赋》《孔雀赋》等。

②露己之长：（杨修）显露自己的才能。

③韦诞之墓见伐于锺繇：韦诞和锺繇都是三国魏人，二人均善书法。《祎雅》载："（锺繇）见蔡邕笔法于韦诞坐上，苦求不与，及诞死，阴令人盗开其墓以得之。"这只是一个附会之说，因为锺繇早于韦诞去世，洪应明此处以讹传讹。韦诞（179—253），字仲将，三国魏京兆（今西安）人。善书，师法张芝、邯郸淳，诸体皆能，尤精大字，魏室宝器铭题皆出其手。书写讲究工具材料，善制墨。著有《笔经》，《三辅决录注》引"夫工欲善其事，必先利其器"，正是他的名言。锺繇（151—230），字符常，三国魏颍川长社（今河南）人。锺繇书法师曹喜、刘德升、蔡邕，博取众家之长，兼擅各种书体，尤精隶楷，变隶书平扁成楷书的方正，为楷书之祖。与张芝、王羲之齐名，并称锺张、锺王。卒谥成。传世之作《宣示表》《贺捷表》《力命表》《荐季直表》《调元表》等，最为著名。

④哲士：哲人，贤明的人，智谋之人。匿采以韬光：指隐藏才能，不使
　　外露。匿，藏匿，隐藏。韬光，比喻隐藏声名才华。韬，掩藏。
⑤至人：思想或道德修养达到最高境界的人。逊美而公善：美誉辞
　　而不受，善行归于众人。逊，辞让，退让。

【译文】

　　杨修之所以被曹操杀害，是因为他展露了自己的长处；韦诞的坟墓
被钟繇盗伐，是因为他秘藏了美好之物。所以贤哲人士大多隐藏才华而
韬光养晦，品德高尚之人常常对美誉辞而不受，而将善行归于众人。

【点评】

　　古语云："匹夫无罪，怀璧其罪。"是指一个人所拥有的才华和宝物常常
是其原罪之一，不是引来嫉妒、猜疑，就是引来掠夺、毁灭。

　　罗贯中《杨修之死》载，行军主簿杨修因窥见曹操脱口而出"鸡肋！鸡
肋！"的含义，告诉周围的人说，鸡肋者，食之无肉，弃之有味，今曹军进无法
取胜，退兵又怕被人嗤笑，在此驻军只是徒劳，不如早归，明天魏王一定会
班师。又教随行士兵收拾行装准备归程。当天夜里，曹操发现军寨内士兵
将领都在整理行装，非常惊讶，就询问是何意？当得知是杨修之意时，曹操
怒斥其扰乱军心，喝令将他推出斩首。据《三国志·魏书·任城陈萧王传》
所载："太祖（曹操）既虑终始之变，以杨修颇有才策，而又袁氏（袁术）之
甥也，于是以罪诛修。"杨修之死最主要的原因在于杨修参与了立嗣之争，
犯了曹操的大忌。另外，杨彪、杨修的身份及政治观念与曹魏政权的利益
有冲突。杨修是袁术的外孙，杨彪和杨修又都与孔融及祢衡等清议复古派
理念相同，因此见忌。曹操曾写信给杨彪道："足下贤子，恃豪父之势，每不
与吾同怀，即欲直绳，顾颇恨恨。"

　　总之，才华横溢的杨修，因"鸡肋"二字葬送了性命。不论是因才华招
致嫉妒，还是窥见圣意招致灾祸，抑或袁氏拖累，都是其放纵自我，不知谦
虚低调处世的结果。

八七

　　少年的人，不患其不奋迅[①]，常患以奋迅而成卤莽[②]，故当抑其躁心[③]；老成的人，不患其不持重[④]，常患以持重而成退缩，故当振其惰气[⑤]。

【注释】

①奋迅：精神振奋，行动迅速。

②卤莽：粗疏，鲁莽。卤，通"鲁"。

③躁心：浮躁心性。

④持重：谨慎稳重，不轻浮。

⑤惰气：惰性。

【译文】

　　年轻的人，不用担忧他们精神不够振奋行动不够迅速，却要经常担心他们因为精神振奋行动迅速而导致的粗疏鲁莽，所以应当抑制他们的浮躁心性；老练成熟的人，不担心他们不够慎重，却要经常担心他们过于慎重而导致的畏缩不前，所以应当振奋他们的惰性。

【点评】

　　亚里士多德说："勇敢是怯懦和鲁莽的中道，一个人过度好胜就变成了鲁莽，过度恐惧而畏缩不前就变成了怯懦。"少年是勇敢的化身，具有蓬勃的生命力，意气风发，砥砺前行，不畏惧艰难险阻，但须警惕切勿演变为鲁莽行事，他们需要通过在实践中修炼性情，逐渐培养理智、圆熟的处世心态。相反，老成持重之人在理性方面占有优势，但长久谨慎的思维定式容易导致墨守成规，缺乏开拓进取的勇气和锐力。因此，为人处事方面，则需要减少一些暮气，勇于打破旧的局面，建设新的格局。

　　明代历史上曾发生过一场轰轰烈烈的"前后七子"文学复古运动，他们分析批判文学现状，反抗遏制士人思想以及迂腐、缺乏生气的八股文和台阁体,重构文学理论,寻求文学的新发展,使明代文坛呈现一股蓬勃生气。但是"前后七子"的复古运动,缺乏成熟理性的改革措施,出现了一些极端的作为。有些人在文学创作中一味地模仿古代,生搬硬套,背离了改革初衷和文学独创的精神。除此之外,"前后七子"凭借声望操控文坛的话语权,排除异己,引起人们对复古运动的厌恶,随着竟陵、公安两派的兴起,复古运动最终销声匿迹。

"前后七子"以一腔热情勇敢发声,为振兴明代文学,改善文学体制而奋起,在抗击八股文,提倡文学复古方面,做出了一定的功绩。但是,少年意气,操切激进,终被现实所粉碎,留有余韵的只有"文必秦汉,诗必盛唐"的豪气。

八八

望重缙绅①,怎似寒微之颂德②。朋来海宇③,何如骨肉之孚心④。

【注释】

①望重:名望高。缙(jìn)绅:插笏于绅带间,旧时官宦的装束,亦借指士大夫。缙,插。绅,古代士大夫束于腰间,一头下垂的大带。

②寒微:指出身贫贱、社会地位低下的人。

③海宇:海内,宇内。谓国境以内之地。

④孚心:心意相合。

【译文】

在士大夫之中享有威望,怎么比得上平民百姓的歌功颂德?从四面八方来的朋友,怎么比得上骨血至亲的心意相通?

【点评】

名声再显赫,不如获得百姓的赞誉;朋友再多,不如至亲骨肉心心相系。

    狄仁杰是有唐一代杰出的政治家。因其刚正不阿，疾恶如仇，不畏权贵，一心为民的个性，一生宦海浮沉。但是坎坷的经历，并没有磨灭其为国为民的政治抱负，他对武则天弊政多所匡正，在上承贞观之治，下启开元盛世的武则天时代，做出了卓越的贡献。在审理越王李贞之乱事件中，他发现牵连、定罪人口达五千多，于是密奏武则天，劝谏她过重的刑罚必然会给百姓带来伤害。武则天接受了狄仁杰的谏议，下诏赦免了这些人的死罪，最终只是发配丰州。这些囚犯在抵达丰州后，为狄仁杰立碑，以宣扬其为民请命的恩德。只有获得民众肯定和赞誉的官员才是好的官员，狄仁杰无疑是其中的佼佼者。

    《诗经·小雅·伐木》云："嘤其鸣矣，求其友声。"鸟类都渴求同伴相守，何况人乎？结交意气相投的朋友，寻求志同道合之人，是人类的精神追求之一。但是泛泛之交也许在欢歌笑语、觥筹交错时，可以会心一笑，但在面临生死考验和利益冲突时，被朋友背叛以至于伤害的事例层出不穷。因此，交友要慎重，交游太滥，并没有进益，反而容易滋生事端。洪应明认为，在人生旅途中，父母、兄弟、姊妹等至亲骨肉，因连枝同气，心意相通，更能携手同行。

八九

    舌存常见齿亡①，刚强终不胜柔弱；户朽未闻枢蠹②，偏执岂能及圆融。

【注释】

①舌存常见齿亡：牙齿都掉了，舌头还存在。比喻刚硬的容易折断，柔软的常能保全。汉刘向《说苑·敬慎》："夫舌之存也，岂非以其柔耶？齿之亡也，岂非以其刚耶？"

②户朽未闻枢蠹（dù）：门腐烂了，却没有听说过门轴被虫蛀。枢，
　　门轴。成语"户枢不蠹"说的即是其意。《吕氏春秋·尽数》："流
　　水不腐，户枢不蠹，动也。"大意是说经常转动的门轴不会被虫
　　蛀，是因为动的缘故。

【译文】

舌头还存在，但牙齿常常已掉落，刚强坚毅最终战胜不了柔顺谦和；
门腐烂了却没听过门轴被虫子蛀蚀，过分固执怎比得上圆融通达？

【点评】

老子的老师常枞在临终之前，告诫他：经过故乡要下车，因为人不能
忘旧；看到乔木要迎上前，因为要尊敬老人；牙齿掉落了，舌头还在，是因
为柔软胜过刚强。如此形象的教诲，旨在阐述为人处世的哲理：刚易折，
柔恒存。以柔克刚，也是处理人际关系的方式之一。

辛弃疾六十多岁时，受老子"满齿不存，舌头犹在"这一故事启发，
写出了幽默风趣的嬉玩之作《卜算子·齿落》："刚者不坚牢，柔底难摧
挫。不信张开口角看，舌在牙先堕。已阙两边厢，又豁中间个。说与儿
曹莫笑翁，狗窦从君过。"他虽然年老齿落，仍不失幽默风趣和豁达，并
借孩童的玩笑自嘲了一番。词中"刚者不坚牢，柔底难摧挫"的刚与柔，
代表了两种对立的政治立场：刚正不阿者生存艰难，阿谀奉承者活得长
久！辛弃疾一生刚正不屈，力主抗战，寄望收复故土。但是朝堂上力主
绥靖的主和派为了自身利益，对主战派打击报复。辛弃疾此处以齿落舌
存来抒发刚直者不被世俗理解接纳，在幽默风趣中，进行了自嘲。

宋道璨《方石序》云："能方而不能圆者，执而不化；能圆而不能方
者，流而忘返。"《文子·微明》曰："老子曰：凡人之道，心欲小，志欲大；
智欲圆，行欲方。"处事之道，讲求思虑周全，圆顺通达，但是并不提倡放
弃己见，做个阿谀奉承，没有底线之人，而是在坚持端方的原则下，采取
机智灵活的处事方式，如此才能持久安稳。

评议

九〇

物莫大于天地日月,而子美云①:"日月笼中鸟,乾坤水上萍②。"事莫大于揖逊征诛③,而康节云④:"唐虞揖逊三杯酒,汤武征诛一局棋⑤。"人能以此胸襟眼界吞吐六合⑥,上下千古,事来如沤生大海⑦,事去如影灭长空,自经纶万变而不动一尘矣⑧。

【注释】

①子美:即杜甫(712—770),世称杜工部、杜少陵等,唐朝河南府巩县(今河南巩义)人。唐代伟大的现实主义诗人,被世人尊为"诗圣",其诗被称为"诗史"。

②日月笼中鸟,乾坤水上萍:指日月无非囚禁于笼中之鸟,万物不过水上飘零的浮萍,天地之广大,却无可以逃脱束缚的地方!此两句出自杜甫《衡州送李大夫七丈勉赴广州》,为李勉南行节度广州而作。全诗为:"斧钺下青冥,楼船过洞庭。北风随爽气,南斗避文星。日月笼中鸟,乾坤水上萍。王孙丈人行,垂老见飘零。"

③揖逊征诛：此指政权改换的两种方式。揖逊，犹揖让，宾主相见的
　礼仪。征诛，讨伐。

④康节：即邵雍（1011—1077），字尧夫，自号安乐先生，宋范阳人，
　谥康节。北宋哲学家，理学的代表人物之一，创立北宋象数先天
　之学。有《观物篇》《先天图》《伊川击壤集》《皇极经世》等传世。

⑤唐虞揖逊三杯酒，汤武征诛一局棋：唐尧虞舜的互相揖让而禅位
　就如同喝了三杯酒简单，商汤兴兵伐灭夏朝，周武王诛灭商朝，也
　不过是下了一局棋而已。出自邵雍《伊川击壤集卷之二十·首
　尾吟一百三十五首之一百一十五》："尧夫非是爱吟诗，诗是尧夫
　可叹时。只被人间多用诈，遂令天下尽生疑。唐虞揖让三杯酒，
　汤武征诛一局棋。小大不同而已矣，尧夫非是爱吟诗。"唐虞，唐
　尧与虞舜的并称。亦指尧与舜的时代，古人以为太平盛世。汤
　武，商汤与周武王的并称。

⑥六合：指上下四方，整个宇宙的巨大空间。

⑦沤（ōu）生大海：大海里的一个小水泡，比喻极其渺小。沤，水泡，
　水中浮泡。

⑧一尘：一粒微尘。常喻事物的微小。

【译文】

　　世间万物没有大过天地日月的，然而杜甫却说："日月像笼中的鸟
雀，天地是水上的浮萍。"天下之事没有大过禅让王位或征伐诛灭的，但
是邵雍却说："唐尧禅让虞舜如喝三杯酒简单，商汤武王征伐如下一局棋
而已。"人们如果能以这样宽广的胸襟包容天下，贯穿千古变迁，那么事
情的到来犹如大海里生成的一个水泡，事情的过去宛如幻影在天空中消
逝，自此世间沧海桑田般的变幻也能从容应对而波澜不起。

【点评】

　　人生在世，总是因为琐碎的事情而无法释怀，因为一些毫无意义的
事情而执着，总觉得自己在意的事情非常重要，总是被外在的事物所绑

架,迷失自我,对世事的判断中掺杂了太多的主观情感,所以才会看不透世界的本质。而包容才是最好的选择,以包容的心去面对世间万事万物,即便遇到一些痛苦和烦恼,也能以从容镇定的态度去处理,这样就不会徒增烦恼了。

从古至今,只有胸怀天地四方的人,才能看破世事变迁沧海桑田,把世间万事万物视如大海中的一个小小泡沫,无足轻重,而处理事务也能举重若轻,应对从容,坦然面对时光轮转,物是人非的变化,成就自我的美好人生。

九一

君子好名,便起欺人之念;小人好名,犹怀畏人之心。故人而皆好名,则开诈善之门①。使人而不好名,则绝为善之路。此讥好名者②,当严责夫君子,不当过求于小人也。

【注释】

①诈善:假装为善。《论衡·答佞篇》:"是故诈善设节者可知,饰伪无情者可辨,质诚居善者可得,含忠守节者可见也。"

②讥:批评,指责,劝谏。

【译文】

君子喜好名声,就会产生欺骗他人的念头;小人喜好名声,仍然怀有畏惧他人的想法。因此,如果人人都喜好名声,就会打开伪善的大门。若使人们都不好名,就会断绝做好事向善的道路。批评劝谏喜欢名声的人,应当严格要求君子,不应该过分要求小人。

【点评】

君子与小人对待名声的态度,会影响行善的举措。

《道德经》云:"上善若水,水善利万物而不争。"最崇高的善就像水一样,造福万物,润泽无声而不与万物争利。若人们为博取名声而行善,表面上以利他之心帮助别人,实际上却把行善作为交易,为自己和亲近之人谋取私利,渴求名声与回报,这样的行为只是伪善。因此,劝诚民众淡泊己心,尤其是才德兼备的君子若能摆脱声望利益的诱惑,以仁爱之心行公正之事,则是真正的行善。

《了凡四训》载:"凡为善而人知之,则为阳善;为善而人不知,则为阴德。阳善享世名,阴德天报之。"如果行善只为获得社会的关注、世人的赞誉,就只能获得今世的福报。如果行善不为获得名声与回报,这样就能获得上天的福报和眷顾。虽有祸福果报的思想在内,但提倡行善不为名声的处事原则,与洪应明有相似之处。真善之人,要以平等心对待一切,不为名利而施惠于人。

九二

大恶多从柔处伏①,哲士须防绵里之针②;深仇常自爱中来,达人宜远刀头之蜜③。

【注释】

①柔处:柔顺,不易觉察之处。伏:潜藏。

②绵里之针:即绵里藏针。比喻外貌柔和实则内心尖刻恶毒。

③达人:通达事理的人。刀头之蜜:即"刀头蜜",刀尖上的蜜糖。比喻贪小失大,利少害多。语出《四十二章经》:"佛言财色之于人,譬如小儿贪刀刃之蜜,甜不足一食之美,然有截舌之患也。"

【译文】

大奸大恶多潜伏于柔顺之处,贤明之士须防范那些外貌和善而内心恶毒之人;深仇大恨常常从恩爱中生出,通达事理者须远离贪小便宜而冒大风险的事情。

【点评】

宋代薛季宣《读邸报》言："世味刀头蜜，人情屋上乌。"写出了人情世故中的险恶和炎凉。

明代严嵩初入官场，见礼部尚书夏言是自己的同乡，颇受嘉靖皇帝的宠信，于是拼命讨好夏言。夏言刚直自大，在朝堂屡屡反驳嘉靖皇帝，渐不被信任。而步步晋升的严嵩，凭借皇帝的信任，开始攻击夏言，并劝其罢黜夏言。夏言被免官后，严嵩加入内阁，在朝中擅权专政，肆无忌惮。嘉靖二十四年（1545），嘉靖皇帝第四次起用夏言做首辅。这时的夏言已彻底了解严嵩的小人行径，于是处处小心防范。严嵩对夏言表面谦恭，但内心十分怨恨，寻找机会报复夏言。因夏言支持总督陕西军务的曾铣建议，并褒扬曾铣收复河套的举动，与嘉靖皇帝在收复河套问题上意见相左。严嵩伺机进言收复河套会"轻启边衅"，并勾结陆炳鼓动边将仇鸾诬告曾铣战败而不报、贪污军饷和贿赂首辅夏言等罪责。嘉靖忌讳边将与近侍大臣勾结，在免官途中的夏言被押解回京城下狱，等待最后的审判。夏言力图为自己辩解，但是被严嵩蒙蔽的嘉靖皇帝，已听不进夏言的说辞。嘉靖二十七年（1548）十月，夏言被执行死刑。一代名相，终走向了末路。

严嵩在官场中向权力中心努力时，刻意攀附夏言，在权力鼎盛时，则玩弄权柄，打击报复异己分子，残害大臣，用卑鄙的手段害死了夏言。

九三

持身涉世，不可随境而迁。须是大火流金而清风穆然①，严霜杀物而和气蔼然②，阴霾翳空而慧日朗然③，洪涛倒海而砥柱屹然④，方是宇宙内的真人品。

【注释】

①大火流金：大火把金属都熔化成了液体，多形容气候酷热。清
风穆然：即"穆如清风"，指和美如清风般化养万物。《诗经·大
雅·烝民》："吉甫作诵，穆如清风。"毛传："清微之风，化养万物
者也。"

②蔼然：温和、和善貌。

③阴霾（mái）翳（yì）空：晦暗雾霾遮蔽天空。霾，天气阴晦、昏暗。
翳，遮蔽，掩盖。慧日：佛教语，指普照一切的法慧、佛慧。《法华
经·普门品》："无垢清净光，慧日破诸暗。"朗然：光明的样子。

④砥（dǐ）柱屹然：如砥柱般高耸屹立。砥柱，山名。又称厎柱山、
三门山。在今河南三门峡市，当黄河中流。以山在激流中矗立如
柱，故名。今因整治河道，山已炸毁。常用来比喻能负重任、支危
局的人或力量。

【译文】

涉身处事，不可因环境变化而随意改变。必须做到在烈火流金的环
境中保持如清风化养万物般宁静和淡然，在凛冽寒霜肃杀万物中保持温
暖和善的风度，在晦暗雾霾遮蔽的天空中保持清澈明朗，在洪涛巨浪翻
涌的大海中如砥柱般高耸屹立，这才是天地间真正高尚的品格。

【点评】

人生只有历经磨难而不丧失信念，才能铸就高尚的品格。

《孔子家语》载：孔子周游列国而不被重用，返回鲁国途中看到兰花
在山谷中幽然开放，不禁感叹道："夫兰当为王者香，今乃独茂，与众草为
伍，譬犹贤者不逢时，与鄙夫为伦也。"他还感慨："芝兰生于深林，不以
无人而不芳；君子修道立德，不为穷困而改节。"孔子以兰喻人，指出兰
花生长在无人的幽静的山谷中，即便无人欣赏，仍然芳香怡人。君子修
养品行培养道德，不因为身处困境而改变节操。

无独有偶，黄庭坚在《书幽芳亭》中也赞美兰花："兰盖甚似乎君子，

生于深山丛薄之中,不为无人而不芳。雪霜凌厉而见杀,来岁不改其性也。"文中把君子比喻为兰,独自生长在幽静远人的山谷,默默开放,清香远溢,即便暂时得不到世人赏识也不愁闷;而当周围环境恶劣时,经历严霜苦寒,也不改变清逸高洁的本性。

　　黄庭坚一生历尽宦海沉浮,屡陷党派之争。但他并无怨恨詈骂之词,淡泊名利,高风亮节,为人"内刚外和",宛如兰花,他对兰的推崇,彰显了北宋文坛对君子气节的推崇与褒扬。

九四

爱是万缘之根①,当知割舍②;识是众欲之本③,要力扫除。

【注释】

①爱:爱欲,贪念。《坛经·忏悔品》:"自心皈依净,一切尘劳爱欲境界,自性皆不染著。"万缘:指一切因缘。

②割舍:丢开,舍弃。

③识:佛教语。丁福保《佛学大辞典》:"心之异名,了别之义也。心对于境而了别名为识。"指主体对世间万物的识别认知过程。

【译文】

　　爱欲贪念是世间一切因缘的根本,要知道割舍;识别认知是众多欲望的本源,要全力清除。

【点评】

　　佛教认为因果是世间万物缘起缘落的根本所在。无法消除对事物的执著、贪念,就会生成爱欲造成的苦果,这是人类烦恼痛苦的缘由。如何超脱爱欲境界? 宋袁文《瓮牖闲评》卷三:寿禅师垂诫云:"但能消除情念,断绝妄缘,对世间一切爱欲境界,心如木石,虽复未明道眼,自然成就净身。"因此,控制内心的贪恋,摈弃对万物的执念,才能断绝尘缘杂念,清静自在。

　　人类对世界的认知是逐渐形成的,对世界的认识越深入,对世界的欲念就会越炽烈。看到财富,想要占有;看到功名,想要争取;看到美景,想要独享;看到一切华贵富丽的东西,舍不得丢弃。最终,背负了沉重的欲念。只有摈弃掉贪婪的物欲,正确对待名利,清静淡泊,无欲则刚。

九五

　　作人要脱俗①,不可存一矫俗之心②;应世要随时③,不可起一趋时之念④。

【注释】

　　①作人:指立身行事。
　　②矫俗:此指故意违俗立异。
　　③应世:应付世事。
　　④趋时:迎合潮流,迎合时尚。

【译文】

　　立身行事要摆脱俗世烦扰,不应当存有一点违俗立异的想法;应付世事要切合时宜、顺应时势,不应当兴起一点趋时媚俗的念头。

【点评】

　　立身处世既要具备超脱尘世之心志,又要积极融入时下的社会生活。脱俗并非是追新幕异,刻意与社会风尚相悖。

　　元刘埙《隐居通议·经史二》载:"盖趋时附势人情则然,古今所同也。何责于薄俗哉?"尽管趋时奉势为人之常情,但是为人处世中既要顺应时代发展的潮流,又要立场坚定,不能随波逐流、阿世媚俗。

九六

宁有求全之毁^①，不可有过情之誉^②；宁有无妄之灾^③，不可有非分之福。

【注释】

①求全之毁：一心想保全声誉，反而受到了毁谤。毁，毁谤。出自《孟子·离娄上》："有不虞之誉，有求全之毁。"

②过情之誉：超过实际情形的赞誉。过情，超过实际情形。

③无妄之灾：指平白无故受到的灾祸或损害。无妄，意想不到的。

【译文】

宁愿有为保全声誉而招致的毁谤，也不可拥有超越实际情形的赞誉；宁愿有平白无故而招致的灾祸，也不可拥有超越本分的福气。

【点评】

面对诋毁与赞誉、灾祸与福分，要做出正确选择。

孟子曰："有不虞之誉，有求全之毁。"指出人生总有一些赞誉是超出事物原本价值和心理需求的；竭尽全力保全声誉，反而受到了毁谤。因此洪应明劝谕人们，相对于过度的赞誉，还是承受一些责备，这对人的成长更为有益。

《老子》云："祸兮，福之所倚；福兮，祸之所伏。"晋卢谌《赠刘琨》诗："福为祸始，祸作福阶。"古人认为福与祸没有定数，互为因果，互相转化，福气过甚可能隐藏着祸端。而且祸与福都源于人的所作所为，因此更有甚者认为祸福同门。《淮南子·人间训》言："夫祸之来也，人自生之；福之来也，人自成之。祸与福同门，利与害为邻，非神圣人，莫之能分。"人得福而骄纵恣意，则福去祸来；人遭祸而克己行善，则祸去福来。既然祸福同门，那么承受一些无妄之灾，从而时刻警醒，反省己身，总好过贪求富贵荣华，沉浸于名利的美梦中，醒来时，一切皆空。

九七

毀人者不美，而受人毀者遭一番讪谤便加一番修省^①，可以释回而增美^②；欺人者非福，而受人欺者遇一番横逆便长一番器宇^③，可以转祸而为福。

【注释】

①讪谤：诽谤。修省（xǐng）：修身反省。

②释回而增美：谓去除邪僻，增加美善。释回，谓去除邪僻。语出《礼记·礼器》："礼，释回，增美质。"郑玄注："释，犹去也；回，邪僻也；质，犹性也。"

③横逆：横暴无理的行为。器宇：度量，气宇，胸襟。

【译文】

诽谤他人的人，其才德和品行不好，而遭受他人诽谤的人，每遭遇一次诽谤，就增加一番修身反省的工夫，可以去除邪僻，增加美善；欺侮他人的人没有福气，而忍受他人欺侮的人，每遭遇一次非难，就增长一番气宇胸襟，可以把祸患转变为福气。

【点评】

诽谤、欺辱别人，都是丑恶的行为。而遭受诽谤、欺辱的人，会通过涵养心性，反省自身，不断完善自我，开拓胸襟，把别人的伤害转化为自我成长的助力。

叔孙武叔，名州仇，叔孙氏宗主，鲁定、哀时期任鲁国司马。鲁哀公十六年孔子去世。孔子逝世后不久，叔孙武叔即多次在朝堂上公然向鲁国大夫诋毁孔子："子贡比仲尼更贤良！"子贡知道后，辩称："譬之宫墙，赐之墙也及肩，窥见室家之好。夫子之墙数仞，不得其门而入，不见宗庙之美，百官之富。得其门者或寡矣。夫子之云，不亦宜乎！"子贡用围墙做比喻，说明孔子之贤难以超越。

在孔门七十二贤中,子贡的悟性是最高的,因此他最能体会到孔子学术思想的博大精深,他曾由衷赞叹道:"仰之弥高,钻之弥坚。瞻之在前,忽焉在后。夫子循循然善诱人,博我以文,约我以礼,欲罢不能。既竭吾才,如有所立卓尔。虽欲从之,末由也已。"孔子在世时,子贡殷殷求教,勤于思考;孔子去世后,他处处维护孔子的声誉和名望,因此有人认为儒学得以光大,子贡功不可没。

孔子思想的发展从来没有离开过争论。叔孙氏的反孔引发了第一波孔子思想保卫战,子贡、宰予、有若都是这次保卫战的勇士。通过他们的辩论,孔子的思想得到了进一步的发展。人们逐渐明白"圣人心日月",一个圣贤的心,光辉荣耀仿佛太阳月亮。太阳月亮的光明,照耀着世间的一切,在这阳光下,人们选择从事何事都是自己的自由。太阳、月亮普照人间的心,从来都是温暖、和煦、平等、公允。

九八

梦里悬金佩玉①,事事逼真,睡去虽真觉后假;闲中演偈谈玄②,言言酷似,说来虽是用时非。

【注释】

①悬金佩玉:佩挂金饰与玉饰。借喻升官发财。

②演偈(jì)谈玄:讲解偈颂谈论玄理。偈,梵语"偈佗"的简称,即佛经中的唱颂词。通常以四句为一偈。

【译文】

在梦里佩挂金饰与玉饰,种种情形非常逼真,但在睡梦中感觉真实,梦醒后却发现是一片虚妄;闲暇中讲解偈颂谈论玄理,句句言辞都似真理,闲谈中仿佛都是正确的,真正使用的时候却无用处。

【点评】

怀揣着白日美梦的人很多,幻想着拥有财富、地位、名声、官爵,享有权势声名显赫,处处受人尊敬,也许还能在历史上留下浓墨重彩的一笔。但是现实总是令人清醒,再美好的黄粱梦、南柯梦,醒来后都是一场空,反倒使人领悟所拥有的平淡生活是多么幸福美好。

俗语常言,清谈误国。自魏晋以来的名士们,对于远离政治,空谈老庄玄学,畅言佛法情有独钟。以为有此情怀者,大抵超凡脱俗,才情横溢,不为名利所惑。由于时风影响,位尊者往往为崇尚清谈的名士折腰,诚邀他们进入官场,借由他们的名声来彰显自己的政绩。东晋著名书法家王羲之的儿子王徽之,才华横溢,却生性放浪不羁,崇尚魏晋名流桀骜不驯、清谈玄妙的风尚,不修边幅。他曾担任大司马桓温的参军,经常蓬头散发,衣冠不整,对自己的职责漠不关心。但他颇具有才气和名气,桓温对他十分温和宽容。王徽之担任车骑将军桓冲的骑兵参军时,一次桓冲问他:"你在哪个官署办公?"他回答说:"不知是什么官署,只是时常见到牵马进来,好像是马曹。"桓冲又问:"官府里有多少马?"他回答说:"不过问马,怎么知道马的数目?"桓冲又问:"近来马死了多少?"他回答说:"活着的还不知道,哪能知道死的!"

清谈者,空有宏大的愿望,若与现实脱离,缺乏真才实学,仅凭清谈玄学无法解决实际的问题。

九九

天欲祸人,必先以微福骄之,所以福来不必喜,要看他会受;天欲福人,必先以微祸儆之[1],所以祸来不必忧,要看他会救。

【注释】

①儆（jǐng）：告诫，警告。

【译文】

上天欲要祸害人，必然先用微小福分骄纵他，所以福气到来不必欢喜，要看他会不会受用；上天欲要佑福人，必然先用微小灾祸警戒他，所以灾祸到来不必忧虑，要看他会不会自救。

【点评】

祸福的转化体现了辩证法的思想，福分中常隐藏着祸的影子，灾祸中常包含着福的因素，祸与福是因果相依。

人们要慎重对待积德行善、辛苦努力获得的福分，不因骄纵而消耗本就微薄的福气，以致埋下灾祸的根源。上天以福示警，若不懂珍惜，则连微小的福分都无法长久维持。福尽祸来，可堪忍受？若上天以祸示警，也不必过于担忧，从容应对，坦然化解，塞翁失马，焉知非福？

保持平和心态，不为外物所惑，做到身有福气而不骄横，身受灾祸而不怨怼，才能懂得天意难测、福祸相依的道理。

一○○

荣与辱共蒂①，厌辱何须求荣；生与死同根，贪生不必畏死。

【注释】

①共蒂：即"并蒂"。两朵花或两个果子共一蒂。蒂，花、叶或瓜、果与枝茎连结的部分。

【译文】

荣誉与屈辱共生，厌恶屈辱又何必追求荣誉；生与死共存亡，贪求生存，就不要畏惧死亡。

【点评】

此处讲述了荣辱与共、生死并存的道理。

荣辱观是中华传统伦理道德的基本内容之一。古代先贤充分肯定对事业功名的追求，他们认为通过立言、立德、立功，可以实现"修身齐家治国平天下"的政治追求和人生理想，体现生命的价值，获得道德上的荣誉感。当然在这一过程中，难以避免磨难和挫折，甚至屈辱。即使忧国忧民的屈原，也有被诋毁的时刻；即使万世师表的孔子，也有被质疑的时刻；即使踌躇满志的司马迁，也有忍辱偷生的时刻。追求理想与道德的征途上，永远是荣辱相伴。

生死是人生必须面对的终极问题。追求生的快乐，是人类的本能。但是热爱生命，也无须畏惧死亡的来临。由生至死，是无法回避的自然规律。儒家传统教导人们乐生安死，以积极的态度面对有限的生命，以不懈的努力超越生死的限制，创造不朽的价值。荀子曾言："人之所欲，生甚矣；人之所恶，死甚矣；然而人有从生成死者，非不欲生而欲死也，不可以生而可以死也。"在生与死之间，只要实现了生命价值，具备了高尚的道德情操，那么生死又有何惧？

——〇——

作人只是一味率真①，踪迹虽隐还显②；存心若有半毫未净③，事为虽公亦私。

【注释】

①率真：直率真诚。

②踪迹：行踪。

③存心：犹居心，谓心里怀有的意念。

【译文】

立身行事如果一直坦诚直率,虽然不露行迹,最终还是会被世人称扬;如果做事存有半点私心杂念,虽然处事公正也会显得存有私心。

【点评】

做人要清明公正,做事要光明磊落,不存私心,不为己利,才能培养淳厚的道德品质。

贤达才德之辈即便做事行迹不显,但是心地坦诚,光明磊落,人格品行被世人称颂,名声自会显扬于世。如果为人处事心地不纯正,存有为己谋利的私心,即便作为国家公器而竭尽所能,其行为依然充满了私欲。

三国时,胡质、胡威父子都曾在朝为官。胡质在魏国任州郡长官近三年,死后身无余财,留给家人的只有朝廷赏赐的衣物和书籍。他的清正廉洁,得到了世人的赞誉。胡威位至刺史,治下社会安定,政绩斐然,声名远播。晋武帝接见胡威时问:"你清廉的名声和你父亲相比如何?"胡威答道:"不如吾父多矣。"晋武帝问:"为什么呢?"胡威答曰:"臣父行事清廉惟恐世人知道,臣行事清廉惟恐世人不知,所以臣和家父高下立见也。"

一〇二

鹪占一枝^①,反笑鹏心奢侈^②;兔营三窟^③,转嗤鹤垒高危^④。智小者不可以谋大^⑤,趣卑者不可与谈高^⑥。信然矣^⑦!

【注释】

①鹪(liáo)占一枝:即"鹪(jiāo)鹩一枝"。鹪鹩做窝,只占用一根树枝。比喻一个安身之处或一个工作位置。出自《庄子·逍遥游》:"鹪鹩巢于深林,不过一枝;偃鼠饮河,不过满腹。"鹪鹩,小鸟名,以麻发为窝,系于树枝,于一侧开孔出入,甚精巧,故俗称巧

妇鸟，又名黄脰鸟、桃雀、桑飞等。

②鹏：传说中的神鸟、大鸟。《庄子·逍遥游》："鹏之徙于南冥也，水击三千里。"

③兔营三窟：即"狡兔三窟""狡兔三穴"。狡猾的兔子准备好几个藏身的窝。比喻隐蔽的地方或方法多。出自《战国策·齐策四》："冯谖曰：'狡兔有三窟，仅得免其死耳。今君有一窟，未得高枕而卧也。请为君复凿二窟。'"指战国时齐人冯谖帮助孟尝君收买民心、获得齐王重用、为其立宗庙于薛诸事，致使孟尝君平安为相数十年。

④嗤：讥笑，嘲笑。

⑤智小者不可以谋大：能力低下的人不要图谋大事。语出《晋书·庾亮传论》："智小谋大，昧经邦之远图；才高识寡，阙安国之长算。"

⑥趣卑者：志趣低下。卑，低下。

⑦信然：确实如此。

【译文】

鹪鹩做窝只占用一根树枝，反而嘲笑大鹏的追求太过奢侈；兔子常常营造三个洞窟，反而嗤笑仙鹤的巢穴高耸危险。能力低下的人不能与他们图谋大事，意趣卑劣的人不可与他们谈论高尚境界。看来确实如此啊！

【点评】

决定人生成败的因素很多，而眼界与格局，智慧与谋略，是决定人生方向的重要因素。

麻雀跳跃枝头，永远无法欣赏飞上九重天的壮阔景象；兔子虽然狡黠，依然无法逃脱猎人的追捕。它们体会不到鹏鸟翱翔万里的壮志，体会不到仙鹤筑巢高远的智慧，它们的眼界决定了只会甘于眼前的平凡。见识低下的普通人，无法理解运筹帷幄、一统天下的英雄豪杰的雄心壮志；热衷于名利的人，无法体悟忧国忧民、鞠躬尽瘁的仁人志士的满腔热忧。古今中外心怀理想抱负的成功人士,大多在身处微弱时就开始筹谋人生的格局,高瞻远瞩地设立人生目标,宽容坚毅地包容世间万物,以发展的、全面的眼光看待世事变迁,最终成就宏大人生。

一〇三

贫贱骄人①,虽涉虚骄②,还有几分侠气;英雄欺世,纵似挥霍③,全没半点真心。

【注释】

①骄人:傲视他人,向他人显示骄矜。

②虚骄:无相应的才能或力量而盲目地自傲。

③挥霍:奔放,洒脱。

【译文】

贫贱者敢于傲视他人,虽说有些盲目自傲,还有几分豪侠之气;英雄如果欺骗世人,纵然看似洒脱,全然没有半点真情实意。

【点评】

寒士傲节,尚存几分勇气;英雄欺世,则无半点真心。

贫寒困窘之人,以满腔勇敢维持着肝胆侠义的气节,宁愿高昂着头颅,不愿屈膝为人,令人钦佩。有些所谓的英雄豪杰,看似豪迈不羁,实际上披着一层道德的外衣,欺世钓誉,为达目的而不择手段。伪装的善良更具有欺骗性,对社会和他人造成的危害更大。比如钱谦益之流,平日里满口仁义道德,君君臣臣,标榜气节与品行,到了忠君报国的关键时刻,为了保全性命,追逐名利,不惜翻手为云、覆手为雨,不择手段往上爬,掩藏在道貌岸然面具下的是一颗虚伪至极的灵魂。纪晓岚一针见血地评论他:"首鼠两端,居心反复。"

一〇四

糟糠不为彘肥^①，何事偏贪钩下饵^②；锦绮岂因牺贵^③，谁人能解笼中囮^④。

【注释】

①糟糠不为彘（zhì）肥：糟糠指酒滓、谷皮等粗劣食物，贫者以之充饥。此处指用之养猪不是为了将其喂得肥壮，而是为了喂肥后宰食其肉。彘，泛指一般的猪。

②何事：为何，何故。

③锦绮：丝织品。锦，有彩色花纹的丝织品。绮，细绫、有花纹的丝织品。牺：做祭品用的毛色纯一的牲畜。

④囮（é）：用来诱捕同类的鸟，称"囮子"。

【译文】

用酒糟、秕糠养猪不是为了把猪喂得肥壮，鱼儿何故偏偏贪图钩钩下的诱饵；绮丽锦绣岂能因为包裹祭品而贵重，又有谁能够懂得笼中囮子诱捕同类时的感受。

【点评】

世上总有一些愚鲁之辈，成为别人眼中的猎物。他们贪图一时的享乐和满足，不懂得审时度势，躲避危险，被美好的诱饵诱惑而落入罗网，面临悲惨的结局。

作为诱饵，具备伪装性和欺骗性，没有尊严，随时有被抛弃的危险。古人最开始抓捕猎物时没有诱饵，还是原始的力量比拼。当人类开始懂得利用诱饵捕鱼或打猎，甚至应用于人类之间的纷争时，尽管收获了更多猎物，却因谋略而丧失了最初的纯朴。雉诱是高级的诱饵，经过猎人长期的驯化，会成为配合猎人的最默契的诱饵。猎人为了猎取更多的雉鸟（野鸡），让雉诱引诱公雉。当公雉们翩翩起舞、紧张对峙之时，隐蔽在林间的猎人会吹响树叶，召唤雉诱回来。雉诱快速跑回隐匿之处，钻进猎人的怀抱。这时，阵阵枪响，刚刚还在争斗中的公雉纷纷倒在猎人的枪下。如此这般换过两三个山头之后，这只母雉再也吸引不来成群的公雉，猎人会选择新的雉诱，而那只诱惑了同类的雉诱也将成为主人的弃子。

诱饵的命运是凄惨的，不是被猎人当作食物抛给猎物，就是被拿来诱惑同类，成为族类中的叛徒。当人类把智慧运用在用诱饵残害同类时，被诱捕者就会面临着伤害、压制和毁灭。

一〇五

琴书诗画，达士以之养性灵①，而庸夫徒赏其迹象②；山川云物③，高人以之助学识，而俗子徒玩其光华④。可见事物无定品，随人识见以为高下。故读书穷理⑤，要以识趣为先⑥。

【注释】

①达士：见识高超、不同于流俗的人。性灵：内心世界，泛指精神、思想、情感等。
②迹象：指表露出来的不很显著的情况，可借以推断过去或将来。此指表面现象。
③云物：云霞风物。
④光华：光芒，光彩。
⑤穷理：穷究事物之理。
⑥识趣：识见，志趣。

【译文】

琴瑟、书籍、诗歌、绘画，明理通达人士用它怡情养性，而平庸之辈只会欣赏它们的外在表象;高山、大川、云霞、风物,高雅之士从中助长学问见识,而粗俗之人只会赏玩它们的华丽光彩。可见事物没有固定的品格,随着人们的见解而呈现高下之分。所以研读书籍穷究事理,要以增长见识志趣为先。

【点评】

琴棋书画,林泉高致,不同的人解读会有不同的感触,但是能够真正把握它们的本质和内涵,还需要沉静的灵魂和通达的智慧。明代董其昌与陈继儒,一个身居高位,一个隐匿山林,虽然人生道路不同,但两人因文学、艺术、山水的相同意趣而结缘,终生心灵相契。

《明史》称,"继儒通明高迈,年甫二十九,取儒衣冠焚弃之,隐居昆山之阳,构庙祀二陆,草堂数椽,焚香晏坐,意翛如也"。放弃举业的陈继儒,隐居山林,过着悠然心怡的生活,从学习与创作中获取乐趣。他学识广博,诗文、书法、绘画均所擅长,并喜爱戏曲、小说,写下了后世传颂的《小窗幽记》。虽然归隐,但陈继儒并未中断与三吴名士的来往,其中不乏官宦豪门,有"来见先生者,河下泊船数里"之说。而且陈继儒在交游官宦时,不忘明察世情,时有针砭时弊之语。

董其昌则于万历、泰昌、天启、崇祯四朝为官,主导了当时山水画坛。他曾为陈继儒建造"来仲楼",两人常常登楼品鉴书画。董其昌善于鉴画,陈继儒勤于记录,后来董氏所鉴画作由其门人张圣清辑录成册,名为《来仲楼随笔》。从随笔中,经常可以找到二人类似的艺术观点,尤其是对书画的品鉴多有相同之处。董其昌在出行中常绘下旅途风光,与陈继儒共同欣赏。万历二十四年(1596),在赴长沙途中,董其昌绘《小昆山舟中读书图》,描绘湘楚沿岸美丽的风景。又在另外一幅画中题诗云:"随雁过衡岳,冲鸥下洞庭。何如不出户,手把《离骚》经。"描述自己在前往楚地的行程中想起正在书斋中释读《离骚》的陈继儒,不由心生羡慕。他们的书画创作、艺术修为、思想理论,成为中国艺术的宝贵财富。

一〇六

美女不尚铅华^①，似疏梅之映淡月^②；禅师不落空寂^③，若碧沼之吐青莲^④。

【注释】

①铅华：用铅粉等物梳妆打扮。

②似疏梅之映淡月：宋代林逋《咏梅》诗中有"疏影横斜水清浅，暗香浮动月黄昏"之句，此处化用此诗，写恬淡飘逸之美。

③落：摒弃。空寂：佛教语。谓事物了无自性，本无生灭。

④碧沼：青绿色的水池。碧，青绿色的玉石，也指青绿色。沼，水池，积水的洼地。

【译文】

美丽的女子不崇尚梳妆打扮，好似疏落的梅花映衬着淡淡月光；禅师不落入虚无枯寂，仿佛碧绿色的池水绽放青色的莲花。

【点评】

此条对仗工整，文字雅致，譬喻生动，意境优美，表达了作者自然朴素的审美情趣。

中国美学博大精深，内涵极其丰富，司空图《诗品》载："汤惠休曰：'谢诗如芙蓉出水，颜诗如错彩镂金。'颜终身病之。"中国美学史上存在浑然天成和浓雕细琢两种不同的审美境界，表现在诗歌、绘画、音乐、建筑、戏曲和工艺美术等各个方面，从而构成了中国古代美学的二元结构。魏晋南北朝是一个重要的转变时期，中国人的美学认知达到了一个新的境界，表现出一种新的审美追求，逐渐形成了浑然天成之美高于浓雕细琢之美的共识。这一时期虽然政治上混乱，却是中国文人精神最自由解放、浪漫智慧的时代。文人士子崇尚老庄哲学和佛教，推崇"清静无为""见素抱朴,少私寡欲""无己""无功"和"无名"等主张,要求人摆脱各种欲念,排除各种功利的因素,达到"无己"的境界。这些主张,为浑然天成的自然之美奠定了重要的哲学基础。"越名教而任自然"成为普遍追求,魏晋时期的美学风尚,是飘逸出尘,皈依自然,回归恬淡。到了唐代,李太白诗"清水出芙蓉,天然去雕饰",已是对浑然天成自然之美的极大肯定。北宋苏东坡提出诗文的境界要"绚烂之极,归于平淡",反对空洞华丽雕琢的文学主张,表达了唐宋以来知识分子对浮华文风的坚决制止,对自然朴实,文以载道的追求,也是对"初发芙蓉"的美学思想的肯定。

洪应明长期以来受到道法自然的审美影响,因此认为不饰铅华,自然曼妙才是真正的美。

一○七

廉官多无后①,以其太清也;痴人每多福②,以其近厚也。故君子虽重廉介③,不可无含垢纳污之雅量④。虽戒痴顽⑤,亦不必有察渊洗垢之精明⑥。

【注释】

①后:此指后福。

②痴人:愚笨或平庸之人。

③廉介:清廉耿介。

④含垢纳污:容忍耻辱和污蔑。指气度大,能包容一切。垢,耻辱。污,污蔑。雅量:形容宏大的气度。

⑤痴顽:谓藏拙,不合流俗。

⑥察渊:即"察见渊鱼者不祥"。《列子·说符》:"周谚有言:'察见

渊鱼者不祥,智料隐匿者有殃。'"指明察太过,知道别人隐私者不祥。洗垢:即"洗垢求瘢"。洗掉污垢来寻找瘢痕。比喻想尽办法挑剔别人的缺点。垢,污垢。瘢,瘢痕。语出南朝宋范晔《后汉书·文苑传下·赵壹》:"所好则钻皮出其毛羽,所恶则洗垢求其瘢痕。"

【译文】

清廉的官吏大多无后福,因为太过清廉;痴愚的人常常多福,因为他们近似憨厚。虽然君子重视清廉耿介,但是不能没有容忍耻辱和污蔑的雅量。虽然需要戒除藏拙的行为,但也不必具备明察他人,太过挑剔的精明。

【点评】

此处强调为人处事不宜太过清廉,太过精明,需要保持适度的原则,具有容忍的雅量。

明代薛瑄《薛文清公从政录》言:"有见理明而不妄取者,有尚名节而不苟取者,有畏法律、保禄位而不敢取者。"阐述了清官具备的特征:明辨是非、刚正不阿、高风峻节、清正廉洁等。他们耿介孤傲,因此被上位者忌惮,被卑劣之人构陷,被人情俗世排斥,被残酷的政治迫害,人生充满挫折与艰辛,反不如痴愚守拙之人,因为憨厚淳朴,没有严苛的为人处事原则,反而拥有平淡安稳的福分。

洪应明主张中庸的原则,认为君子一方面应该拥有宽广宏大的胸怀,对世事洞察清明,又不可明察太过,要具备容纳不清明、不公正、不平等的气度。另一方面君子要大智若愚,不可过度挑剔和精明。但是,藏拙只是策略,难得糊涂不是丧失明辨善恶、是非的立场,而且在洞察人情世故的同时,学会保全自己,拥有宁静安乐的幸福生活。

一〇八

密则神气拘逼①,疏则天真烂漫,此岂独诗文之工拙从此分哉②! 吾见周密之人纯用机巧③,疏狂之士独任性真④,人心之生死亦于此判也⑤。

【注释】

①神气:指道家所谓存养于人体内的精纯元气。此亦指神情、气度。
　拘逼:遭受逼迫。

②岂独:难道只是,何止。工拙:犹言优劣。

③机巧:诡诈。此指工于心计。《庄子·天地》:"功利机巧,必忘夫人之心。"

④疏狂:豪放,不受拘束。性真:性情真率。

⑤判:区别,分辨。

【译文】

过于周密则精气魂魄被拘束逼迫,性格疏狂则纯真自然不做作,这难道只是诗歌与文章优劣的区别吗! 我见过周到细密的人为人处世全都工于心计,疏达狂放的人凡事皆率性而为,人心之灵活与拘泥于此可以分辨了。

【点评】

汉匡衡曰:"治性之道,必审己之所有余,而强其所不足。盖聪明疏通者,戒于太察;寡闻少见者,戒于壅蔽;勇猛刚强者,戒于太暴;仁爱温良者,戒于无断;湛静安舒者,戒于后时;广心浩大者,戒于遗忘。"在匡衡看来,每个人都有优缺点:聪明直爽的人,明察事理;孤陋寡闻的人,见识浅薄;勇猛刚烈的人,骄躁粗暴,遇事冲动;仁慈善良的人,优柔寡断;镇静自若的人,容易错失时机;心宽意适的人,丢三落四。完善人们性格的办法就是辨别其优缺点,改进其不足之处。

　　而在洪应明看来,周密与疏狂,不仅仅是文章歌赋的区别,更是彰显人性的标签。世人千姿百态,性格迥异,处世之道不同,表现出人性的种种差异。周密之人,工于心计,善于机巧之术,算计太多反失纯真;疏狂之人,率真任性,更能保持淳朴自然的本性。

一〇九

　　翠筱傲严霜①,节纵孤高②,无伤冲雅③;红蕖媚秋水④,色虽艳丽,何损清修⑤。

【注释】

①翠筱(xiǎo):青绿色的竹子。筱,小竹,细竹。

②纵:纵使。孤高:孤立高耸。此指翠竹孤傲而立。

③冲雅:典雅,淡雅。

④红蕖(qú):红色荷花。蕖,芙蕖,即荷花。

⑤清修:操行洁美。

【译文】

　　翠绿的竹子傲立于凛冽寒霜中,竹节纵然孤立高耸,也不伤害其高雅的气节;鲜艳的红莲娇媚地绽放在秋天池水上,色彩虽然艳丽,也不损害其洁美的品行。

【点评】

　　翠竹与荷花,在中国文化中都是譬喻高雅品格的物象。

　　《诗经·卫风·淇奥》曰:"瞻彼淇奥,绿竹猗猗,有匪君子,如切如磋,如琢如磨。"据《毛诗序》载:"《淇奥》,美武公之德也。有文章,又能听其规谏,以礼自防,故能入相于周,美而作是诗也。"这个武公即卫国的武和,曾经担任过周平王(前770—前720)的卿士。武和即便到了晚年,依然廉洁清正,谨小慎微,宽以待人,勇于承担过错,接受别人的批评和劝谏,因此得到世人的尊重,这首《淇奥》就是赞美他的。可见,竹子被赋予了美好的意象。

在中华文明的长期发展中,竹子在文人墨客不断的颂咏与描摹中,成为梅兰竹菊"四君子"之一,梅松竹"岁寒三友"之一,逐渐被赋予了谦虚、刚直等精神风貌,象征了不畏严寒,不惧险峻,中通外直,不屈不挠的美好品格,其丰富的文化内涵影响着中国人的审美观和审美意识以及伦理道德,铸就了中华民族的气节、品格和禀赋,对中国文学、绘画艺术、宗教文化、园林艺术等的发展,有着极其重要的促进作用。

周敦颐称莲为花中之君子,象征清正、纯洁、善良、方直等美好品格,中国古今文学作品中多有歌颂赞美之作。同时,佛教也多以莲来譬喻事物。比如将西方极乐世界比作莲花境界,佛教庙宇称为"莲刹",《妙法莲花经》简称《法华经》,象征教义的清雅高洁。而佛教净土宗主张以修行来达到西方的莲花净土,故又称"莲宗"。

翠竹与莲花,或凌霜傲雪,或娇艳瑰丽,外形差异甚大,但是都蕴含着美好的含义,代表了刚正不屈、清雅高洁的君子风范。

一一〇

　　贫贱所难,不难在砥节①,而难在用情;富贵所难,不难在推恩②,而难在好礼。

【注释】
①砥(dǐ)节:砥砺气节。砥,质地细腻的磨刀石。
②推恩:广施恩惠,移恩。

【译文】

贫寒卑贱之人的难处，不在于砥砺气节，而在于真情相待；富裕尊贵之人的难处，不在于广施恩惠，而在于能够尊重帮助的人。

【点评】

此处阐述贫贱或富贵之士，在为人处世中要真情实感、以礼待人。

苏轼一生，磨砺颇多，在贬官生涯中，他依然自得其乐，寻找美味，感慨美景，结识友人。元丰三年（1080），被贬黄州团练副使后，与黄州知州徐大受一见如故，成为亲如手足的密友。在徐大受的带动下，时任黄州通判的孟震，也加入其中，畅言所知所感。苏轼在《与徐得之三首之一》诗中，表达了对徐大受的真挚情感："始谪黄州，举目无亲。君猷一见，相待如骨肉。"苏轼贬官黄州的三年，虽处困境，但因朋友之间的互相尊重、真诚坦荡，使其贬官生涯不再显得凄清惨淡，充分体现了北宋官场中文人志士的情操与节气。他们与人交往以才学和品格为主，以君子的礼仪来对待一个饱学之士，这是馈赠多少财物都无法体现的对人的尊重。

— — —

簪缨之士①，常不及孤寒之子可以抗节致忠②；庙堂之士③，常不及山野之夫可以料事烛理④。何也？彼以浓艳损志⑤，此以淡泊全真也⑥。

【注释】

①簪缨之士：官宦之人。簪缨，古代官吏的冠饰。比喻显达尊贵。

②孤寒之子：家世贫寒无可依靠者。抗节：坚守节操。致忠：尽忠。

③庙堂之士：此指在朝为官者。

④烛理：考察事理。《朱子语类》卷五二："若非烛理洞彻，胸次坦然，即酬酢应对，蹉失多矣。"

⑤以浓艳损志：因热衷于追求功名利禄而丧失志向。损志，丧失志向。

⑥全真：保全天性。《庄子·盗跖》："子之道狂狂汲汲，诈巧虚伪事也，非可以全真也，奚足论哉！"

【译文】

显达尊贵之人，往往不如寒门子弟爱国守忠；在朝堂为官之人，常常不如山野村夫明察事理。这是为什么呢？由于富贵的生活损害了显贵之人的志向，而恬淡清净保全了山野之人的淳朴天性。

【点评】

洪应明认为簪缨之士、庙堂之士由于生活富足，而无法坚守君子的节操、爱国忠诚的品质，而山野村夫更能看透时局，这个观点，还需要商榷。

曾国藩曾评论："古人称立德、立功、立言为三不朽。立德最难，而亦最空，故自周汉以后，罕见德传者。立功如萧、曹、房、杜、郭、李、韩、岳，立言如马、班、韩、欧、李、杜、苏、黄，古今曾有几人？"其中涉及唐代赫赫有名的军事家、政治家郭子仪。据历史记载，在平定安史之乱的战争中，郭子仪指挥或参与指挥了攻克河北诸郡之战、收复两京之战、邺城之战等重大作战；安史之乱后，他计退吐蕃，二复长安，说服回纥，再败吐蕃；威服叛将，平定河东。郭子仪不仅自己战功卓越，他有八子，也不乏善战刚勇之人。长子郭曜官至开阳府都尉，之后，跟着父亲平定安史之乱，因平乱有功，被封为太子少保，死后被追封为太子少傅；次子郭旰，追随父亲平定安史之乱，不幸阵亡；三子郭晞跟随父亲收复两京，因战功卓著被封为太子宾客、赵国公，死后被追封为兵部尚书。四子、五子，在史籍中没有找到相关的记载。其六子郭暖娶了升平公主，成为皇族的驸马，后来，当上了太常卿，被封为清源县侯，死后被追封为尚书左仆射；郭子仪的七子郭曙平定朱泚之乱有功，被封为金吾大将军、祁国公；郭子仪的八子郭映官至太子左谕德。

郭子仪在官场处事中也展露了其政治才华。他用仁义折服鱼朝恩，化解了两人间的矛盾。他对上忠诚、对下宽厚，赏罚分明。府中不设围墙,前来拜访的官员可以直接进入,显示了坦然大度的胸襟。而在面对卢杞等排除异己、陷害忠良的奸臣时,慎之又慎,严加防范。

郭子仪一生经历了武则天、唐中宗、唐睿宗、唐玄宗、唐肃宗、唐代宗、唐德宗七朝,是名副其实的七朝元老。史书称郭子仪"再造王室,勋高一代","以身为天下安危者二十年",并且文武兼备,智勇双全,善于从政治角度观察、思考、处理问题,故能在当时复杂的战场上立不世之功,在险恶的官场上得以全功保身。

郭子仪虽为富贵簪缨之家,但是他以及后辈子孙并没有沉溺在温柔乡,被富贵权势消磨了意志,而是胸怀天下、忠君爱国、报效黎民。因此,无论身处何种境况,是富贵显耀、高居庙堂,抑或薄祚寒门、乡野之人,都有可能具备赤心报国的气节和洞察世事的能力。

一一二

荣宠傍边辱等待①,不必扬扬②;困穷背后福跟随,何须戚戚③。

【注释】

①荣宠:指君王的恩宠。

②扬扬:得意的样子。

③戚戚:忧惧、忧伤的样子。《论语·述而》:"君子坦荡荡,小人长戚戚。"

【译文】

荣耀恩宠中总伴随着耻辱,没必要得意扬扬;困窘贫穷后面总有福气跟随,何必要忧愁烦恼。

【点评】

邓通曾是汉文帝的宠臣。某天,文帝让相士许负给邓通看相,许负直言不讳地对文帝说:"邓大夫以后会因一贫如洗而饿死。"文帝听后很生气,下了一道诏书,把蜀郡严道县的铜山赐给邓通,并允许他铸造钱币,邓通从此富可敌国。于是阿谀奉承更甚,以此取媚于汉文帝。文帝对邓通的宠爱离间了与太子的父子情分,太子更加怨恨邓通。文帝驾崩后,太子即位,这就是汉景帝。景帝对邓通心有芥蒂,罢免了他的官职,夺回铜山,并罚没他的所有财产。曾经受尽荣宠、富有天下的邓通,竟然不名一文,身如乞丐,最后真应验了多年前相士的判语,饿死街头。一时的荣宠虽伴随着财富、地位、名望,享受到世人的尊崇、奉承和谄媚,但是,靠着不择手段获得的荣耀宠爱根基浅薄,一旦受到上位者的猜忌与愤恨,财富会在瞬间灰飞烟灭,最终落得个悲惨的下场。

宋江少虞《宋朝事实类苑》记载,范仲淹在邹平醴泉寺读书期间,生活清苦,他用家中送来的小米煮饭,待凉后划上一个十字,每顿吃一块,再切上一点野菜,撒上盐末下饭。如此的贫寒、困苦磨练了范仲淹的意志与品格,经过不断的努力与奋斗,他最终成为北宋时期著名政治家、军事家、文学家、教育家,留给文人志士"先天下之忧而忧,后天下之乐而乐"的千古风范,被后世倾慕、追随。

一一三

古人闲适处,今人却忙过了一生;古人实受处①,今人又虚度了一世。总是耽空逐妄②,看个色身不破③,认个法身不真耳④。

【注释】

①实受:实际受用。

②耽空逐妄:沉溺并追求虚幻空妄的东西。耽,玩乐,沉湎。妄,虚妄,不实。

③色身：佛教语，即肉身。

④法身：佛教语，证得清净自性，成就一切功德之身。"法身"无漏无
　　为、无生无灭，无形而随处现形，也称为佛身。各乘诸宗所说不
　　一。隋慧远《大乘义章》卷十八："言法身者，解有两义：一显本法
　　性以成其身，名为法身；二以一切诸功德法而成身，故名为法身。"

【译文】

　　古代的人清净安适的地方，现在的人却要忙忙碌碌度过一生；古代
的人实际受用之处，现在的人又要平白虚度一生。世人总是沉溺于空虚
幻想追逐虚妄人生，看不透人世凡胎血肉之躯，因此不能参悟生命的真
谛，成就功德之身。

【点评】

　　古人于悠然闲适中，看淡物欲，消除妄念，参悟明了生活的本质，生
命的真谛。而今，人们依然忙忙碌碌，所为不过"名利"二字。若能追求
淡泊、清雅的生活，体会悠闲之乐，就可"乘物游心，超然物外"。

　　明代程羽文《清闲供·四时歌》里记载了一年、四季、十二月，一天、
十二个时辰，各有其清闲、雅致的内涵，如"春时"所记："晨起点梅花汤，
课奚奴洒扫护阶苔。禺中，取蔷薇露浣手，薰玉蕤香，读赤文绿字书。晌
午，采笋蕨，供胡麻饭，汲泉试新茗。午后，乘款段马，执剪水鞭，携斗酒
双柑，往听黄鹂。日晡，坐柳风前，裂五色笺，集锦囊佳句。薄暮，绕径灌
花、种鱼。"无论是读书熏香、汲泉品茗、种花赏鱼等，都展现了明代士人
闲雅的生活意趣，追求超凡脱俗生活的思想和境界。

　　北宋苏轼曾云："几时归去，作个闲人。对一张琴，一壶酒，一溪云。"
清代张潮《幽梦影》亦言："能闲世人所忙者，方能忙世人之所闲。"真正
的闲适，并非时间上的空闲，是内心的安宁和从容，更是一种对待生活的
态度。在心疲神劳的名利现实中，安享一段悠然时光，让身体休憩，让精
神栖居，从中参透人生虚妄，养心修德，岂不洒脱自在？

一一四

芝草无根醴无源[1]，志士当勇奋翼[2]；彩云易散琉璃脆[3]，达人当早回头[4]。

【注释】

[1] 芝草无根醴（lǐ）无源：芝草没有根本，醴泉没有源头。《太平御览·礼仪部》卷二十："虞翻《与弟书》曰：长子容当为求妇。其父如此，谁肯嫁之者？造求小姓，足使生子。天其富人，不在旧族。扬雄之才，非出孔氏之门。芝草无根，醴泉无源。"虞翻原为汉将，三国时效力于吴，他在一次与弟弟的通信中，托付其弟为正值谈婚论嫁年纪的虞容物色一名适婚女子。在谈及对儿媳的要求时，特别指出用不着在名门望族中寻找，只要有生育能力就足够了。有福之人不一定出生在贵族，而是上天赐与的，如同灵芝没有严密庞大的根系，清甜的泉水往往找不到它的源头。现在，"芝草无根，醴泉无源"比喻一个人优异的德才出自自身的磨练，并不一定要有什么渊源。

[2] 奋翼：振奋翅膀，多比喻人振奋而起。

[3] 彩云易散琉璃脆：彩云容易消散，琉璃容易碎裂。比喻好景不长。出自白居易《简简吟》："苏家小女名简简，芙蓉花腮柳叶眼。十一把镜学点妆，十二抽针能绣裳。十三行坐事调品，不肯迷头白地藏。玲珑云髻生菜样，飘摇风袖蔷薇香。殊姿异态不可状，忽忽转动如有光。二月繁霜杀桃李，明年欲嫁今年死。丈人阿母勿悲啼，此女不是凡夫妻。恐是天仙谪人世，只合人间十三岁。大都好物不坚牢，彩云易散琉璃脆。"

[4] 达人：通达事理的人。

【译文】

灵芝仙草没有根,清甜泉水寻不到源头,志向远大的人应当勇敢奋起;彩云容易飘散,琉璃容易破碎,明智之士应当及早回头。

【点评】

此条引用虞翻的"天其富人,不在旧族……芝草无根,醴泉无源",是对门第观念的一种否定,意在鼓励出身平凡的志士,心怀远大理想,意趣宏远,奋勇前进,就能实现人生的理想与抱负。与"王侯将相,宁有种乎",含义相似。

除此之外,洪应明又以白居易的"大都好物不坚牢,彩云易散琉璃脆",启迪贤明通达之士,美好的事物大多不能牢固长久,就好比天上的彩云和易碎的琉璃。彩云、琉璃本都色彩艳丽,蕴含了积极美好的意念,但是容易离散,容易破碎的美好事物,常使人感悟到生命的脆弱。虽然世事无常,也只能敦促贤明通达之士面对人世繁华时,挣脱名利枷锁,节制自身,避免繁华落尽,一切成空的危机,要明智理性,适时回头。

一一五

少壮者,事事当用意而意反轻①,徒泛泛作水中凫而已②,何以振云霄之翮③? 衰老者,事事宜忘情而情反重,徒碌碌为辕下驹而已④,何以脱缰锁之身⑤?

【注释】

①用意:谓用心研究或处理问题。

②徒泛泛作水中凫(fú)而已:意谓如水鸭那样随波逐流。泛泛,漂浮、浮行的样子。引申为随波逐流。凫,俗名野鸭。语出屈原《卜居》:"宁昂昂若千里之驹乎? 将泛泛若水中之凫,与波上下,偷以全吾躯乎?"

③翮（hé）：羽毛中间的硬管。泛指鸟的翅膀。

④碌碌：辛苦忙碌的样子。辕下驹：指车辕下不惯驾车之幼马，亦比喻少见世面器局不大之人。

⑤缰锁：缰绳和锁链。比喻束缚、拘束。

【译文】

年轻力壮的人，处理每件事情都应当用心研究，他们反而不太在意，仅仅如水面上随波逐流的野鸭而已，怎么能够振奋凌云之翅？年老体衰的人，处理每件事情都应当忘记情感，他们反而情深义重，徒然做那忙忙碌碌的车辕下的马驹，缺乏眼界胸襟，怎么能够摆脱被束缚的身躯？

【点评】

青年可谓是人生的黄金时期，充满了活力、进取和魄力。青年人的作为对时代的发展进步，具有重大的作用。他们活跃的思想，远大的目标，积极的态度，勇于担当的责任感，都值得肯定。但是，青年人身上也有明显的缺陷，缺乏勤恳踏实的处事原则，容易随波逐流、草率鲁莽地处理事情。这样立身处世又怎能展翅高飞，实现理想目标？

老年是智慧的代名词，他们经历世事变迁，积累人生经验，对名利、成败、生死，体会深刻，本应淡泊名利，从容淡定，但这些经验有时会成为阻碍老年人理性处理俗情杂事的因素。他们不仅没有学会适时放手，反而更加贪婪，拖着垂垂老矣的身体，纠缠于名利之中，无法解脱。

一一六

帆只扬五分，船便安；水只注五分，器便稳①。如韩信以勇略震主被擒②，陆机以才名冠世见杀③，霍光败于权势逼君④，石崇死于财赋敌国⑤，皆以十分取败者也。康节云⑥："饮酒莫教成酩酊，看花慎勿至离披⑦。"旨哉言乎⑧！

【注释】

① 水只注五分，器便稳：此处器指欹器，是古代一种倾斜易覆的盛
水器。水少则倾，中则正，满则覆。人君可置于座右以为戒。《荀
子·宥坐》："孔子观于鲁桓公之庙，有欹器焉。孔子问于守庙者
曰：'此为何器？'守庙者曰：'此盖为宥坐之器。'"杨倞注："欹器，
倾欹易覆之器。宥，与'右'同。言人君可置于坐右以为戒也。"

② 韩信（？—前196）：秦末汉初淮阴（今属江苏）人，西汉开国功臣
之一，中国历史上伟大的军事家、战略家和军事理论家。中国军
事思想"谋战"派代表人物。初属项羽为郎中，后投奔刘邦，被任
为大将。楚汉战争时，他建议刘邦出兵东进，刘邦采用其策，攻占
关中。刘邦在荥阳、成皋间与项羽相持，他另率军抄袭项羽后路，
破赵取齐，占领黄河下游之地，对项羽造成钳形包围态势，被刘邦
封为齐王。前202年，率军与刘邦会师，击灭项羽于垓下（今安徽
灵璧东南）。汉朝建立，改封楚王。后有人告他谋反，被降为淮
阴侯。前196年，又被人告发与叛将陈豨勾结谋反，为吕后所杀。
著有《兵法》三篇，已佚。

③ 陆机（261—303）：字士衡，西晋吴郡吴县（今江苏苏州吴中区）
人。出身东吴名门，祖父为吴丞相陆逊，父为吴大司马抗，皆为
东吴名将。陆机在晋武帝太康末，入洛阳为祭酒，文才倾动一时。
"八王之乱"中，先依赵王伦，后附成都王颖，被委任为后将军、河
北大都督，领兵讨伐长沙王乂，兵败被司马颖杀。陆机才华出众，
少有异材。与弟陆云，世称"二陆"。他的《文赋》是中国文学理
论发展史上第一篇系统的创作论，对后世的文学创作和理论发展
产生了重要影响。所写的章草《平复帖》流传至今，是书法中的
珍品。今存《陆士衡集》。

④ 霍光（？—前68）：字子孟，河东平阳（今山西临汾）人。是西汉
著名将领霍去病的同父异母之弟。汉武帝时，任奉车都尉、光禄

大夫，封博望侯。后元二年（前87），为大司马大将军。汉武帝病死，霍光与桑弘羊等同受武帝遗诏辅佐少主昭帝。昭帝死，迎立昌邑王刘贺，旋废之而迎立宣帝。地节二年（前68），卒于官，谥宣成侯。霍光秉持汉朝政权前后达20年，他忠于汉室，老成持重，而又果敢善断，知人善任，实为具有深谋远略的政治家。然而受时代和历史的局限，他摆脱不了光宗耀祖思想的束缚，也摆脱不了身为将相子弟封侯的传统。他在世时，他的宗族、子弟都已是高官显贵，霍氏势力亦已"党亲连体，根据于朝廷"，而他的宗族又多不奉公守法，为霍氏家族留下了祸根。霍光去世，宣帝曾亲自前往探望。大臣魏相通过许皇后的父亲上了秘密奏章，指陈霍氏一门的骄奢放纵。霍光去世后，这种情况变本加厉，甚至密谋发动政变，最终在前65年被灭族。

⑤石崇（249—300）：字季伦，西晋渤海南皮（今河北南皮）人。少敏慧，勇而有谋。年二十余岁为修武令，后升任城阳太守。因伐吴有功，封安阳乡侯。晋惠帝元康初，出为南中郎将、荆州刺史。因劫掠远使商客遂致巨富，于河阳置金谷别馆。拜卫尉，生性奢靡，经常与贵戚王恺斗富，晋武帝虽助恺，每不敌。是依附贾谧的文人集团"二十四友"的成员。永康元年（300）贾谧被诛，赵王司马伦专权，石崇因参与反对赵王伦的政治活动，被赵王伦亲信孙秀诬杀。时人以为其终以财致祸。

⑥康节：即邵雍（1011—1077），字尧夫，自号安乐先生、伊川翁，宋范阳（今河北涿州）人。著有《观物篇》《先天图》《伊川击壤集》《皇极经世》等。

⑦饮酒莫教成酩酊（mǐng dǐng），看花慎勿至离披：大意为，饮酒不要让人喝到酩酊大醉，赏花慎勿赏到花瓣凋零坠落。比喻任何事物都需要界限。酩酊，大醉貌。离披，衰残貌，凋散貌。出自邵雍《伊川击壤集·安乐窝中吟》之十一："安乐窝中春欲归，春归

忍赋送春诗。虽然春老难牵复，却有初夏能就移。饮酒莫教成酩酊，赏花慎勿至离披。人能知得此般事，焉有闲愁到两眉。"

⑧旨哉言乎：这话说得太好了。旨，美，美好。

【译文】

船帆只要扬起一半，船就能安稳前行；水只要注入一半，欹器就能稳当安放。韩信因为勇略过人让君主不安而被擒杀，陆机因为才华名望冠世而被杀害，霍光败于权势太盛威逼君主而在死后被灭族，石崇因为财产富可敌国而惨死，都是以过盈而导致失败者。因此邵雍说："饮酒不要让人喝到酩酊大醉，赏花慎勿赏到花瓣凋零坠落。"这话说得太好了！

【点评】

此处借韩信、陆机、霍光、石崇等事例，阐述了韬光养晦、怀才不露的重要性。

"藏而不露"也是处事立身的原则之一。老子曾言"良贾深藏若虚"，劝诫人们收敛才华，含蓄不露，以保全自身。东汉王符《潜夫论·遏利》云："象以齿焚身，蚌以珠剖体。"大象因为珍贵的象牙被焚杀，老蚌因为怀有明珠而被剖裂，借以譬喻怀有宝藏或才华的人，因所拥有的宝物、才能而遭遇伤害。

唐太宗李世民为《晋书·陆机列传》写下史论："百代文宗，一人而已"，并高度肯定了他"廊庙蕴才，瑚琏标器"的政治才能。陆机虽被世人誉为"太康之英"，才华横溢，名满天下，但是正因如此更容易招致陷害。陆机身处乱世中，图谋建功立业，始终以"志匡世难""兼济天下"为己任，但始终抵抗不了时代、命运、性格加诸其身而带来的悲剧结局。陆机之死，究其原因主要有作为南人而在北方世所瞩目，南北文化差异以至遭人责难；仕途不畅又急于建功立业，振邦兴国；在宗室之争中，行止急进惹来不少非议，身陷囹圄；不懂明哲保身，韬光养晦。

因此，面对复杂的社会环境，才德之士要懂得明哲保身，为人处事含蓄内敛,谦虚卑下,深藏不露。隐藏才华,待时而动,包含了深刻而实用的人生道理,看似藏巧于拙,实则明智通达,是减少人际冲突,维护安全稳定的生存环境的理智之举。

一一七

附势者如寄生依木①,木伐而寄生亦枯;窃利者如蟯虰盗人②,人死而蟯虰亦灭。始以势利害人③,终以势利自毙。势利之为害也,如是夫!

【注释】

①附势:阿附权势。寄生:一种生物生活在另一种生物的体内或体外。亦指依附于他物而生长的生物。

②蟯虰(yíng dīng):人体肠道中的寄生虫。五代南唐谭峭《化书·天地》:"蟯虰者,肠中之虫也。嘬我精气,铄我魂魄。"

③势利:权势和财力。

【译文】

阿附权势者犹如依附在树木上生存的植物,树木被砍伐则寄居的植物也就枯死;窃取利益者好似肠中之虫专吸食人体营养,人死肠中之虫也随之而亡。起初用势利害人者,最终会因势利而自取灭亡。贪图势利造成的危害,就像这样!

【点评】

攀附权势、窃取利益的人,必然会被权势、利益反噬,成为名利的牺牲品。

潘岳是西晋著名的文学家,与《文赋》作者陆机齐名,史称"潘陆"。才华横溢的潘岳并没有孤高傲世,反而为了权势和利益,与石崇依附于皇后贾南凤的外甥贾谧。贾谧作为贾氏一族的代表人物，大权在握，专横跋扈，不可一世。潘岳与石崇为了巴结他，每次在路上望见他的车辆扬起的尘土，就伏地而拜，极尽谄媚之意。后来，贾南凤诬蔑非亲生的太子司马遹谋反，将其废除，而构陷太子的文字，就是潘岳所作。太子被废后，赵王司马伦、齐王司马冏等，以替太子报仇为由相继发兵洛阳，消灭执掌朝政的贾氏一族及其朋党，潘岳、石崇也没有逃脱被诛杀的厄运。

一一八

　　失血于杯中，堪笑猩猩之嗜酒[1]；为巢于幕上，可怜燕燕之偷安[2]。

【注释】

①失血于杯中，堪笑猩猩之嗜酒：猩猩为了贪图喝酒被人捉住，其血流在杯子里，被人做了染料。堪笑，可笑。据《华阳国志·南中志》记载："（永昌郡）猩猩兽，能言。其血可以染朱罽。"唐欧阳询《艺文类聚》卷九五引《蜀志》："封溪县有兽曰狤狔。体似猪，面似人，音作小儿啼声。既能人语，又知人名。人以酒取之，狤狔觉，初暂尝之，得其味甘而饮之，终见羁缧也。"

②燕燕：燕子。《诗经·邶风·燕燕》："燕燕于飞，差池其羽。"孔颖达疏："此燕即今之燕也，古人重言之。"偷安：只图目前的安逸，苟安。

【译文】

　　猎人用酒诱捕猩猩，可笑猩猩太沉溺于酒因而丧命，其血流在杯子里被人做了染料；让人怜惜的燕子在帷幕上筑巢，只图一时的安逸而不考虑长远。

【点评】

诸葛亮《将苑·戒备》云:"若乃居安而不思危,寇至不知惧,此谓燕巢于幕,鱼游于鼎,亡不俟夕矣。"如果贪图眼前的一点蝇头小利,沉溺其中不可自拔,而忽视潜在的危险,就会一步步陷入深渊而不自知。就如燕子在飘忽不定的帐幕上筑巢,鱼在滚水的锅里游走,这样目光短浅的行为,带来的会是颠覆性的灾难。因此,为人处世需要目光远大,意志坚定,不因私利和安逸,让自己陷入危险的灾祸中。

一一九

鹤立鸡群①,可谓超然无侣矣②。然进而观于大海之鹏③,则眇然自小④。又进而求之九霄之凤⑤,则巍乎莫及⑥。所以至人常若无若虚⑦,而盛德多不矜不伐也⑧。

【注释】

①鹤立鸡群:像鹤站在鸡群中一样,比喻人的才能或仪表卓然出众。语出晋戴逵《竹林七贤论》:"嵇绍入洛,或谓王戎曰:'昨于稠人中始见嵇绍,昂昂然若野鹤之在鸡群。'"

②无侣:无可匹比。侣,同伴,伴侣。

③大海之鹏:此句化用《庄子·逍遥游》中之鹏。其曰:"北冥有鱼,其名为鲲。鲲之大,不知其几千里也。化而为鸟,其名为鹏。鹏之背,不知其几千里也;怒而飞,其翼若垂天之云。"

④眇(miǎo)然:弱小貌,微小貌。

⑤九霄:天之极高处,高空。比喻无限远的地方或远得无影无踪。

⑥巍:高,高大。莫及:难以到达。及,至,到达。

⑦至人:指思想或道德修养最高超的人。

⑧盛德：敬称有高尚品德的人。不矜不伐：不自以为了不起，不为自己吹嘘。形容谦逊。矜、伐，自夸自大。语出《尚书·大禹谟》："汝惟不矜，天下莫与汝争能；汝惟不伐，天下莫与汝争功。"

【译文】

仙鹤站立在鸡群中，可以说是卓然出众无可匹敌。但是进一步与在大海上的鹏鸟相比，它就显得渺小了。再进一步与九重天外的凤凰相比，就更加显得凤凰高不可攀了。所以修养高超的人常常虚怀若谷，品德高尚的人大多矜持不自夸。

【点评】

俗语常说："人外有人，山外有山。"世上总有出类拔萃之人，远胜同类，其他人则相形见绌。但是，这些杰出的人物，从不骄傲自矜，而是虚怀若谷。

公孙丑曾问孟子，古代的伯夷、伊尹同孔子相比应该差别不大吧？孟子回答他，孔子的学生有若曾这样说过，凡是同类事物都可以相互比较，如麒麟、凤凰同其他走兽、飞鸟比，泰山、河海同其他丘陵、水洼细流比，前者远比后者卓越。圣人和其他人相比，自然高超卓越。从有人类以来，没有比孔子更杰出的了。

明陈献章曾评价孔子"道高如天，德厚如地，教化无穷如四时"。孔子作为世人心目中的至圣，虽然博学多才，仍然谦虚谨慎，虚心求教，认为"三人行，必有我师焉"。

一二〇

贪心胜者①，逐兽而不见泰山在前②，弹雀而不知深井在后③；疑心胜者，见弓影而惊杯中之蛇④，听人言而信市上之虎⑤。人心一偏，遂视有为无，造无作有。如此，心可妄动乎哉！

【注释】

①胜：胜过，超过。

②逐兽而不见泰山在前：出自《淮南子·说林训》："逐兽者目不见太山，嗜欲在外，则明所蔽矣。"大意为猎人因为只顾着追逐野兽而被障目，甚至看不到眼前的泰山。

③弹雀而不知深井在后：出自《吴越春秋·夫差内传》："夫黄雀但知伺螳螂之有味，不知臣挟弹危掷，蹲蹭飞丸而集其背。今臣但虚心志在黄雀，不知空垎其旁，暗忽垎中，陷于深井。"大意为黄雀正要捕捉螳螂，不知（我）在它后面正用弹丸掷击。而我因为专注于捕捉黄雀，而忘记身后是深井。

④见弓影而惊杯中之蛇：即"杯弓蛇影"。将映在酒杯里的弓影误认为蛇。比喻因疑神疑鬼而引起恐惧。出自东汉应劭《风俗通》："应彬请杜宣酒，杯中如蛇，宣得疾，后于故处设酒，蛇乃弩影耳。"

⑤听人言而信市上之虎：即"三人成虎"。三个人谎报城市里有老虎，听的人就信以为真。比喻说的人多了，就能使人们把谣言当事实。语出《战国策·魏策二》："夫市之无虎明矣，然而三人言而成虎。"

【译文】

求胜心重的人，只顾埋头追逐野兽却看不见泰山就在眼前，只想用弹丸弹射鸟雀却不知道深井就在身后；疑心重的人，看见映在酒杯里的弓影就误认为是蛇，听到人谎报市井有虎就信以为真。人心中有了偏见，就会把有看作无，从无中生造出有。这样，人心哪能随意妄动呢！

【点评】

贪图名利之人不能只追逐眼前的权力与利益，而看不到前进路上的巨大阻碍,以至于坠入深渊而不自知。疑心太盛的人,不能道听途说,疑神疑鬼,只要有点风吹草动,就按捺不住,而不探究缘由。

人们心中一旦存在偏见,面对客观事物时容易陷入误区,或因疑虑而引起恐惧,或因听到谣言而信以为真,杯弓蛇影、三人成虎等情形,反映了人们在思考问题时仅凭主观臆断行事而缺乏客观性。没有依据客观事实,判断甄别周围的事物,甚至没有认真调查就轻易下结论,以致造成误解与偏见。

一二一

蛾扑火①,火焦蛾②,莫谓祸生无本③;果种花,花结果,须知福至有因。

【注释】

①蛾扑火:即"飞蛾扑火",比喻自寻死路,自取灭亡。

②焦:烧焦。

③无本:没有本源,没有本始。《礼记·礼器》:"先王之立礼也,有本有文。忠信,礼之本也;义理,礼之文也。无本不立,无文不行。"

【译文】

飞蛾扑火,才会被火焰烧焦,不要说灾祸的产生没有缘由;果实种在土里结出花朵,花朵再结成果实,要知道福气降临都是有缘由的。

【点评】

祸福无门,唯人自召。如果为人处事像飞蛾扑火一样,激进莽撞,不计后果,而不是理性克制地处理人生所面临的各种情况,那就必然要承受灾祸或恶果。

佛教因果报应思想中,重要的内容就是"业报"。《涅槃经》云:"种瓜得瓜,种李得李。"人生种下什么因缘,就会结出什么果实。《无量寿经》载:"善恶报应,祸福相承。身自当之,无谁代者。善人行善,从乐入乐,从明入明。恶人行恶,从苦入苦,从冥入冥。"无论祸福,都源自人们的选择,也都只能由自身承受。

一二二

车争险道,马骋先鞭①,到败处未免噬脐②;粟喜堆山,金夸过斗,临行时还是空手。

【注释】

①先鞭:先人一步,处于领先地位。南朝宋刘义庆《世说新语·赏誉》"少为王敦所叹"处,刘孝标注引《晋阳秋》:"刘琨与亲旧书曰:'吾枕戈待旦,志枭逆虏,常恐祖生先吾著鞭耳。'"后因以"先鞭"为先行、占先的典实。

②噬(shì)脐:自啮腹脐,比喻后悔不及。

【译文】

车辆都争着在险要的道路上行驶通过,马匹都争着在驰骋时占先,等到失败的时候则自食其果追悔莫及;人们喜欢把稻粟堆积如山,夸耀金银用斗称量,即便有如此丰厚的财富,临到离开人世的时候还是无法带走,两手空空。

【点评】

人们有争强好胜之心,在必要的时候可以激发斗志,为了实现目标,不懈努力,争取最后的胜利。但是好胜心太盛,以至于为了达成目标,不计代价、不择手段,以阴谋诡计获取利益。这样恶劣的做法,会造成恶性竞争和激烈的人事冲突,导致与成功擦肩而过,最终吞噬失败的苦果。

人们热衷于积累财富,用堆积如山的金银财宝来证明他们在世间建立的丰功伟绩。可是功名利禄很多时候都只是过眼云烟,随着世事变迁,也许都化为灰烬。人们需破除名利对精神的蒙蔽,保持纯净的本性。毕竟每个人在离开尘世的时候,都无法携带走曾经拥有的巨额财富。

<h1 style="text-align:center">一二三</h1>

花逞春光,一番雨、一番风,催归尘土;竹坚雅操①,几朝霜、几朝雪,傲就琅玕②。

【注释】

①雅操:高尚的操守。

②琅玕(láng gān):似珠玉的美石。比喻珍贵、美好之物。

【译文】

鲜花在明丽的春光中肆意绽放,历经几番雨打风吹,于风雨摧残中坠落尘埃;翠竹坚守高雅的情操,经历几多严霜寒雪,傲然耸立,成为珍贵美好之物。

【点评】

鲜花美丽娇艳,盛开在明媚的春光下,风姿绰约,香气缭绕,分外美丽。但是,只要一阵风吹雨打,就坠落尘间,落红飘零,碾落成泥,再不复当初的华贵美丽。翠竹亭亭玉立,风姿清雅,经严霜雪雨,几番磨砺。但是傲然的骨气使它从不为风霜折腰,似君子般伟岸挺拔。

鲜花和翠竹,一个外表美丽娇艳但是易折,一个外表纤细但是内在坚韧。我们为人处事也应像翠竹般保持坚韧不拔、傲然挺立、傲雪凌霜的风骨,不向世俗低头,保持君子的节操和品行。

一二四

富贵是无情之物,看得他重,他害你越大;贫贱是耐久之交,处得他好,他益你反深。故贪商於而恋金谷者①,竟被一时之显戮②;乐箪瓢而甘敝缊者③,终享千载之令名④。

【注释】

①商於:古地区名。在今河南淅川西南。一说以为"商於"指"商"(今陕西商洛东南)、"於"(今河南西峡东)两邑及两邑间地,即今丹江中、下游一带。《史记·楚世家》记载,张仪对楚怀王说,楚国如果能同齐国断交,秦国将送给楚国商於之地六百里。楚王听信后就与齐国断交。但当楚怀王派人去秦受地时,张仪却一口咬定只送给楚国六里地。楚怀王怒而起兵伐秦,兵败后被秦扣留,最后死在秦国。金谷:即金谷园。晋石崇在洛阳西北所筑的豪华园林,后也用来指富贵人家盛极一时但好景不长的豪华园林。多含讽喻义。

②显戮:明正典刑,陈尸示众。泛指处死,加罪而死。

③乐箪(dān)瓢而甘敝缊(yùn)者:此处分别指孔子的弟子颜回和子路。乐箪瓢,一顿吃一箪饭,喝一瓢水,却非常乐观。箪、瓢,原指盛饭食的箪和盛饮料的瓢,后用之比喻安贫乐道。出自《论语·雍也》:"一箪食,一瓢饮,在陋巷,人不堪其忧,回也不改其乐。贤哉,回也!"甘敝缊,指虽然穿得很破,而不认为丢脸。敝缊,破旧的以乱麻为絮的棉袍。缊,新旧混合的绵絮,乱絮。出自《论语·子罕》:"衣敝缊袍,与衣狐貉者立,而不耻者,其由也与?"

④令名:美好的声誉。

【译文】

富贵是无情无义的东西,把他看得越重,他对你的伤害越大;贫贱是可以长久交往的朋友,与他相处得越好,他对你的益处越深。因此贪图商於之地、痴恋金谷园者,终因遭受刑罚而死;以箪食瓢饮为乐、甘于穿着破衣烂袍者,终会留名青史,载誉千年。

【点评】

此处讲正确对待富贵与贫穷。

中国传统文化主张"君子爱财,取之有道",人们追求财物无可厚非,但是不可过度,没有底线,通过盘剥百姓,贪污受贿等非法手段获得的财物,都是不义之财,是污染灵魂、伤害性命的无情之物。

孔子曰:"君子固穷,小人穷斯滥矣。"指出君子即便身处逆境,也不会丧失原则和气节,而是固守节操,贫贱不移,威武不屈。孔子曾和弟子去陈国周游,遇到了危险的情况,食物殆尽,环境艰苦,很多人都生病了。刚直坦率的子路看见大家面临险境,困难重重,不禁抱怨:"君子坚守德行,秉持道义,为什么还会陷入如此艰难的境况呢?"孔子安慰他:"即便君子也会面临穷途末路的困窘,但是君子和小人的选择有本质区别,君子在遭遇困难的时候仍会保持本心,坚持气节;而小人一旦陷入困境,就会思想混乱,行为失策,甚至胡作非为。"

君子在窘迫的情势下,固守气节和操守,不为世俗所诱,不为名利所动,即便穷困潦倒,也不改初衷。就如颜回一样,陋巷鄙室,粗茶淡饭,依然乐在其中,也因之而名垂千古。

一二五

鸽恶铃而高飞,不知敛翼而铃自息①;人恶影而疾走,不知处阴而影自灭。故愚夫徒疾走高飞,而平地反为苦海;达士知处阴敛翼,而巉岩亦是坦途②。

【注释】

①敛翼:收拢翅膀,比喻隐退。三国魏应璩《与侍郎曹长思书》:"复

敛翼于故枝,块然独处,有离群之志。"

②巉(chán)岩:险峻的山岩。巉,险峻陡峭。

【译文】

鸽子厌恶铃声就展翅高飞,它不知道合拢翅膀铃声就会自然停止;人们厌恶影子就快速行走,他们不知道身处阴暗的地方影子就会自然消失。所以愚蠢的人徒然快走高飞,平坦的地方反而成为苦楚之地;贤达之人知道处于阴暗之处隐藏锋芒,险峻的山岩也会成为平坦的大路。

【点评】

此处的两则譬喻,告诫人们收敛才华、低调从事。

人情世理复杂莫测,隐藏着种种危机。人们立身处世中要谨记含蓄内敛的原则。锋芒毕露,恃才傲物,多会招致世人的嫉妒与非议。而低调谦逊的人,懂得隐藏锋芒,引而不发,只待时机成熟,逐步成就自己的事业。避开崎岖的道路,选择通畅顺达的人生之路,这是能力的体现,更凸显了待人处事的智慧。

一二六

秋虫春鸟共畅天机①,何必浪生悲喜②;老树新花同含生意,胡为妄别媸妍③。

【注释】

①天机:天性。

②浪:轻易,随便。

③胡为:何为,为什么。媸(chī)妍:美丑,好坏,高下。媸,丑陋,丑恶。

【译文】

秋虫悲鸣、春鸟欢唱,这是它们在共同抒发天性,何必要轻易为之生出悲喜之情；老树虬枝、新花含苞，共同蕴含生命活力，为何要随意判别美丑好坏。

【点评】

古人喜欢寄情于物，赋予自然万物丰富的意象。一山一水、一石一林、一丘一壑、一花一草、一春一秋……都是他们喜悦、哀叹、伤怀、悲愤的根源。但是，春生夏长，秋收冬藏，这是事物发生、发展的过程，是宇宙的自然法则。人类若把自己的喜怒哀乐等情绪过度寄托于自然万物，过度解读物是人非的自然变化，就会放大情绪，把感情浪费在春花秋月的悲叹中。若以悠然闲适、淡泊公允的心境欣赏世间万物，接受生老美丑的自然存在，就不会凭借偏执的喜爱和厌恶，随意评判世间万物。

一二七

多栽桃李少栽荆，便是开条福路；不积诗书偏积玉①，还如筑个祸基②。

【注释】

①诗书：泛指书籍。

②还如：恰似，好比。南唐李煜《子夜歌》词："往事已成空，还如一梦中。"

【译文】

多多栽种桃树李树少栽种荆棘，就是为自己开通了一条福路；不积累书籍只积累珠宝玉器，好比为灾祸打下基础。

【点评】

此处旨在说明广做善事，少做恶事，才能积福积德；忽略学识，重视财富，就是潜在的灾祸。

胡濙作为明朝初年历经六朝的老臣，在明成祖讨伐建文帝，景帝临危登基,英宗夺门复辟等政治变局中,不仅没受波折,反而还从中受益。当有人向他请教为官之道时,胡濙坦然告知:"多栽桃李,少种荆棘。"劝谕世人平时多行善,少做坏事,立德积福,广结善缘,人生之路才能越走越平坦。

韩愈曰:"人生处万类,知识最为贤。"自然万物中,拥有知识才使人类成为万物之灵。人们学习知识,掌握知识,才能认识世界,了解自我,明理知事,铸造美好的道德品质。如果人生只知道积累财富,不择手段追求名利,忽略学识的积累,就会认知浅薄,为人生埋下的祸根。

一二八

万境一辙①,原无地著个穷通②;万物一体,原无处分个彼我③。世人迷真逐妄④,乃向坦途上自设一坷坎⑤,从空洞中自筑一藩篱⑥。良足慨哉!

【注释】

①一辙:同一车轮碾出的痕迹,比喻两件事情非常相似。

②无地:没有地方,没有土地。著:明显,显著,突出。穷通:困厄与显达。

③无处:无所处,谓没有处置的理由。

④迷真逐妄:迷失真性去追求虚幻空妄的事物。

⑤坷坎:坎坷,坑洼。

⑥藩篱:篱笆,引申为屏障。蕃,通"藩",篱落,屏障。

【译文】

世间万般境界大致如出一体,本没有地方去突出贫穷与显达;天下万事万物浑然一体,本没有地方去区别你我。世人迷失真性追逐虚妄,这是在平坦大路上为自己设置坎坷,在空旷之地为自己构筑藩篱。实在让人感慨啊！

【点评】

《庄子·齐物论》提出："天地与我并生，万物与我为一。"先秦惠施云："泛爱万物，天地一体也。"提倡要具备同理心，具备兼爱的思想，无差别地看待世间万物。这就是万物一体思想的来源。

明代心学的创立者王阳明曾经形象地阐述过万物一体思想，认为人在一开始的时候，可以感受宇宙万物，每个人的心都是一样纯粹澄净，没有圣人与普通人的区别，但是现在心灵被堵塞了。圣人通过教育感化，消除人们心灵上的阴霾，使人们能够重回初始的本心，那个本心就是人们的心体。看到孩童落水，会心生恐惧与怜悯；看到飞禽走兽哀鸣，会不忍欣赏和听闻其鸣叫；看到一花一木被践踏和折断，会产生怜悯和体恤的心情；看到砖瓦石板被摔坏或打碎时，会有惋惜的心情。这说明任何人的仁德都与世间万物相联系，不论生灵还是其他无生命的事物。这就是万物一体的本源，万物一体不仅是圣人之心，而且是一切人的心体之同然。

具备万物一体的思想，就能以平等心、平常心对待贫穷与显达，不再刻意区别自我与他人，不再为人生设置不公平的藩篱，就能以仁德之心感受世间万物，获得思想的解脱与自由。

一二九

大聪明的人，小事必朦胧①；大懵懂的人②，小事必伺察③。盖伺察乃懵懂之根，而朦胧正聪明之窟也。

【注释】

①朦胧：模糊不清的样子。

②懵（měng）懂：糊涂，不明事理。懵，昏昧无知，糊涂。

③伺察：侦视，观察。

【译文】

太过聪明的人，在细微的事情上必然糊涂；真正糊涂的人，在细微的事情上则观察得很仔细。过于纠结细节是在大事上糊涂的根源，而小事糊涂则是成就大事聪明的基础。

【点评】

聪明人着眼于大是大非，不在小事上纠缠。糊涂的人，小事明察，大事上必然糊涂。

李贽评价吕端时说："诸葛一生惟谨慎，吕端大事不糊涂。"吕端作为宋太宗时知名的宰相，为官清廉，不纠结于个人私利、官场地位高低等微末之事，为了与寇准和睦相处，推动政事处理，不惜主动放权，把相位让给寇准。他淡然面对同僚的不实评价与侮辱性的言语挑衅，致力于维系清正公允的官场风气。但是在大是大非问题上，吕端则明察果断。宋太宗病危的敏感时期，为了打消太宗对太子的疑虑，吕端每天陪着太子前去探病。太宗驾崩后，皇后逼吕端同意拥立楚王为君。吕端严词回绝，率领朝中大臣共同保举宋真宗继位。真宗登基后，垂帘接受群臣的朝拜。吕端不肯下跪，只有在确定是真宗本人后，才肯率领群臣跪拜朝贺。后来，吕端又把谋反分子发配至外地，彻底平息了关于皇储的争端，维护了朝纲和皇权的正统。

吕端历经北宋太祖、太宗、真宗三朝，善始善终，实属罕见。这与他在处理个人名利问题上保持"糊涂"的品质，在大是大非上，坚持原则和立场，有着很大的关系。相对于在小事上计较利益得失，而在大事上蒙昧无知，我们更应该学习这种"小事糊涂，大事精明"的精神，坚持顾全大局的处事原则。

一三〇

大烈鸿猷^①，常出悠闲镇定之士，不必忙忙^②；休征景福^③，多集宽洪长厚之家，何须琐琐^④。

【注释】

①大烈：宏伟功业。鸿猷（yóu）：深远的谋划。

②忙忙：形容事务繁冗，不得空闲。

③休征：吉祥的征兆。休，喜庆，美善，福禄。景福：洪福，大福。

④琐琐：形容事情细小，不重要。

【译文】

宏伟功业和重大谋划，通常由悠闲镇定的人完成，因此不必总是忙忙碌碌；吉兆洪福，大多聚集在宽和厚道的人家，因此做事何必要斤斤计较。

【点评】

北宋苏洵《权书·心术》载："泰山崩于前而色不变，麋鹿兴于左而目不瞬。"形容要想成就事业的将领，必须要有过硬的心理素质，做到即使泰山在眼前崩塌也容颜不变，麋鹿突然出现在身边眼睛也不眨，沉着冷静，镇定自若，泰然处之。从容镇定的人，运筹帷幄之中，决胜千里之外。比如东晋谢安，面对与前秦胶着的战事，并未焦躁不安，举止失措。当前线胜利的捷报传来，还是安然与人对弈，从容应对棋局。于谢安而言，自信的姿态与威仪，是其胸怀经略的镇静与淡定。因此，遇变不惊、心志坚定的人，才能把握利害得失，顺利应对危难险境，从而建功立业，成就人生。

《易传》云："积善之家，必有余庆；积不善之家，必有余殃。"修善行德，是中国的文化传统，为家族和个人积累福气，必然会收获更多的吉庆；坏事做尽，丧尽天良之人，只会招致更多的灾祸。明代方孝孺也说：

"交善人者道德成,存善心者家里宁,为善事者子孙兴。"鼓励人们行善积福,这样家族才能福泽绵绵,和睦幸福。

一三一

贫士肯济人,才是性天中惠泽^①;闹场能学道^②,方为心地上工夫^③。

【注释】

①性天:犹天性。谓人得之于自然的本性。出自《礼记·中庸》:"天命之谓性。"惠泽:恩泽。

②闹场:喧闹的场合。

③心地:佛教语,指心。即思想、意念等。

【译文】

贫寒士子肯帮助他人,这才是人天性中的仁惠和恩泽;在喧闹的场合依然能修习道艺,这才是磨砺修炼心性的功夫。

【点评】

贫寒尚能保有仁爱之心,方显人性之美;喧嚣中仍潜心修习,才是修心养德的真功夫。

汉代游侠朱家,虽家无余财,生活清贫,但他救助贫苦之人,比为自己做事还要精心,对于曾经救助的人,也避而不见,既不向外界彰显自己的才能,也不炫耀对别人的恩德。当季布遭到刘邦追捕时,朱家借助夏侯婴向刘邦殷切进言,使其得以赦免,逃过了被诛杀的厄运。不过,等到季布官位尊显之后,朱家却选择终生不与季布再相会。朱家的品行连楚地著名的侠客田仲都大为敬佩,田仲认为自己的操行远远不如朱家,对待朱家像服侍父亲那样恭谨。司马迁曰:"汉兴有朱家、田仲、王公、剧孟、郭解之徒,虽时扞当世之文罔,然其私义廉洁退让,有足称者。名不虚立,士不虚附。"司马迁称赞朱家、田仲、王公、剧孟、郭解这些人是汉朝建国以来少有的任侠之士，品行出众，符合天下大义，廉洁而有谦让的精神。

人世间就像一个热闹的道场，充斥着形形色色的人情世理，名利欲念。身处此喧闹中，要耐得了静寂，沉得下心境，冲破俗世枷锁，潜心修养道法德行。《五灯会元》卷四云："无处青山不道场，何须策杖礼清凉。"此语旨在教谕众生，只要有心求道，无论身处何地，都不会受外界客观环境的影响，天下人间都会成为修行的道场。

一三二

人生只为"欲"字所累，便如马如牛，听人羁络①；为鹰为犬，任物鞭笞②。若果一念清明③，淡然无欲，天地也不能转动我，鬼神也不能役使我，况一切区区事物乎④！

【注释】

①羁（jī）络：马络头。此指受人控制。

②鞭笞（chī）：鞭打，杖击。

③清明：神志清晰，清察明审。

④区区：小，少。形容微不足道。

【译文】

人生如果只被"欲"字拖累，就会像马牛一样，任人控制役使；仿佛鹰犬走狗，任人鞭打杖击。如果心念清楚明晰，淡泊无欲望，哪怕天地也无法转变我，鬼神也不能役使我，更何况这些无足轻重的事情呢！

【点评】

明代中晚期，整个社会对物质的追求达到了一种高峰。作为异端的李贽甚至认为"虽圣人不能无势利之心"，对财富与权势的追求是人的本能。在这种追求利益的思潮鼓动下，不论簪缨豪门、仕宦能臣、文人士子,还是黎民百姓,无不在追逐更多的财富与利益。可是,名利往往是人生前进道路上的绊脚石,它会诱惑良知、动摇信念、降低人格。一旦走上追名夺利的道路,可能会付出高昂的代价。

　　庄子说"物物而不物于物"的时候,只为警示人们不要陷入物欲的牢笼,被它俘虏,根本想不到世界会有"物欲横流"的一天。当人们对物质的崇拜超出了价值底线,就会迷失方向。从古至今,为追逐名利而不顾道义良知、仁义廉耻的人,其实都是物质的奴隶,被物质绑架从而使人生走向毁灭的境地。因此,破除贪欲和物欲,树立正确的义利观念,谋求正义的财富与名望,才能使人生处于不败之地。

一三三

　　贪得者身富而心贫,知足者身贫而心富;居高者形逸而神劳①,处下者形劳而神逸。孰得孰失②,孰幻孰真,达人当自辨之。

【注释】

①形:形骸。《史记·太史公自序》:"凡人所生者神也,所托者形也。神大用则竭,形大劳则敝,形神离则死。"

②孰:哪个,哪些。

【译文】

　　贪求财富者富有资财但是心灵空虚贫乏,知足常乐者虽然贫困但是内心丰富充实;身处高位者身体闲适安逸但精神劳累,地位低下者身体劳累困顿但精神安适。哪个是得哪个是失,哪个是虚幻哪个是真实,通达智慧的人应当自己去分辨。

【点评】

　　人生的得与失,往往是一念间的选择。是选择金钱富有却心灵贫瘠,还是生活贫瘠却心灵富足?是选择身体安逸却精神劳累,还是身体劳累却精神安逸?

《礼记·中庸》曰:"君子素其位而行,不愿乎其外。素富贵,行乎富贵;素贫贱,行乎贫贱。"指出君子安于现在所处的位置做适合的事情,不贪慕不属于自己的事情。身处富贵的境地,就做富贵时适合的事情;身处贫贱之中,就做贫贱时适合的事情。这样就不会心生不满,心态平和了,才不会徒增烦恼。

知足常乐的人,有着基于自我的适度的物欲,有着对人生与理想切实可行的目标,不为名利劳顿,不为困窘烦恼。虽经历人生的考验与磨难,依然坚持坦然自若的心态,于一箪食、一瓢饮中获得心灵的富足与精神的安逸,到达快乐幸福的人生境界。

一三四

众人以顺境为乐,而君子乐自逆境中来;众人以拂意为忧①,而君子忧从快意处起②。盖众人忧乐以情,而君子忧乐以理也。

【注释】

①拂意:不如意。清黄宗羲《明儒学案·诸儒学案下·给事中郝楚望先生敬》:"习气用事,从有生来已惯,拂意则怒,顺意则喜,志得则扬,志阻则馁,七情交逞,此心何时安宁?"

②快意:心意畅快,称心如意。

【译文】

大多数人以身处顺境而快乐,而君子从逆境中获取快乐;大多数人因不如意而忧虑,而君子的忧虑则在称心如意时产生。因为大多数人的喜乐悲哀源于情绪感受,而君子喜乐悲哀源自理性感悟。

【点评】

君子与普通大众的忧喜不同。普通大众担忧逆境、困境的艰难考验，担心事事不如己意，处处充满失望。他们渴望身处安逸稳定的社会环境，感受生活的幸福快乐，而不是客观条件变化带来的痛苦、悲伤、忧愤等情绪体验。

君子通常客观理性地看待自我与人生，身处逆境反而欣喜，认为可以通过困厄苦难的环境磨练品格意志，感悟人生的真谛。当他们身处安逸顺遂的环境，则会忧虑："以不如舜不如周公为忧也，以德不修学不讲为忧也。是故顽民梗化则忧之。蛮夷猾夏则忧之，小人在位，贤人否闭则忧之，匹夫匹妇不被己泽则忧之。所谓悲天命而悯人穷，此君子之所忧也。"(《曾国藩全集·致澄弟温弟沅弟季弟》)君子担心无法学好如舜帝般的宽厚之术，无法如周公般忠心辅弼朝政；担忧德行气节不够高尚，学业不够精进。除此之外，君子还担忧愚钝顽固的百姓不服从教育开化，担忧外族侵扰国土，担忧小人官场顺遂干扰贤良人才的选拔，担忧帝王恩泽不能惠及老百姓。因此，君子坦然面对人生顺境、逆境的考验，从不畏惧逆境难行，大抵治世安邦，道德教化，悲天悯人，这就是君子忧喜的根源吧。

一三五

谢豹覆面，犹知自愧[1]；唐鼠易肠，犹知自悔[2]。盖"愧""悔"二字，乃吾人去恶迁善之门[3]，起死回生之路也[4]。人生若无此念头，便是既死之寒灰，已枯之槁木矣[5]，何处讨些生理[6]？

【注释】

①谢豹覆面，犹知自愧：唐段成式《酉阳杂俎·虫篇》："虔州有虫名

谢豹，常在深土中，司马裴、沈子常治坑获之。小类虾蟆而圆如
球，见人，以前两脚交覆首，如羞状。能穴地如鼢鼠，顷刻深数尺。
或出地听谢豹鸟声，则脑裂而死，俗因名之。"

②唐鼠易肠，犹知自悔：唐鼠，传说中的鼠名。《博物志》："唐房升
仙，鸡狗并去，唯以鼠恶不将去。鼠悔，一月三出肠也，谓之唐
鼠。"

③去恶迁善：意同"迁善黜恶"，向善而去除邪恶。

④起死回生：把快要死的人救活。形容医术高明。也比喻把已经没
有希望的事物挽救过来。

⑤槁（gǎo）木：枯木。

⑥生理：生长繁殖之理，生存的希望。

【译文】

谢豹见到人就盖上自己的脸，还算知道羞愧；唐鼠一个月要吐出三
次肠子来替换，还算懂得悔悟。因为"愧""悔"二字，就是人们向善去
除邪恶的大门，起死回生的通道。人生如果没有"愧""悔"的念头，就
是已经熄灭的灰烬，已经腐朽的枯木了，哪里可以寻觅生存的希望？

【点评】

北宋寇准的《六悔铭》，为文人士子、黎民百姓广为传颂，并把它们
作为名言警句、家训等警示后世子孙。

《六悔铭》载："官行私曲，失时悔。富不俭用，贫时悔。艺不少学，
过时悔。见事不学，用时悔。醉发狂言，醒时悔。安不将息，病时悔。"人
生在世为什么而悔恨呢？一是，为官时公权私用，利用职权谋取不正当
利益，等到事情爆发时才知悔悟，恐怕为时已晚。为官者，本应在其位，
谋其政，济世救民，清正廉洁，却因名利权势的诱惑走上歧途，实在令人
叹息！二是，"由俭入奢易，由奢入俭难"，富贵时要懂得珍惜财物勤俭持
家，克勤克俭，才能兴家。如果生活奢侈，挥霍无度，最终落得身无分文，
家破财亡，才知悔悟。三是，青春年少时，要珍惜时光，勤学苦练，习得一

技之长。否则，年轻时无所事事，青春不再时仍一事无成，此时才醒悟，已然晚矣。四是，经历世事磨砺，不断反思自身，总结经验教训，经一事，长一智，才能够取得进步。如果只是经历，却不去总结，那也无法把经历变成人生的财富。为人处世，是人一生都在学习的学问。逢事留心，随时学习，会让人更加成熟，而那些犯错不长记性、遇事就躲在一边的人，遇到棘手的问题，只能追悔莫及。五是，豪饮酗酒能误事，一旦醉酒，情绪容易失控，胡言乱语，做一些失去理智的事情，伤害了别人，即使挽回也难以回到最初。六是，平时要注意保养身体，养精蓄锐，静心少思，劳逸结合。否则身体垮了，拥有的一切财富地位都成空。因此不要等到失去健康时才知道反悔。

人生有太多后悔的事。但是懂得悔悟自身的错误，纠正内心的妄念，抛却爱慕虚荣之心，恪守平淡朴素的生活，以公允之心对待人与事，坚守精神世界的高雅纯粹，才是通往善良之路的正确方法。

一三六

异宝奇琛①，俱是必争之器；瑰节奇行②，多冒不祥之名③。总不若寻常历履④，易简行藏⑤，可以完天地浑噩之真⑥，享民物和平之福。

【注释】

①异宝奇琛（chēn）：即"奇珍异宝"，珍异难得的宝物。琛，珍宝。

②瑰节奇行：与"瑰意奇行"相似，指高尚的节操和不平常的行为。

③冒：不顾，顶着。

④历履：个人的经历。今作履历。

⑤易简行藏：平易简单的行为。行藏，指出处或行止。《论语·述而》："用之则行，舍之则藏。"

⑥浑噩:浑厚质朴、严肃正大的样子。

【译文】

奇珍异宝,都是人们一定会争夺的器物;高尚的节操和奇特的行为,大多会招致不祥的名声。还不如平常的经历,平易简单的行为举止,可以完善天地赋予的浑厚淳朴的自然天性,享受人间万物和顺平安的幸福。

【点评】

三国李康《运命论》云:"故木秀于林,风必摧之;堆出于岸,流必湍之;行高于人,众必非之。"一个优异的人,或一个行为举止迥异众人的人,必将遭到外力的非难。若以藏拙、含蓄的方式,躲避不必要的挫折与迫害,是种明哲保身的理智选择。当然这种思想也反映了国人的一个缺点,就是太注重类同于大众,不注意发扬自身的个性特色。

不过凡事都具有两面性,我们必须辩证、客观地去对待。"木秀于林,风必摧之",只是自然现象,不能反映所有的社会事实。在崇尚个性的时代,这个原本包含藏拙、退却的句子也被赋予了更多积极的意义。如果才德兼备之人,张扬个性,勇于进取,这种"木秀于林"也值得提倡。当然,在彰显个性时需要把握分寸,不可狂妄自大,咄咄逼人。

一三七

福善不在杳冥①,即在食息起居处牖其衷②;祸淫不在幽渺③,即在动静语默间夺其魄。可见人之精爽常通于天④,天之威命即寓于人⑤,天人岂相远哉!

【注释】

①杳冥:奥秘莫测。

②食息:饮食和呼吸。《庄子·应帝王》:"人皆有七窍,以视听食息。"牖(yǒu):通"诱",开导,教导。

③祸淫：谓淫逸过度，则天降之以祸。幽渺：精深微妙。

④精爽：精神。

⑤威命：犹威权，谓权力威势。

【译文】

上天赐福于善良者并不在飘渺莫测之处，而是在饮食起居等日常生活中启发其心智，引导其向善；上天降祸于淫逸过度者并不在幽深精妙之处，而是在动静之间、言谈或沉默中夺其魂魄。由此可见，人的精神常常与上天相通，上天的权力威势也寄寓在人之身上，天与人之间相距并不遥远啊！

【点评】

祸福并非遥不可及，它们就存在于平凡的生活中：一餐一饮、一呼一息、一言一行，都决定着人生是处于灾祸还是幸福的状态。一个仁爱慈悲、怜悯众生的人，善良的举动会为他带来福报；一个为非作歹、阴暗卑劣的人，丑恶的行为会潜藏灾祸的隐患。不论人生处于何种境地，灾祸或福瑞都与自身的修持和智慧有关，懂得谨言慎行，懂得修身养德，才能坚持与人为善的原则。

人生命中的祸与福，都有因果缘分，都是自我选择的结果。唯有一生向善，遵循天理而行善，不存妄念，才能远离灾祸，才是智慧的选择。

闲适

一三八

昼闲人寂^①,听数声鸟语悠扬,不觉耳根尽彻^②;夜静天高,看一片云光舒卷,顿令眼界俱空。

【注释】

①昼闲人寂:语出宋赵师侠《谒金门》:"院静昼闲人寂,一缕水沉烟直。"

②彻:通,达。

【译文】

闲适的白昼人声寂寥,只听见几声悠扬的鸟鸣,不觉耳根彻底清净;寂静的夜晚天空高远,看到舒展卷缩的云彩,顿时令人眼界清净空寂。

【点评】

此处用寥寥数语勾勒了一幅安静悠闲的幽居画卷:闲适白昼里,耳中听到的尽是清音;寂静月夜下,天高云舒,内心一片澄澈的自得适意。

对于仕途失意,追求个性自由的文人志士而言,走进山水田园,选择清幽雅致、闲适自在的生活方式,寻求性灵之美,是他们心灵得以休憩的最佳选择。他们在山川日月星辰之中,感受天地之灵气,修养心性,沉淀思想,体悟生命的本真。

一三九

世事如棋局,不着得才是高手①;人生似瓦盆,打破了方见真空②。

【注释】

①着:执着。得:得到。

②真空:佛教语。一般谓超出一切色相意识界限的境界。

【译文】

世间诸事如棋局般复杂多变,不执着于赢得胜利的才是高手;人生就仿佛一个瓦盆,打破它才能超越意识的限制得以参悟人生。

【点评】

宋僧志文《西阁》言:"年光似鸟翩翩过,世事如棋局局新。"感叹时光飞逝,一去无踪,而世事变化就像下棋一样局局翻新、形势多变。即便世事如棋局般难以掌控,无法预测,但是从容自若面对它们,不被棋局输赢所限,才能有所突破。

金王哲《瓦盆歌》言:"外唇有口能发课,内虚有腹成因果。贵贱贤愚,细思量、人人放一个。这风狂悟斯,不肯争人我。除烦恼,灭心火,日日随缘过。逍遥自在任行坐,功成行满携云朵。带壳升腾,怎时节,方知不打破。"人生看似圆满、缤纷多彩,如同瓦盆一样,盛满了人世因果、富贵荣华,可把人生揉碎了,细细品味,才知道所谓的名利,也只是一场浮云。

一四〇

龙可豢非真龙①,虎可搏非真虎。故爵禄可饵荣进之辈②,必不可笼淡然无欲之人③;鼎镬可及宠利之流④,必不可加飘然远引之士⑤。

【注释】

①豢（huàn）：喂养，特指喂养牲畜。

②爵禄：官爵和俸禄。饵：引诱。荣进：荣升高位。

③笼：笼络，牵制。比喻影响、阻碍。

④鼎镬（huò）：鼎和镬。古代的酷刑，用鼎镬烹人。宠利：恩宠与利禄。

⑤远引：引退远去。

【译文】

可以喂养的龙不是真龙，可以搏斗的虎不是真虎。所以，功名利禄可以诱惑那些贪图高官厚禄的人，却不能笼络和影响淡泊无欲的人；用鼎镬烹人的酷刑会波及那些汲汲于恩宠利益的人，却不会施加于超脱世俗引退远去的人士。

【点评】

真正的名士不易被荣华富贵降服，他们超然世外，志存高远，淡泊宁静。《晋书·翟汤传》载：东晋时，寻阳人翟汤"笃行纯素，仁让廉洁，不屑世事"，不接受任何人的馈赠。永嘉年间，流寇频频出没，但是听闻翟汤的名望和德行，都不敢来犯他居住的地方。司徒王导希望他能应召出仕，但是翟汤隐居于山中，拒绝征召，终身不仕。而汲汲于名利之人，因贪图荣华显贵，容易成为权力与金钱的奴隶，从而引来杀身之祸。明代佞臣崔呈秀，攀附魏忠贤，成为阉党"五虎"之首。为了打击报复东林党人，他把东林党人和非东林党人名单，编汇成《天鉴录》和《同志诸录》，供魏忠贤在朝堂上清除异己。正直的朝臣多被贬谪，而崔呈秀一路高升，做到兵部尚书，权倾朝野。崇祯帝即位后，下令清除魏忠贤和阉党逆流。崔呈秀获知消息，知难免一死，于是自缢而亡，但仍被追戮尸体。《明史》记载："时忠贤已死，呈秀知不免，列姬妾，罗诸奇异珍宝，呼酒痛饮，尽一卮即掷坏之，饮已自缢。"

一四一

一场闲富贵^①，狠狠争来，虽得还是失；百岁好光阴^②，忙忙过了，纵寿亦为夭^③。

【注释】

①闲：大貌。

②光阴：时间，岁月。

③夭：夭折，未成年而死。

【译文】

一场大的荣华富贵，拼尽全力争来，虽然得到了却也失去了很多；上百年美好的岁月，在忙忙碌碌中度过，纵然寿命很长也和短命是一样的。

【点评】

洪应明在《菜根谭》中多次表达了富贵荣华易逝、百年岁月为空的感慨，是为了消除世人对财富名利的痴迷，同时也告诫世人争名夺利的忙碌一生，到头来还是一场空，与其如此，不如冲破俗世红尘的羁縻，恬淡自如地去生活。我国古代文学作品中也多有涉及对人生富贵幻灭的描述，如元代陈草庵的《中吕·山坡羊》所言："春，也是空；秋，也是空。有钱有物，无忧无虑，赏心乐事休辜负。百年虚，七旬疏，饶君更比石崇富，合眼一朝天数足。金，也换主；银，也换主。"虽带有虚无主义的烙印，但是在劝诫世人莫贪恋荣华富贵方面，还是有一定积极作用的。

一四二

高车嫌地僻^①，不如鱼鸟解亲人^②；驷马喜门高^③，怎似莺花能避俗^④。

【注释】

①僻:偏僻,偏远,很少有人去。

②鱼鸟解亲人:鱼儿、鸟儿能亲近人。语见《世说新语·言语》:"简文入华林园,顾谓左右曰:'会心处不必在远,翳然林水,便自有濠濮间想也,觉鸟兽禽鱼自来亲人。'"解,能。

③驷(sì)马:显贵者所乘的驾四匹马的高车。表示地位显赫。

④莺花:莺啼花开,泛指春日景色。

【译文】

高门显贵的车子不会去偏僻之地,还不如鱼儿、鸟儿能亲近人;四匹马拉的车子喜欢往豪门大户跑,怎能像莺儿、花儿那样超凡脱俗。

【点评】

此处用高车、驷马、高门来指代权贵,说明他们已经身处高位,拥有财富和赫赫声名,仍然希望结交显赫的家族,以谋取更多的利益与权势。他们不屑于和平民阶层来往,凭借拥有的权势,压制和剥削百姓。对于平民百姓而言,这些豪门大族、高门显耀,既漠视他们的生存权益,为了名利又相互勾结,自然无法像鱼鸟、莺花那样好亲近。

一四三

红烛烧残,万念自然灰冷;黄粱梦破①,一生亦似云浮。

【注释】

①黄粱梦:比喻虚幻的事和不能实现的欲望。出自唐沈既济《枕中记》。

【译文】

红烛燃烧将尽,万种念想自然如死灰般冰冷;黄粱美梦惊醒,一生仿佛浮云终是虚幻。

【点评】

　　唐沈既济《枕中记》载,唐开元七年(719),卢生奔赴京城参加科举考试,结果名落孙山。某天在途经邯郸客店时,遇见了颇具法力的道士吕洞宾,卢生唉声叹气,感慨生活困顿。吕洞宾拿出一个瓷枕让他枕上。卢生高枕而眠,很快进入梦乡。在梦中,卢生娶了清河崔氏出身、美丽贤惠的妻子。金榜题名后,屡迁为陕州牧、京兆尹、户部尚书兼御史大夫、中书令,荣封为燕国公。五个孩子仕途顺遂,加冠晋爵,联姻高门显贵。卢生一生荣华富贵,尽享天伦之乐。八十岁杖朝之年,因病不起。在走到生命的尽头时,卢生被惊醒,他环视四周,还是那个简陋的客店,吕洞宾则静坐在他身旁,而锅里的黄粱饭还没蒸熟。卢生这才相信,他所经历的一切,不过是一场虚幻美丽的梦,只是为了告诫他,再辉煌的人生,都包含了时运盛衰、否极泰来、生老病死,任谁也逃脱不了。黄粱梦醒的卢生遽然离去,那是对人生的幡然醒悟。

一四四

　　千载奇逢①,无如好书良友;一生清福,只在碗茗炉烟②。

【注释】

　　①千载奇逢:形容极其难得遇到。千载,千年,指时间悠久。

　　②碗茗炉烟:此指悠闲的生活。碗,茶碗。茗,泛指茶。炉烟,熏炉或香炉中的烟。

【译文】

　　千年的奇遇,比不上好书与良友;一生的清福,只在碗中茗茶与炉中清烟。

【点评】

　　文人雅士闲适的生活离不开书籍与茗茶相伴。

唐皮日休《读书》:“家资是何物,积帙列梁梠。高斋晓开卷,独共圣人语。英贤虽异世,自古心相许。案头见蠹鱼,犹胜凡俦侣。”大意是说,家中最有价值的财产就是那满满一屋子的书籍了,坐在幽静舒适的书斋阅读着古今的圣贤书,仿佛徜徉在书海中与圣贤坦诚交流。贤良德被之人虽未能生活在同一时代,却彼此欣赏。每次在案头看见书籍的喜悦,尤胜过与分离很久的好友相见。明于谦的《观书》诗也写道:“书卷多情似故人,晨昏忧乐每相亲。”在诗人的认知中,书籍似乎拥有了人类的情感,多情缱绻不舍分离,晨昏相伴忧喜与共。有了书籍的陪伴,才可以通观上下五千年,知天地,明事理,博览英雄豪杰,见识壮丽山河。

除了书籍的陪伴,文人雅士还向往隐居田园之中,远离尘世喧嚣的生活,有知心友人相伴,品茗抚琴,吟诗作对。而于饮茶一道,至明代已非常讲究。饮茶空间须自然古朴、幽雅清静,最好有蕉叶、奇石相伴;茶杯则以洁白、纯白为上;煮茶风炉以“苦节君”竹茶炉为尚,象征君子守节有为;茶壶则以宜兴砂者为佳,用红泥小炭炉慢慢煎煮;饮茶之水或取山泉,或取晨露,或取梅花花蕊之雪。如此高雅的生活,哪是俗世中的富贵生活所能比拟的。

一四五

蓬茅下诵诗读书[①],日日与圣贤晤语[②],谁云贫是病?樽罍边幕天席地[③],时时共造化氤氲[④],孰谓醉非禅[⑤]?兴来醉倒落花前,天地即为衾枕[⑥];机息坐忘盘石上[⑦],古今尽属蜉蝣[⑧]。

【注释】

①蓬茅:蓬草和茅草,比喻低微、贫贱,常用作自谦之词。

②晤语：见面交谈。

③樽罍（zūn léi）：皆为盛酒器。罍，古代的一种盛酒的容器。小口，广肩，深腹，圈足，有盖，多用青铜或陶制成。幕天席地：把天作幕，把地当席。形容心胸开阔。晋刘伶《酒德颂》："幕天席地，纵意所如。"

④氤氲（yīn yūn）：古代指阴阳二气交会和合之状。

⑤禅：佛教指静思。

⑥衾（qīn）枕：被子和枕头。泛指卧具。

⑦机息：机心止息，犹忘机（没有巧诈的心思，与世无争）。坐忘：道家谓物我两忘、与道合一的精神境界。《庄子·大宗师》："堕肢体，黜聪明，离形去知，同于大通，此谓坐忘。"

⑧蜉蝣（fú yóu）：虫名。幼虫生活在水中，成虫褐绿色，有四翅，生存期极短。《诗经·曹风·蜉蝣》："蜉蝣之羽，衣裳楚楚。"毛传："蜉蝣，渠略也，朝生夕死。"常用来比喻微小的生命，或比喻浅薄狂妄的人或文辞。

【译文】

在茅棚草屋下诵读诗书，仿佛天天与圣贤当面谈论，怎能说贫穷就是病？以天作帘幕以地作席痛饮美酒，时时刻刻沉浸在天地造化中，谁说醉酒后不能参禅？兴致高涨醉倒在落花前，广阔的天地就是被子和枕头；怀抱与世无争之心坐在大石上面，忘记世俗纷扰，古往今来全都微不足道。

【点评】

晚明士大夫有闲阶层，从追求物欲逐渐发展为追求清闲、安逸的闲雅生活，这一社会风向也开始辐射到平民阶层。对闲适、诗意生活的向往，成为一种生命态度，几乎贯穿于晚明士子的精神世界，决定了文人生活的诗性特征。这种特征，更注重心灵的体验，追求一种精神的自由。

明代谢肇淛在《五杂俎》中记载了悠然自在的田园生活，概括了明代名流隐士理想中的闲雅生活内容："惟是田园粗足、丘壑可怡，水侣鱼虾、山友麋鹿，耕云钓雪、诵月吟花……或兀坐一室，习静无营，或命驾扶藜、流连忘返，此之为乐不减真仙，何寻常富贵之足道乎。"他们隐居于山林田园，徜徉于大自然之中，读书于茅屋下，饮酒于天地间，在自然万物中熏陶自我。即便偶然酒醉，误入落花深处，也可枕天席地，涤尽心中污浊之气，参悟世间禅机，超脱世俗名利的藩篱，那悠悠千古又何足道哉？

一四六

　　昂藏老鹤虽饥①，饮啄犹闲②，肯同鸡鹜之营营而竞食③？偃蹇寒松纵老④，丰标自在⑤，岂似桃李之灼灼而争妍⑥！

【注释】

①昂藏：气度轩昂。

②饮啄：饮水啄食。比喻自由自在的生活。犹闲：尚可，还过得去，还不要紧。

③鸡鹜（wù）：鸡和鸭，比喻小人或平庸的人。营营：往来不绝的样子。

④偃蹇（yǎn jiǎn）：高耸的样子。

⑤丰标：风度，仪态。

⑥灼灼：鲜明的样子。《诗经·周南·桃夭》："桃之夭夭，灼灼其华。"

【译文】

　　器宇轩昂的老鹤虽然饥饿，但是饮水啄食仍悠游自在，怎肯和鸡鸭之流往来不绝地争抢食物呢？高耸挺立的寒松即便已经苍老，风度仪态悠然自存，怎会如桃李之类怒放争奇斗艳呢！

【点评】

为人处事中,保持不卑不亢的姿态和风度非常重要。有些人急功近利,汲汲营营,不顾道德原则去攫取身外之物,显露丑恶贪婪的嘴脸;有些人淡泊宁静,清高自持,不为名利所惑,不惧生活风霜,愈老弥坚,洒脱自在。

古代文人对淡泊恬静生活的追求,既是一种人生理想,也是一种至高无上的精神境界。这种清逸高远的姿态,或是大雪绵绵,万籁俱寂时分,摇一叶扁舟,于西湖赏雪吟诗;或是在清幽天地间,拥炉煮酒,畅怀大饮;或是客途羁旅,漫步姹紫嫣红中,细听落叶惊残梦;或是二十四桥明月夜,独坐听赏箫声曼;或是在四季轮转中,悠然地读书、习字、作画、会友、畅谈、品茶、参禅、论道、游园、宴饮、休憩。

无论是超越物欲的曼妙风度,还是历经岁月的老亦独赏,都需要有一份闲适自若的情怀,懂得浓淡人生味宜清欢的精神境界。

一四七

吾人适志于花柳烂漫之时①,得趣于笙歌腾沸之处②,乃是造化之幻境,人心之荡念也。须从木落草枯之后,向声希味淡之中③,觅得一些消息,才是乾坤的橐籥④,人物的根宗⑤。

【注释】

①适志:舒适自得。

②笙(shēng)歌:泛指奏乐唱歌。腾沸:形容人声喧腾。

③声希味淡:指平淡无奇,没有什么名声。有曲高和寡,不为人知之意。

④橐籥(tuó yuè):古代冶炼时用以鼓风吹火的装置,犹今之风箱。

《老子》："天地之间，其犹橐籥乎？虚而不屈，动而愈出。"吴澄注："橐籥，冶铸所以吹风炽火之器也。为函以周罩于外者，橐也；为辖以鼓扇于内者，籥也。"此处比喻本源。

⑤根宗：即"根源"。

【译文】

我们在花柳烂漫时节舒适自得，在奏乐欢唱人声鼎沸处获得趣味，这只是天地间制造的虚妄幻境，人心浮动的妄念罢了。只有在树木凋零草叶枯萎之后，从声稀味淡处寻觅一些真谛，这才是天地的本源，万物的根本。

【点评】

古代文人喜欢以譬喻的方式启迪世人，使之透彻领悟人生浮华梦易醒的事实。唐李公佐《南柯太守传》载，淳于棼在一棵古槐树下畅饮美酒，大醉后突入一梦，被两个紫衣人引至槐安国。槐安国王招淳于棼做了本国驸马，并任命他为南柯太守。三十年间，淳于棼享尽富贵荣华。后邻国来袭，淳于棼率兵出征，结果兵败，被贬回乡。梦醒之后，淳于棼只看见槐树下有一大的蚂蚁窝，南枝边又有一小洞，这就是梦中的槐安国和南柯郡。此梦与黄粱一梦异曲同工，意在劝诫世人，人世虽充满荣华富贵，然功名利禄到头来可能是一场空。《红楼梦》的《好了歌》，更是对繁华盛世一朝败落最好的注释。纸醉金迷的名利场就像诱惑世人的巨大幻境，只有从中醒悟，于平淡恬静中体味生老病死，寻找生命的真谛，领悟天理至道，才能在人生幻境落幕后，找到心灵的真正归属之地。

一四八

静处观人事①，即伊吕之勋庸、夷齐之节义②，无非大海浮沤③；闲中玩物情，虽木石之偏枯、鹿豕之顽蠢④，总是吾性真如⑤。

【注释】

①静处：清净、安静之处。

②伊吕：商朝的伊尹辅商汤，西周的吕尚佐周武王，皆有大功，后因此并称伊吕，泛指辅弼重臣。《汉书·刑法志》："故伊、吕之将，子孙有国，与商、周并。"伊尹，商汤大臣，名伊，一名挚。相传生于伊水，故名。是汤妻陪嫁的奴隶，帮助商汤伐夏桀，统一了国家，被尊为"阿衡"。伊尹辅佐成汤、外丙、仲壬、太甲、沃丁五代君主，世人尊为元圣。吕尚，姓姜，名尚，字子牙。其先封于吕（在今河南南阳），故又称吕尚。武王即位后，尊为师尚父。辅佐武王灭商有功，后封于齐。有太公之称，俗称姜太公。在齐提倡礼教，通工商之业，便鱼盐之利，使齐成为大国。勋庸：功勋。夷齐：伯夷和叔齐的并称。伯夷、叔齐为商末孤竹国君之子，姓墨胎氏。伯夷原为孤竹国君长子。其父欲立次子叔齐。父死后，叔齐不肯继位，让位于伯夷，伯夷不愿接受。后两人奔周，周武王伐商，兄弟二人叩马苦谏，说："父死不葬，爰及干戈，可谓孝乎？以臣弑君，可谓仁乎？"武王大怒，被姜太公制止，说："此义人也。"后来武王攻克商后，天下宗周，伯夷和叔齐均逃隐于首阳山，耻食周粟，采薇为生，最后饿死。

③浮沤（ōu）：水面上的泡沫。因其易生易灭，常比喻变化无常的世事和短暂的生命。

④鹿豕：鹿和猪，比喻山野无知之物。也用来比喻愚蠢的人。

⑤真如：佛教语，谓永恒存在的实体、实性，亦即宇宙万有的本体，与实相、法界等同义。《成唯识论》卷九："真谓真实，显非虚妄；如谓如常，表无变易。谓此真实，于一切位，常如其性，故曰真如。"

【译文】

从安静的地方观察人情事理，即便如伊尹、吕尚这样功勋卓著之人，伯夷、叔齐这般有节操义行的伟大人物，也无非是沧海中的浮沫；在清闲之中玩味世间情理，即便如树木山石般偏斜枯萎，鹿猪般顽钝愚蠢，也无一例外是自我本性的真实显现。

【点评】

宋邵雍《天津感事二十六首》诗云："著身静处观人事，放意闲中炼物情。去尽风波存止水，世间何事不能平。"把世间的万事万物放在历史长河中来品评，再英雄豪迈的人物，都成为沧海一粟。在闲适自得间观看自然界，枯拙的山石林木、蠢钝的动物，即便不完美，不惊艳，那都是没有经历尘世洗礼的自然本质，自我本真，是人性中最重要的部分。

洪应明在此处肯定了自然天性在人性发展中的重要性，但是也不能否定一些英雄豪杰对历史的推动作用，否则容易陷入历史虚无主义。

一四九

花开花谢春不管，拂意事休对人言[①]；水暖水寒鱼自知，会心处还期独赏[②]。

【注释】

①拂意：逆意，不如意。拂，逆，违背。

②会心：情意相合，知心。期：期望，期待。

【译文】

鲜花是绽放还是凋落都不由春天过问，不如意的事情也不要妄对他人倾诉；河水是温暖还是寒冷，鱼儿自然知道，合乎心意的地方还是期待独自观赏。

【点评】

此条言浅意深，寥寥数语，道出要保持心灵独立，在遇到人生不如意之事时，需要独自感悟。生活如人饮水，冷热自知，对人世的理解与领悟只有心中自明，才能达到自我证悟的境界。

　　人与人之间因人生阅历不同而感触各异，把希望寄托在别人身上，以期获得无条件的理解、支持和帮助，这是不现实的。季羡林先生在《悲喜自渡》中阐明了他的人生态度："人有生、老、病、死，是自然规律，用不着伤春，也用不着悲秋，叹老不必，嗟贫无由。将来有朝一日离开这个世界时，我也决不会饮恨吞声。只有做到尽人事，听天命，一个人才能永远保持心情的平衡。"对很多人来说，人生需要经历冷暖自知、悲喜自渡的考验。学会独立思考，保持精神上的独立，才能更好地感受人生。

一五〇

　　闲观扑纸蝇①，笑痴人自生障碍②；静睹竞巢鹊，叹杰士空逞英雄。

　　【注释】
　　①闲观扑纸蝇：出自明袁宏道《偶成》诗："静悟竞巢雀，闲观扑纸蝇。"扑纸蝇，喻指四处碰壁之人。
　　②障碍：佛教语。恶业所引起的烦恼困惑，因能扰乱身心，故佛典称"障碍"。

　　【译文】
　　空闲时观看扑打窗纸的苍蝇，笑叹愚笨平庸的人自寻烦恼；安静地窥察竞相争夺巢穴的鸟鹊，感叹那些杰出人士也是徒然空逞英雄。

　　【点评】
　　此处借用袁宏道"静悟竞巢雀，闲观扑纸蝇"诗句之意，通过争夺巢穴的鸟雀、到处碰壁的扑纸蝇虫，借以劝谕人们：为了名利忙忙碌碌，到头来只会碰得头破血流，富贵荣华尽失。
　　唐廖匡图云："名利最为浮世重，古今能有几人抛。"名利之重，令人沉迷而不自知，整日忙碌算计，最终成为金钱与权力的附庸。这样的人

生,不是四处碰壁,屡受挫折,就是握在手中的财富散落,权柄尽失,落得
穷困潦倒、一无所有的下场。那些曾经的勃勃野心与争名夺利,都成为
人生的障碍,无法挽回的悔恨。

一五一

看破有尽身躯,万境之尘缘自息[1];悟入无坏境界[2],一
轮之心月独明[3]。

【注释】

[1]万境:一切之境界。尘缘:指色、声、香、味、触、法六尘。因六尘乃
　心之所缘,能染污心性,故称尘缘。

[2]悟入:佛教语,谓觉知并证入实相之理。语本《法华经·方便
　品》:"欲令众生悟佛知见故,出现于世;欲令众生入佛知见道故,
　出现于世。"无坏境界:指没有损坏灭亡、没有穷尽的境界。

[3]心月:佛教语,谓明净如月的心性。语本《菩提心论》:"照见本
　心,湛然清净,犹如满月,光遍虚空,无所分别。"

【译文】

参悟透有限躯体的生死,世间凡尘俗缘自然能够消亡;参悟到了无
牵挂的境界,心性如一轮明月,清澈明净。

【点评】

佛家认为宇宙万物是空的、假的、虚幻的,如同水中月、镜中花,稍纵
即逝。人生长于其中,仅仅是一具带有情感与意识的躯壳,随着时间的
流逝,躯体会消亡,曾经享受世间繁华的观感与意识,也会消亡。在有限
的生命中,只有抛弃对红尘凡世的迷恋,意识到承载生命的躯体是有限
的,才能斩断红尘俗缘,放弃对名利的追逐,怡然自得,超然世外。

宋王十朋《游承天寺后园登月台赠潜老》诗云:"不惹世间尘一点,

冰轮心镜两团团。"面对政治黑暗、社会动荡、人心浮躁、利益纷争的复杂环境,那些追求纯净淡然的生活,热衷于禅悦,寻求心灵解脱的人们,更向往淳朴、和谐、宁静、自然的社会风尚,希望回归到安居乐业、民风淳朴的社会。若身处这样的理想世界中,追名夺利的心性也会得以涤荡,变得澄澈明净。

一五二

木床石枕冷家风^①,拥衾时魂梦亦爽^②;麦饭豆羹淡滋味^③,放箸处齿颊犹香^④。

【注释】

①家风:家庭或家族的传统风尚或作风。

②拥衾(qīn):谓半卧以被裹护下体。

③麦饭豆羹(gēng):粗劣食品,用来比喻生活水平低下。出自汉史游《急就篇》卷二:"饼饵麦饭甘豆羹。"颜师古注:"麦饭,磨麦合皮而炊之也;甘豆羹,以洮米泔和小豆而煮之也;一曰以小豆为羹,不以酰酢,其味纯甘,故曰甘豆羹也。麦饭豆羹皆野人农夫之食耳。"

④齿颊:牙齿与腮颊。

【译文】

睡着木床,枕着石枕,执着于清冷的家风,睡梦中拥着被子的时候,心灵也必然清爽;麦饭豆羹,虽滋味清淡,放下筷子的时候,唇齿仍然留有余香。

【点评】

此处阐明了甘于平淡朴素生活的家风传统。家风,也称"门风",是家庭世代传承的文化和传统,表现了家庭长期以来形成的气质风貌、品德修养,反映出一个家庭的价值观。"不坠家风""克绍家风""世守家风"等，表现了对家风传统的认同和承继。但是家风最初只是一个中性的概念，有的家风提倡勤俭节约、忠厚守成、有礼有节；有的家风可能是墨守成规、刻薄寡恩、虚伪狡诈。在历史发展中，家风逐步明确为正面的、对社会有推动作用的、体现一个家庭性格特征的内容。家风一旦形成，就会通过言传身教、耳濡目染的方式，对家族子弟起到教化、浸濡的作用。

　　古人一直尊崇修身、齐家、治国平天下的人生发展秩序，而治理家庭、整肃家风、敦厚循礼，尤为重要。自汉初起，基于家族意识、文化沉淀、精神认同的家训著作逐渐丰富起来，如《颜氏家训》《朱子家训》等，至今仍有教诲熏陶的现实意义。《杨震公遗训》载："衣求蔽体，不必蜀锦吴绫；食取充肠，何用山珍海馐？""修旧补破，忍淡甘劳"等，绩溪《章氏家训》云："传家两字，曰耕与读；兴家两字，曰俭与勤；安家两字，曰让与忍。"这些家训中的名言警句，阐述了治家理念、修身养性和为人处世之道，成为久经考验的修身齐家的良策和典范。

一五三

　　谈纷华而厌者，或见纷华而喜；语淡泊而欣者，或处淡泊而厌。须扫除浓淡之见，灭却欣厌之情①，才可以忘纷华而甘淡泊也。

【注释】

①欣厌：指好恶。

【译文】

　　谈论繁华富丽就厌恶的人，有时见到繁华富丽也会有所欣喜；说起恬静淡泊就欢喜的人，有时身处恬静淡泊之中也会有所厌恶。所以必须消除对繁华富丽和恬静淡泊的偏见，消灭喜好和厌恶的情绪，才可以真正忘记繁华富丽而甘于恬静淡泊了。

【点评】

晚明社会动荡不安，一些文人士子趋利避害之心日益严重，为了赢得好名声"矫迹栖遁"，假装醉心于山水田园，伪装出一副清高遁世的模样，实则向往荣华富贵的奢靡生活。一旦有机会再次回归名利场时，就会抛弃清高孤傲的做派，欣而往之。这种虚伪的做法，是因为他们极度渴望物质享受，无法真正割舍俗世名利，因而无法辨认繁华与淡泊的本质，容易迷失自我。真正希求现实生活之人，不能空谈修为，需要彻底破除对世俗物欲的迷恋，保持不为物喜、不为己悲的心态，到达纯粹澄澈的精神境界，才能享受朴素自然的生活。

一五四

"鸟惊心""花溅泪"①，怀此热肝肠，如何领取得冷风月②？"山写照""水传神"③，识吾真面目，方可摆脱得幻乾坤。

【注释】

①鸟惊心、花溅泪：出自唐杜甫《春望》："国破山河在，城春草木深。感时花溅泪，恨别鸟惊心。烽火连三月，家书抵万金。白头搔更短，浑欲不胜簪。"意为感于战败的时局，看到花开而潸然泪下，内心惆怅怨恨，听到鸟鸣而心惊胆战。

②风月：本指清风明月。

③山写照：高山描绘形象。写照，描绘刻画。水传神：流水传达精神。传神，指优美的文学艺术作品描绘的人物生动逼真。此指传递精神。

【译文】

看到国家处处战败，听到鸟叫会惊心，遇到花开会落泪，心内怀有满腔热忱，怎么能体会领悟寂寥的清风明月？高山描绘形象，流水传递精神,认识到我们的真实面目,才能摆脱人世虚幻的牵绊。

【点评】

中国古代有识之士身处国家危亡、政治混乱的时刻,往往满怀救国治世的政治热情,就如写出"感时花溅泪,恨别鸟惊心"的杜甫,在经历安史之乱的流离失所后,用手中的笔作为武器,为后世留下了反映当时社会矛盾和人民疾苦的诗作,记录了盛唐由于战乱而衰变的历史,充满忧患意识,表达了他"穷年忧黎元""济时肯杀身"的政治理想。面对艰苦的生活,杜甫也曾萌生退隐之意,想在山水清幽中,做一个"潇洒送日月"的巢父、许由,感受岁月的静好。但是,具有强烈社会责任感的杜甫最终没有选择逃避,而是走上积极入世的道路。只是,一腔兼济天下的豪情,在黑暗的现实中,被一次次粉碎,内心的忧愤喷薄而出。在这种心态下,怎会有潇洒庭前,欣赏小轩窗、月幽明的清雅舒朗?

山与水,是大自然的象征;乐山悦水,是文人雅士对自然的欣赏,是由感性上升为理性的哲学审美,是重构人与自然和谐关系的心灵历程。无论是主动抑或被动选择远离朝堂和俗情世理而隐居,都是对人生深刻思考后,通过修身养性,寄情山水,追寻自我,回归自然本真。

一五五

富贵得一世宠荣,到死时反增了一个"恋"字,如负重担;贫贱得一世清苦,到死时反脱了一个"厌"字,如释重枷①。人诚想念到此,当急回贪恋之首而猛舒愁苦之眉矣。

【注释】

①枷:旧时一种套在脖子上的刑具。

【译文】

富贵的人一生都活在荣宠光耀之中,临到死亡的时候因为贪恋眼前的荣华富贵，反而增加了一个"恋"字，仿佛担负了沉重的担子；贫贱的人一生都活得清苦贫困，到了死亡的时候因为不用再忍受贫穷的生活，反而摆脱了一个"厌"字，犹如放下了沉重的枷锁。人们如果能认识到这些问题，必然会赶紧回头不再贪恋，忽然舒展愁苦的眉头了。

【点评】

《淮南子•俶真训》云："明于死生之分，达于利害之变。"生死之际，也是考验人性的时刻。富贵之人，面对生死，贪恋权势与富贵，对人间繁华留恋不舍，悦生恶死。因此，背负沉重的精神枷锁，无法以坦然的心态面对死亡。相反，清苦贫寒之人，漫长的一生被苦难包围，始终无法解脱，直到生命的最后一刻，才能摆脱贫困窘迫的境况，死亡反而化解了他们对人世过多的厌弃，从而欣然面对生死，让心灵得到彻底的解脱。

生与死本是自然现象，人力无法抗拒。我们对待生死应该具备豁达的态度，无论富贵贫穷，慎重对待生命，生亦欣喜，死亦坦然。

一五六

人之有生也，如太仓之粒米①，如灼目之电光②，如悬崖之朽木，如逝海之一波③。知此者如何不悲？如何不乐？如何看他不破而怀贪生之虑？如何看他不重而贻虚生之羞④？

【注释】

①太仓之粒米：即"太仓一粒"，指大粮仓里的一粒谷子。比喻人和物处在广袤宇宙中极其渺小。太仓，古代京师储谷的大仓。

②灼目：烧灼眼目。电光：闪电的光，比喻事物瞬息即逝。

③逝海：此指大海奔逝而去之意。

④贻（yí）：遗留，致使。虚生：徒然活着，白活。

【译文】

人的生命，仿佛粮仓里微小的一粒粟米，仿佛耀眼灼目的雷电闪光，仿佛悬崖峭壁上的朽木，仿佛奔流不息的大海中的一朵浪花。懂得这些的人怎能不伤悲？怎能不欣喜？怎能领悟不透人生而怀有贪慕生命的思虑？怎能不重视人生而徒留虚度生命的羞愧？

【点评】

与宏大的宇宙和永恒的时光相比，人的一生，如太仓一粟之微小，电光石火之短暂，朽木枯株之乏力，碧海微波之易逝。认识到生命的有限，就会更加理性地看待生死问题，通过践行积极的人生理想，实现生命的价值。

陆九渊生活在内忧外患的南宋王朝，面对现实，他始终坚持激励更多世人的爱国情怀和收复故土的理想，并用一生的壮志情怀履行着无私为国、谋求大道的人生理念。他曾慷慨陈辞："宇宙之间，如此广阔，吾身立于其中，须大做一个人。"不论是少年时代立志收复中原故土，还是进入官场后忧国忘私、勤勉为民的远大政治抱负，都彰显了陆九渊深沉的爱国情怀。

淳熙九年（1182）秋，陆九渊进入太学讲授《春秋》，阐明华夷之分的理念，认为华夏民族重礼仪传道，而夷狄则依赖武力侵略，以此警醒偏安一隅的南宋王朝不要因耽于安乐而放弃收复失地的战略。淳熙十一年（1184），面对深陷困境的南宋王朝，他奋笔疾书，写下文理宏大的五篇奏札，向孝宗坦陈自己的政治理想和对时局的见解，提出任贤使能、赏功罚罪等一系列改良吏治的措施和思想。朱熹称赞他的奏议："得闻至论，慰沃良深。其规模宏大，源流深远，岂腐儒鄙生所可窥测。"

纵观陆九渊的一生，虽平生抱负无法施展，始终未能看到北收中原的盛况，但是他的生命充实而灿烂，在中国哲学、教育、政治思想诸方面都留下了深远的影响，给后人留下了宝贵的精神财富。

一五七

鹬蚌相持^①，兔犬共毙^②，冷觑来令人猛气全消^③；鸥凫共浴^④，鹿豕同眠，闲观去使我机心顿息^⑤。

【注释】

①鹬蚌（yù bàng）相持：即"鹬蚌相持，渔人得利"。语出《战国策·燕策二》："赵且伐燕，苏代为燕谓惠王曰：'今者臣来，过易水，蚌方出曝，而鹬啄其肉，蚌合而拑其喙。鹬曰："今日不雨，明日不雨，即有死蚌。"蚌亦谓鹬曰："今日不出，明日不出，即有死鹬。"两者不肯相舍，渔者得而并禽之。'"后以"鹬蚌相持，渔人得利"比喻双方相持不下，而使第三者从中得利。鹬，水鸟名。常栖息于田泽间，以捕食小鱼及昆虫为生。蚌，软体动物。有两个可以开闭的多呈椭圆形介壳，壳内有珍珠层，或能产珠。

②兔犬共毙：兔犬疲于奔波而共同毙命，比喻两败俱伤。出自《战国策·齐策三》："韩子卢者，天下之疾犬也；东郭逡者，海内之狡兔也。韩子卢逐东郭逡，环山者三，腾山者五，兔极于前，犬废于后，犬兔俱罢，各死其处。"

③觑（qù）：窥视，偷看。猛气：勇猛的气势或气概。

④鸥凫共浴：戏水的野鸭和鸥鸟，形容水禽的悠闲自得。

⑤机心：机巧的心思，机巧功利之心。

【译文】

鹬蚌争持而渔人得利，兔犬疲于奔波而共同毙命，冷静观察这些让人顿时失去勇猛气概；鸥鸟和野鸭共同悠闲戏水，麋鹿和野猪同眠一处，悠然观看这些使得功利之心立即消失。

【点评】

宋邵雍《利害吟》诗云："兔犬俱毙，蚌鹬相持。田渔老父，坐而利之。"机巧用尽换来的是两败俱伤、他人获利,看到这种情形,再豪迈的心境,都不得不冷静下来思量:名利如枷锁一样束缚住人的精神,苦苦追寻的结果却是一无所有。

宋吴琚《浪淘沙》云:"忘机鸥鹭立汀沙。咫尺钟山迷望眼,一半云遮。"水边悠然嬉戏的鸥鹭都会放下机巧之心,保持淳朴的心地;麋鹿和野猪自由相伴,大自然里动物和谐相处的情境,使人领悟到世间的纯真、宁静与和谐,名利之心自然就淡了。

一五八

迷则乐境成苦海①,如水凝为冰;悟则苦海为乐境,犹冰涣作水②。可见苦乐无二境,迷悟非两心,只在一转念间耳。

【注释】

①乐境:乐土。

②冰涣作水:意同"涣然冰释",像冰冻遇热似的一下子消融,多喻疑团、困难等很快消除。涣,流散,离散。

【译文】

过于沉迷执着,则快乐境地也会变为苦难的深渊,就像水凝结为冰;参悟透彻,则苦难的深渊会成为快乐境地,就像冰化成了水。可见苦难与快乐并非两种境界,执迷与觉悟产生于同一片心田,只是取决于转变思想的一瞬间而已。

【点评】

《格言联璧·持躬类》载:"贫贱是苦境,能善处者自乐;富贵是乐境,不善处者更苦。"贫与富、苦与乐,都是可以通过心境的转换、心灵的顿悟发生变化。贫贱虽苦,但是能乐享其境者则会苦中有乐;富贵虽乐,但是执迷不悟、热衷名利者则会乐极生悲。

　　人生是处于痛苦的境地,还是幸福的乐园,既依赖于人生道路的抉择,也依赖于平和淡然的心态,使其保持清静快乐,不要因沾染尘世执念而心生烦恼,从而看不透世情迷途。人生处处会受到命运的考验,凡事有得必有失。名利、富贵、地位、声望,都是蛊惑人心的诱饵,如能看透诱惑的本质,明白名利终究是一场空,境随心转,是非成败无足道矣。

一五九

　　遍阅人情^①,始识疏狂之足贵;备尝世味,方知淡泊之为真^②。

【注释】

①阅:经历。

②真:本性,本源。

【译文】

　　把人世间的事理全部经历过,才能认识到豪放不羁的弥足珍贵;把人世间的滋味一一品尝,方才知道恬静淡泊是真正的修为。

【点评】

　　人情事理,需要一番历练,才能透彻领悟。才情傲岸的青年李白,面对繁盛大唐,渴望在世俗中建功立业,助力国家更加强盛。他清高正直,孤傲不凡,不愿折腰事权贵,但是一生矢志不渝地追求实现"谈笑安黎元""终与安社稷"的理想,又使他遍寻机遇,以求穷其能力辅佐明君,使天下安定,海内清晏。

　　天宝元年(742),四十二岁的李白,在吴筠的推荐下,终获唐玄宗征召,踏上了奔赴长安的征程。对长安的美好想象,在目睹了官场的黑暗腐败后崩塌。天宝三年(744),李白真切地意识到留在长安也只是蹉跎岁月,于是上疏玄宗,希望回归山野,玄宗默许了他的离去。尽管事业、前途、未来陷入困顿,但他依然写下了"才力犹可倚,不惭世上雄",来安慰和鼓励屡屡受挫的自己,并没有放弃他的政治理想。至德二载(757),五十七岁的李白得永王李璘征召,在其麾下效力。但是永王扯起了反叛的大旗,李白也因作为幕僚创作《永王东巡歌》组诗,歌颂永王而在浔阳入狱,终以参与永王谋逆而被判罪发配夜郎(今贵州桐梓)。乾元元年(758),五十八岁的李白从浔阳出发,开始了流放生涯,乾元二年(759),在白帝城遇赦。上元三年(762),一代诗仙李白因病在金陵(今南京)与世长辞。

李白宦海浮沉铩羽而归的坎坷经历,使其尝阅人生百味,即便有了及时行乐、纵酒而归、隐居山林的想法,也终究不敌一腔爱国豪情,终有流放夜郎的凄凉晚景,郁郁而终。他用跌宕起伏的人生经历和曼妙的笔触,具化了波澜壮阔的生命体验和精神内涵。

一六〇

地宽天高,尚觉鹏程之窄小①;云深松老,方知鹤梦之悠闲②。

【注释】

①鹏程:比喻前程远大。鹏,鲲鹏,古代传说中能变化的大鱼和大鸟。《庄子·逍遥游》载:"北冥有鱼,其名为鲲;鲲之大,不知其几千里也!化而为鸟,其名为鹏;鹏之背,不知其几千里也!怒而飞,其翼若垂天之云。"窄小:狭隘,狭小。

②鹤梦:比喻超凡脱俗的向往。

【译文】

大地宽广天空高渺,尚且感觉飞越千里的鲲鹏前程狭隘局促;云雾弥漫苍松垂老,方才知道云鹤般超凡脱俗的悠闲。

【点评】

鲲鹏扶摇直上九千里，其宽广的胸襟和开阔的视野，是一般事物无法比拟的。但是，耸立于天地之间，若以更加高远的立意，更加宽广的视角来观察人生，鲲鹏的格局，又显得局促和狭隘。

元白朴《木兰花慢》云："为问鲲鹏瀚海，何如鸡犬桃源。"鲲鹏志向虽然远大，但是仍然有许多文人隐士追求清逸自得的生活。他们身处山林泉石之间，不慕俗世的繁华盛景，或江畔望月、与影共舞，或赏花吟诗、举杯共酌，或探幽寻访、品茶清谈……用独特的思想、审美与行为，铸就中国文人骨血中的浪漫与清雅。被范仲淹赞誉"云山苍苍，江水泱泱。先生之风，山高水长"的东汉严光，他本是东汉光武帝刘秀的同学，却不慕富贵名利，后隐姓埋名，幽居耕读于富春山。尽管光武帝多次征召，严光皆不应。他的高风亮节，为后世所称赞。但是平凡的人们总是看不破世俗名利对自我的束缚与挟制，奔波劳碌，辛苦一生！

一六一

两个空拳握古今，握住了还当放手；一条竹杖挑风月，挑到时也要息肩①。

【注释】

①息肩：比喻卸除责任。休息，停止。

【译文】

两个空洞的拳头握着过去与现在，握住了还终须要放手；一根竹杖挑着清风明月，挑到时也需要放下休养生息。

【点评】

此处洪应明依然劝诫人们，即便建功立业，成就斐然，仍要学会适时放松，适当放下，而不是妄图把名利全部握在手中。俗语言：握紧拳头，你的手里是空的；伸开手掌，你将拥有全世界。只有舍，才会有得。

北宋苏轼《定风波·莫听穿林打叶声》云："竹杖芒鞋轻胜马，谁怕？一蓑烟雨任平生。"竹杖芒鞋在古代文学作品中往往代表了平民形象，他们悠游自在地生活，拥有平和宁静的心态，享受生命的简朴与快乐。这样，即便世事艰难，命运蹇厄，也能安贫乐道，抱朴守真，休养生息，待时而起。

一六二

阶下几点飞翠落红①，收拾来无非诗料；窗前一片浮青映白②，悟入处尽是禅机③。

【注释】

①翠：翠叶，绿叶。落红：落花。

②浮青映白：指浮在水面的青色的叶子映衬着白色的莲花。

③禅机：禅法机要。

【译文】

台阶下几片飞舞的绿叶和飘落的花朵，收拾来都是书写诗歌的素材；窗前一片青青荷叶映衬着白色的荷花，净心参悟时都是禅法玄机。

【点评】

幽居的生活，时光似乎具有了诗意的内涵。面对时光流转和自然变化，青山碧水、花红柳绿、星辰朗月等，兼具了意象之美和审美情趣。它们激发人们的想象和对生活的感悟，因而具备独特的含义，成为被吟诵书写的内容。即使相同的意象在不同的解读中，也呈现出缤纷多彩的涵义。绿叶和落花，既有叹息时光流逝之意，也可以如欧阳修《五绝·小满》所云："最爱垄头麦，迎风笑落红。"诗中生机勃勃的麦苗映衬着点点落红，令人感受到的是丰收的喜悦，而非悲怜韶华不再的伤情。

　　莲在佛教中,常用来譬喻佛,是因为莲花所蕴含的品行与佛教教义相吻合。《大智度论》云:"比如莲花,出自污泥,色虽鲜好,出处不净。"莲花"出淤泥而不染",它映着绿叶,在风中摇曳,成为启迪人们领悟佛性的美好意象。

　　世事变迁,时间飞逝,面对清幽的大自然,人们思考和领悟生命的意义,这就是孕育天地灵气的大自然对人类的恩赐。

一六三

　　忽睹天际彩云,常疑好事皆虚事;再观山中闲木①,方信闲人是福人②。

【注释】

①闲木:巨大、古老的树木。闲,大貌。

②闲人:清闲无事的人。

【译文】

　　忽然看到天边绚丽的云霞,经常会质疑美好的事物也许都是虚妄;再去观赏山中巨木,方才相信悠闲自在的人才是有福之人。

【点评】

　　美好的事物像天边的彩云,转眼消散成空。享受悠闲安稳生活的人,才是有福气之人。

　　《警世通言》载:"彩云易散,皓月难圆。"人世难以预测,美好的事物,似乎更容易带来缺憾。而且福祸往往相依,明明看似烈火烹油,鲜花着锦,好事连绵,转眼间便遭遇不测风云,屋倒楼倾,人财两空,仿佛过往的歌舞升平只是一场白日梦,醒来后空留余恨。

　　金代段成己《鹧鸪天·谁伴闲人闲处闲》:"谁伴闲人闲处闲。梅花枝上月团团。陶潜自爱吾庐好,李白休歌蜀道难……五更门外霜风恶,千尺青松傲岁寒。"做个闲人,既可仿效千古潇洒之人陶潜、李白,隐居山野,不事权贵,又可守着疏影寒梅,清风朗月,做那孤傲的寒松,志节高尚,耸立于天地之间,因远离尘世而被世人忽略,因而得以长久。而多少良士高才因才华斐然,汲汲功名,最终导致悲惨结局,令人唏嘘!

一六四

东海水曾闻无定波,世事何须扼腕①?北邙山未省留闲地②,人生且自舒眉③。

【注释】

①扼腕:用一只手握住另一只手腕,表示振奋、惋惜、愤慨等情绪。

②北邙山:又名北芒、邙山等。位于河南洛阳北,黄河南岸,是秦岭山脉的余脉,崤山支脉。东汉、魏、晋的王侯公卿多葬于此。唐代白居易《清明日登老君阁望洛城,赠韩道士》:"何事不随东洛水,谁家又葬北邙山。"北邙山上现存有汉光武帝刘秀、西晋司马氏、南朝陈后主、南唐李后主等的陵墓,以及唐朝诗人杜甫、大书法家颜真卿等历代名人之墓。

③且自:暂且,只管。舒眉:眉眼舒展。形容称心遂意的样子。

【译文】

曾经听说东海中没有风平浪静的时候,因此何必为世间起起伏伏之事扼腕叹息?北邙山上曾经埋葬了多少豪杰之士,连空闲的土地都没留下,人的一生何必郁郁寡欢,自当舒展眉头称心随意地生活。

【点评】

白居易《放言五首》其四云:"谁家第宅成还破,何处亲宾哭复歌?昨日屋头堪炙手,今朝门外好张罗。北邙未省留闲地,东海何曾有定波。莫笑贱贫夸富贵,共成枯骨两何如?"此处借由此诗,描述了世事变迁的无常和难测。高门豪族，家破人亡，昨日还在喧闹，今朝门庭冷落，无人缅怀；北邙山上埋葬了多少王侯将相，东海何曾风平浪静；不论是被嘲讽的贫穷之人还是被夸耀的富贵之士，最终的归宿都是黄土埋青冢。人生的荣华显耀并非永恒不变，它们会因为天时地利人和而发生变故。因此，辩证地认识人生的变化无常，才能正确看待一时的枯荣，冷静应对命运的挑战，从而保持平和宽容的心态，任他东南西北风，我自岿然不动。

一六五

　　天地尚无停息①，日月且有盈亏②，况区区人世能事事圆满而时时暇逸乎③？只是向忙里偷闲，遇缺处知足，则操纵在我，作息自如，即造物不得与之论劳逸较亏盈矣④！

【注释】

①停息：停止，止息。

②盈亏：出自《易·谦》："天道亏盈而益谦。"指自然之道盈满者则亏减之。后多以"盈亏"指增减、盈满或亏损。

③区区：小，少。形容微不足道。暇逸：闲散安逸。

④造物：指创造天地万物的神，通称造物主。

【译文】

　　天地运转尚且没有停息的时候，日月尚且还有满盈损亏，何况微不足道的人间万事万物哪能事事圆满顺畅且时刻闲暇安逸呢？只是从繁忙中挤出一点空闲时间，遇到不完满处懂得知足，那么就可以掌握自己的人生，作息可以自由安排，就是命运之神也不能与之探讨劳苦安逸，计较满盈损亏了。

【点评】

此处着重强调了知足常乐,劳逸结合,掌控自己人生的重要性。

《道德经》云:"知足不辱,知止不殆,可以长久。"告诫世人要知足常乐,适可而止,方可保持长久的平安。很多时候,人类贪婪本性就是招致不满和灾祸的本源。"人有悲欢离合,月有阴晴圆缺",岂能事事圆满如意,时时悠闲自在?若在忙碌中寻到片刻休闲时光,劳逸结合,从文案累牍、世俗事务、日常劳作中解脱出来,在辛苦工作的间隙,能心闲、身闲、神闲,享受安逸清闲的时光,就是最大的幸福。

一六六

霜天闻鹤唳^①,雪夜听鸡鸣,得乾坤清纯之气^②;晴空看鸟飞,活水观鱼戏,识宇宙活泼之机^③。

【注释】

①霜天:深秋天气。鹤唳(lì):鹤鸣。唳,鹤鸣。也泛指鸟鸣。
②清纯:清正纯洁。
③活泼:富有生气和活力。

【译文】

在深秋季节听到仙鹤的鸣声,在风雪之夜听见鸡的啼叫,才能体验天地间清正纯洁的气息;看见鸟儿在晴空中飞翔,观赏鱼儿在活水中嬉戏,才能见识天地间的勃勃生机。

【点评】

霜天鹤唳、雪夜鸡鸣、晴空鸟飞、活水鱼戏,展现了大自然的勃勃生机。文人士子沉浸其中,感受到自然界的包罗万象、和气充盈和盎然生机,享受悠然闲适的生活带来的精神熏陶与心灵启迪,克制贪婪的物欲,寻求清净祥和的精神境界。内心世界一旦和煦宁静,耳边听到的全是涤清灵魂的清正之音,眼中看到的都是活泼生动的景象,人与自然的关系也逐渐和谐安定。

一六七

闲烹山茗听瓶声①,炉内识阴阳之理②;漫履楸枰观局戏③,手中悟生杀之机。

【注释】

①山茗:山中产的茶叶。

②阴阳:古代指宇宙间贯通物质和人事的两大对立面。此指天地间化生万物的二气。

③漫履:漫步。履,行走。楸枰(qiū píng):棋盘。古时多用楸木制作,故名。楸,木名。落叶乔木,木材质地细密,可供建筑、造船等用。枰,棋盘,棋局。局戏:弈棋之类的游戏。

【译文】

闲暇中烹煮山中茗茶,倾听煮茶容器的声音,从火炉内识别阴阳融合的道理;随意漫步观看棋局对弈,从双方交手中领悟生杀之玄机。

【点评】

中国茶文化历史悠久,影响深远,发展至明代,不断吸纳儒释道文化的元素,成为文人墨客追求的闲雅生活方式之一。品茗讲究茶境之和、茶道之礼、茶学之思,不仅饮茶的场所要求清幽雅致,而且对烹茶的火候也有要求。明张源《茶录·火候》曰:"烹茶旨要,火候为先。……过于文,则水性柔,柔则水为茶降;过于武,则火性烈,烈则茶为水制。皆不足于中和,非茶家要旨也。"文人墨客倾听炉火烹煮茶具的清音,目睹火焰燃烧时的热烈与熄灭时的静寂,从中体悟阴阳调和、中正平和之意境。

邵雍《观棋长吟》云:"座上戈铤尝击搏,面前冰炭旋更移。死生共抵两家事,胜负都由一着时。"观赏棋局对弈搏杀中的生机与死结,与世事情理颇多意会之处,细细思索,就会发现繁杂棋招中蕴含着深刻的人生哲理。一步妙招,盘活全局;一招不慎,则全盘皆输。

无论是品茗中的悠然之思,还是博弈时的生死之见,都是对生活细微之处的深度思考。以坦然自若之态面对世间的阴阳相合、生死之劫,一切尽在掌握中。

一六八

芳菲园林看蜂忙[1],觑破几般尘情世态[2];寂寞衡茅观燕寝[3],引起一种冷趣幽思[4]。

【注释】

[1]芳菲:花草繁盛。

[2]觑(qù):看,窥探。

[3]衡茅:衡门茅屋,指简陋的居室。衡,即衡门,横木为门。指简陋的居室。燕寝:燕卧巢中。

[4]幽思:深思,沉思。

【译文】

在花草繁盛的园林观看蜜蜂忙碌飞舞,能够看破几回凡尘俗情、炎凉世态;在寂静落寞的简陋茅屋前观看飞燕安寝,总能引起一种清冷意味、幽远沉思。

【点评】

悠闲生活中,细细品味平淡日常的时光,观察世间万物的变化,启发心灵的幽思。芳菲园林,蜂蝶乱舞,一番春意盎然,转眼被雨打风吹,落红残绿,几番凋零,不免会感慨时光易逝,春华不再,盛景难留。而茅屋檐下,飞燕轻语呢喃,嬉戏憩息,即便是冷清的茅屋,也能引发对人生的深刻思考,使人不再贪慕红尘繁华,而是在幽远清冷中感悟简单朴素的生活意义。

一六九

　　会心不在远①,得趣不在多。盆池拳石间②,便居然有万里山川之势;片言只语内③,便宛然见万古圣贤之心④。才是高士的眼界,达人的胸襟。

【注释】

①会心不在远:欣赏领会景色不在于远近。

②拳石:指供陈设用的玲珑岩石,亦指园林假山。

③片言只语:指少量的几句话语。

④宛然:仿佛,好像。圣贤:圣人和贤人的合称,亦泛称道德才智杰出者。

【译文】

　　欣赏领会景色不在于远近,获得乐趣不在于多少。满栽花草供人观赏的盆池和假山园林之间,竟然也具备了万里山川的磅礴气势;简短言辞之间,就好像显现出千万年来圣贤睿智通达之心。这才是高德之人的眼界,贤达人士的胸襟。

【点评】

　　明代士林名流、文人雅客、山人隐士,甚至一般的平民百姓都热衷于造园,私家园林比比皆是,园林艺术也发展到一个高峰。他们在咫尺之间建造出容纳万千风景的园林景观,与自然相融合,营造出无限的空间意境,反映出恬淡雅致、返璞归真的审美情趣和艺术追求。

　　明人计成《园冶》载:"轩楹高爽,窗户虚邻;纳千顷之汪洋,收四时

之烂熳。梧阴匝地,槐荫当庭;插柳沿堤,栽梅绕屋;结茅竹里,浚一派之
长源;障锦山屏,列千寻之耸翠。虽由人作,宛自天开。"在一方天地间,
罗列轩阁楼台,布置花鸟虫鱼,收纳四时景色,陈列万壑苍翠,使人足不
出户,而能领略天下之盛景。除了在园林之间游赏山水、陶冶性情以挣
脱世情羁绊,有人还据四时之变化、社会之发展,阐述幽古思今之抱负。
明祁彪佳《远阁》言:"飞盖西园,空怆斜阳衰草;回舻兰渚,尚存修竹茂
林,此又远中之所吞吐而一以魂消、一以怀壮者也。盖至此而江山风物
始备大观,觉一壑一丘皆成小致矣。"一方园林,滋养了追求美与自然的
精神,慰藉了追求自由随性的心灵。

　　同样,启人心智、振聋发聩的圣贤之言,往往微言大义,寥寥数语,胸
襟宏远的通达之人却能透彻领悟,仿若一叶而知秋,一语而豁然开朗。

一七○

　　心与竹俱空,问是非何处安脚? 貌偕松共瘦①,知忧喜
无由上眉。

【注释】

　　①偕(xié):俱,同。瘦:遒劲有骨力。古人常用松瘦形容松柏的苍
　　　　劲挺拔。宋苏轼《次韵刘景文见寄》:"细看落墨皆松瘦,想见掀
　　　　髯正鹤孤。"

【译文】

　　人心与竹子全都空灵清净,试问是是非非何处安放? 面容和苍松一
样清瘦,知道忧愁喜乐没有办法跃上眉梢。

【点评】

　　此处借用唐白居易《偶题阁下厅》中"貌将松共瘦,心与竹俱空"之
句。竹与松,在中国传统文化中皆是代表君子的事物。君子品行高洁,

谦虚端方,有礼有节,常以"君子竹"譬喻之,是中国古典文学中常用的意象。大抵竹子外形笔直、内里虚空、历风霜而挺立的形象,成为世人的共识。而松树为百木之长,是世界上最长寿的树木之一。它们迎风耸立,经冬而翠,清瘦道劲,意高境远,成为文人雅士歌颂描摹的"岁寒三友"之一。

　　人的内心意念繁杂,纠结于凡尘俗事中,对权势财富的渴望是难以抑制的天性。人们若要远离是非,无惧悲喜,就要保持平和心态,节制贪欲,像竹子一样虚节空净,孤直谦逊,像松树一般无惧风霜摧残,青翠苍劲,从而挣脱人情世理与名利得失,心灵得以自由超脱。

一七一

　　趋炎虽暖①,暖后更觉寒威;食蔗能甘,甘余便生苦趣。何似养志于清修而炎凉不涉②,栖心于淡泊而甘苦俱忘③,其自得为更多也。

【注释】

①趋炎:喜暖,奔向火焰。比喻趋附权势。

②养志:保摄志气,指培养、保持不慕荣利的志向,多指隐居。《庄子·让王》:"故养志者忘形,养形者忘利。"

③栖心:犹寄心。

【译文】

　　靠近火焰虽然感觉温暖,但是温暖之后会更觉严寒的威力;食用甘蔗能够品尝甘甜,但是甘甜之后就会产生苦涩的余味。何不在清净修为中涵养志向,从而使炎热寒凉与己无关;何不在恬静淡泊中修养心性,从而将甘甜苦涩全都忘记,这样自会有更多的心得体会。

【点评】

宋范楷《咏梅》言:"平生自抱冰为骨,莫待趋炎附热时。"明唐寅《无题》云:"若干生命若干春,有所丰收有所贫。曾见趋炎堪炙手,宁抛伫艳敢成仁。"这些诗作都表达了对趋炎附势的否定,宁愿忍受严寒冰冷,也要保持一身傲骨。

世情复杂多变,攀附权贵,享受荣华富贵,都是一时的荣耀。一旦失去依傍,则会感受到世态的炎凉、人情的冷暖和命运的苦涩。选择远离名利的诱惑,坚定心志,忘却尘世的悲喜福祸,甘于淡泊宁静,才能超脱富贵利禄的羁绊,达到自由自在的心灵境界。

一七二

席拥飞花落絮①,坐林中锦绣团裀②;炉烹白雪清冰,熬天上玲珑液髓。

【注释】

①落絮:飘落的柳絮。

②锦绣团裀(yīn):原指色彩鲜艳美丽的丝织品,此处用来形容美好的事物。裀,通"茵",指褥垫、毯子之类。

【译文】

席地拥抱飞舞的落花、飘落的柳絮,如同安坐在树林中花团锦簇的席垫上;炉火烹煮洁白的冰雪,仿佛在熬炼天空中的琼浆玉液。

【点评】

中国古代文人隐士对清雅生活的追求,既是一种人生理想,也是一种精神境界。这种清雅自若的姿态或是在飘舞着飞花、落絮的清幽林中,坐拥天地之间;或是用炉火烹煮取自大自然的洁白冰雪,仿佛人间的精华都凝聚于此。品味至纯至臻的滋味,情致悠悠、心绪空灵、清静无为,岂不为人间之妙事? 这一份岁月静好、现世安稳,集中体现了对悠闲、清雅、宁静的诗意生活的向往。

这种社会风尚和价值取向,几乎贯穿于文人雅士的精神世界,决定了他们生活的浪漫特性和诗意特征。而这种特征,使他们更加注重心灵的体验,追求自由适意的心性,懂得浓淡岁月清幽自持的精神境界。

一七三

逸态闲情,惟期自尚,何事外修边幅①;清标傲骨②,不愿人怜,无劳多买胭脂③。

【注释】

①边幅:布帛的边缘,比喻人的衣着、仪表。

②清标:俊逸。

③无劳:犹无须、不烦。多买胭脂:出自宋代画家李唐的诗句:"云里烟村雨里滩,看之容易作之难。早知不入时人眼,多买胭脂画牡丹。"诗中使用反语,表面上说要迎合时人,实际上却对时人只重浮华富贵而不识眼前高妙意境的愤怒和讽刺。胭脂,一种用于化妆和国画的红色颜料,亦泛指鲜艳的红色。

【译文】

飘逸的风姿闲适的情态,只是期望自我欣赏,为何要注重外在的穿着打扮;俊逸的风范高傲的骨气,不是为了祈盼他人怜爱,所以无须购买胭脂去画富丽堂皇的牡丹以迎合时人。

【点评】

明人徐渭,清标傲骨,才情横溢,与解缙、杨慎并称"明代三大才子"。他历经科考的艰难考验,年至四十一,依然只是一介秀才。所幸才高傲世,被总督东南军务的胡宗宪所赏识,于嘉靖三十六年(1557)延请入幕府掌文书。当时,胡宗宪得到白鹿,作为祥瑞要奉献给嘉靖皇帝。徐渭代胡宗宪作贺表《进白鹿表》,词旨得体,才气斐然,受到嘉靖皇帝的赏识。胡宗宪因此更加以礼敬之,并把文书事务托付给他。但是,徐渭桀骜不驯,恃才傲物,行止狂放,经常与朋友在市井豪饮至酩酊大醉,有时总督府找他处理事务又急寻不到,只好深夜敞开大门等他。有人看不惯他的行径,就在胡宗宪面前暗示徐渭因为醉酒而误事,但胡宗宪对他依然礼遇有加,并赞赏其豪爽义气之举。平时僚属被胡宗宪威严肃穆的形象所震慑,见到他战战兢兢不敢抬头,只有徐渭布衣着身,直闯辕门,与胡宗宪倾心交谈天下事,旁若无人。

徐渭一生豪拓不羁,不媚俗,不畏世情,不攀附权贵,将满腔才华挥洒于笔端,其诗作被袁宏道尊为"明代第一"。郑板桥甚至刻印一枚,自称"青藤门下走狗"。著名史学家白寿彝中肯评论:"徐渭一生,才艺纵横,在强大的封建势力压迫下,力图追求个性解放,而又难以摆脱自身的传统意识,八赴科试,败北以终,惟从诗文书画创作中寻求个人尊严的表露,汪洋恣肆,著作宏富。"

一七四

天地景物,如山间之空翠①,水上之涟漪②,潭中之云影,草际之烟光③,月下之花容④,风中之柳态⑤,若有若无,半真半幻,最足以悦人心目而豁人性灵。真天地间一妙境也。

【注释】

①空翠:指青色的潮湿的雾气。

②涟漪(lián yī):水面波纹,微波。涟、漪,指水面因风吹而形成的波纹。

③烟光:云霭雾气。

④花容：花儿的容颜。亦指女子美丽的容貌。唐杜荀鹤《别四明锺
　　尚书》："风前柳态闲时少，雨后花容淡处多。"
⑤柳态：柳丝轻拂的媚人情态。

【译文】

　　天地间的风物景致，比如山峦间的潮湿雾气，水面上的微小波纹，潭水中倒映的云彩，草丛边的云霭雾气，月色下花儿美丽的容颜，风中的柳丝轻拂的姿态，大都若有若无，半真半幻，最能够愉悦人们的心灵眼目，开阔人们的性灵。真是天地间一种巧妙的境界。

【点评】

　　空翠、涟漪、云影、烟光、花容、柳态，都是文人笔端代表性的意象。如王维的"山路元无雨，空翠湿人衣"、欧阳修的"微动涟漪，惊起沙禽掠岸飞"、程颢的"水心云影闲相照，林下泉声静自来"、李清照的"临高阁，乱山平野烟光薄"、宋陈亮"仙种花容晚节香，人愿争先睹"、唐柳中庸"似逐春风知柳态，如随啼鸟识花情"……不论是空灵旷远，还是怡然自得，都是对大自然的真切感受。在朦朦胧胧的景致中，他们感悟生命当下的美好与情志，通过寄情于大自然的山山水水，从而抒发性灵、托物寓情，进而达到"天人合一"的至高境界。而自然界的浩瀚与无垠也相应地被赋予了与人类共情的生命意识。

　　杨柳青青，杏花烟雨，月落乌啼，飞流九天，其中有不舍的离情，有晴美的春光，有淡淡的愁怨，有超越极限的想象，见山则踌躇满志，涉水则意境悠悠，变化万端的风景给予人们生命的感动和无法言喻的忧喜，彼此相互印证，达到了认同与共感，这就是人与山水自然的一种心领神会，融会贯通。

一七五

　　"乐意相关禽对语，生香不断树交花"①，此是无彼无此

得真机。"野色更无山隔断,天光常与水相连"②,此是彻上彻下得真境③。吾人时时以此景象注之心目,何患心思不活泼,气象不宽平④!

【注释】

①乐意相关禽对语,生香不断树交花:出自宋石延年《金乡张氏园亭》:"亭馆连城敌谢家,四时园色斗明霞。窗迎西渭封侯竹,地接东陵隐士瓜。乐意相关禽对语,生香不断树交花。纵游会约无留事,醉待参横月落斜。"此诗是作者在宋仁宗天圣四年(1026)应张氏园亭的主人之约而写的。诗歌的颈联"乐意相关禽对语,生香不断树交花"是历来被人称颂的佳句,将园林中鸟禽你呼我答,满树繁花相续争艳的情景活灵活现地描写了出来。

②野色更无山隔断,天光常与水相连:关于此两句诗的作者有杜甫、郑獬、滕元发等多种说法。据清朱彝尊考证,此诗非杜甫所作。《全宋诗》卷534收录郑獬《月波楼》:"古壕凿出明月背,楼角飞来兔影中。野色更无山隔断,天光直与水相通。溪藏画舫青纹接,人住荷花碧玉丛。谁把金鱼破清暑,晚云深处待归风。"另一说为滕元发所作,《全宋诗》卷367收录滕元发的诗句:"野色更无山隔断,天光直与水相连。"据郑獬《郧溪集》以及《明一统志》《浙江通志》所载,此诗作者为郑獬,此处亦采用郑獬《月波楼》之说。郑獬(1022—1072),字毅夫,安州安陆(今湖北安陆北)人。官至开封知府,著有《郧溪集》。其写景咏物诗飘逸清新,颇多佳句。

③彻上彻下:贯通上下,通达上下。

④气象:气度,气局。

【译文】

"快乐的鸟禽相亲相近互相应答,满树的繁花争相斗艳连绵不绝",

这是大自然不分彼此,融洽祥和的真实写照。"山野风景并没有被山峦阻碍隔绝,天空的色彩常常映照在湖光水色之间",这是上下贯通,毫无阻隔的自然意境。我们人类如果时常把这些大自然的景象牢记在眼中心间,哪里还会害怕心情不活泼开朗,气度不宏大呢!

【点评】

此处引用"乐意相关禽对语,生香不断树交花"之句,为世人描绘了山东金乡张氏花园的富丽堂皇和高端雅致。绵延起伏的亭台楼阁,气势轩昂,堪比东晋世代豪门的谢氏庭园。张氏园亭既有四时风景璀璨,鸟语花香,又有高雅隐士,洪应明赞美之,大抵这也是他所企盼的和谐园林景色吧。而"野色更无山隔断,天光常与水相连"更是具有禅意的诗句,呈现出自然无碍、通彻明了的境界。

中国历代文人雅士通过欣赏山水园林的美好风光,感受大自然的勃勃生机和广阔深邃,追寻心灵的慰藉和自由的精神,从而寄托对人生的思考和领悟,以期得到生命的升华。

一七六

鹤唳雪月霜天①,想见屈大夫醒时之激烈②;鸥眠春风暖日,会知陶处士醉里之风流③。

【注释】

①鹤唳(lì):鹤鸣。唳,鹤鸣。也泛指鸟鸣。

②想见:推想而知。屈大夫:即屈原(约前340—约前278),名平,字原,战国时楚之大夫。学识渊博,明于治乱。初辅佐楚怀王,后为三闾大夫。主张修明法令,选贤任能,东联齐国,西抗强秦。遭到上官大夫、子兰、靳尚等人的忌恨,遂受谗去职。后襄王时被放逐,长期流浪于沅、湘流域。前278年,秦军攻破楚都郢,他看到

楚政治腐败，濒于危亡，自己又无力挽救，个人的政治理想无法实现，遂投汨罗江而死。著作有《离骚》《九章》等传世。醒时：屈原曾曰："举世皆浊我独清，众人皆醉我独醒，是以见放！"以此来表达因清醒地看到政治的腐败，国家的灭亡而痛苦的心情。

③陶处士：即陶潜（365—427），字渊明。一说名渊明，字元亮。品行高尚，洒脱不羁，博学善文章，为乡邻所敬重。著《五柳先生传》，自号"五柳先生"。曾为彭泽令，不愿为五斗米折腰，义熙二年（406），毅然辞官归隐田园，作《归去来赋》以明其志。隐居乡里，或耕稼，或饮酒，或吟咏，至死不仕。处士，本指有才德而隐居不仕的人，后亦泛指未做过官的士人。醉里：陶潜善饮，曾作《饮酒二十首》。序曰："余闲居寡欢，兼以夜已长，偶有名酒，无夕不饮。顾影独尽，忽焉复醉。既醉之后，辄题数句自娱。纸墨遂多，辞无诠次。聊命故人书之，以为欢笑尔。"

【译文】

野鹤在雪夜寒霜中鸣叫，由此可以推想屈原大夫清醒地面对政治腐败时的激烈；鸥鹭在和暖的春风里安眠，由此可知陶渊明归隐田园豪放醉饮后的风雅潇洒。

【点评】

慷慨赴义的屈原曾借渔父之口剖白心意："吾闻之，新沐者必弹冠，新浴者必振衣；安能以身之察察，受物之汶汶者乎！宁赴湘流，葬于江鱼之腹中。安能以皓皓之白，而蒙世俗之尘埃乎！"可见风刀霜剑严相逼的黑暗政治现实已使他彻底灰心失望，悲愤中自沉汨罗江。失意之人满眼看到的是黑暗的社会，悲惨的人生，感受到的是野鹤在雪夜霜天鸣叫的清冷寒凉，热情与豪气在一点点熄灭。不过，一旦从失意中走出，离开残酷的朝堂，远离政治纷争，远离名利束缚，像陶渊明一样投入田园归隐生活，"采菊东篱下，悠然见南山"，也许会感受到鸥鹭在和暖春风里安眠般的悠然自得。

一七七

黄鸟情多^①，常向梦中呼醉客；白云意懒，偏来僻处媚幽人^②。

【注释】

①黄鸟：鸟名。据说有两种，一种是黄莺，一种是黄雀。

②幽人：幽隐之人，隐士。

【译文】

黄鸟多情善感，常常呼唤沉浸在梦中的醉酒之人；白云随意慵懒，偏偏来到僻静的地方与幽居归隐之人相会。

【点评】

"黄鸟"，又名黄鹂、黄莺、仓庚等，是一种春季遍布我国大江南北的婉转啼鸣、美丽灵性的普通候鸟。从《诗经》以"黄鸟"为起兴，到后世诗歌中多次出现"黄鸟"这一富含意蕴的情感性意象，在大量的咏叹中，"黄鸟"所蕴含的情感逐渐丰富，不断演化为集咏春、感伤、思念、怀乡、离情、失意、忧国等多种情绪于一身的特殊意象，展示了文人墨客坎坷不平、波澜起伏的人生历程和内心感悟。宋代王安石在被贬居于金陵（今南京）半山园后，与邻居杨德逢唱和往来，并写出了著名的诗句："黄鸟数声残午梦，尚疑身属半山园。"黄鸟清脆的鸣叫唤醒了沉睡的王安石，也给他带来了别样的感触，恍惚间有了"梦里不知身是客"的感慨。

白云洁白无瑕，风姿清雅，自由不羁，高耸云天，遥不可及，是符合隐者自由洒脱天性的意象之一。南朝时的陶弘景是著名的医药家、炼丹家、文学家，隐于句曲山，人称"山中宰相"。齐高帝萧道成劝其放弃隐居林泉之举出山，因此下诏书问他："山中何所有？"他作诗答曰："山中何所有？岭上多白云。只可自怡悦，不堪持寄君。"从此悠悠的白云便与出尘幽居的隐者结下了不解之缘，成为隐者高洁品格的象征。

一七八

栖迟蓬户^①,耳目虽拘而神情自旷^②;结纳山翁^③,仪文虽略而意念常真^④。

【注释】

①栖迟:游息。蓬户:用蓬草编成的陋室。

②旷:开朗,心境阔大。

③山翁:居住在山间的老人。

④仪文:礼仪形式。

【译文】

游走停留在蓬门陋室,听力、眼界虽然受了限制但神情洒脱畅快;结识交往山间老翁,凡俗礼仪虽然简略但思虑意念常常真实。

【点评】

晚唐诗人贯休游居农村时,曾作《春晚书山家屋壁二首》,其一云:"柴门寂寂黍饭馨,山家烟火春雨晴。庭花蒙蒙水泠泠,小儿啼索树上莺。"其二云:"水香塘黑蒲森森,鸳鸯鸂鶒如家禽。前村后垄桑柘深,东邻西舍无相侵。蚕娘洗茧前溪渌,牧童吹笛和衣浴。山翁留我宿又宿,笑指西坡瓜豆熟。"柴门烟火、庭园繁花、水流潺潺、小儿嬉闹、蚕娘劳作、牧童笛声、老翁好客,为我们描画了古代农村生活的悠然自得、生机盎然和烟火气息。其中的"山翁留我宿又宿"之语,风趣自然,既体现了山翁的热情待客,也流露了诗人流连忘返的心情。洪应明在此处对农家简单宁静生活的描写,也寄托了他的生活理想和情趣。

一七九

满室清风满几月^①,坐中物物见天心^②;一溪流水一山云,行处时时观妙道③。

【注释】

①几:本义为古人席地而坐时有靠背的坐具,此指几案。

②物物:各种物品,各样事物。天心:本心,本性。

③妙道:至道。引申为自然界的微妙造化。

【译文】

满室清风满几月色,座中的每件物品都显示着大自然的本性;一溪流水一山云,行走途中时时可以观察到自然界的微妙造化。

【点评】

满室清风,皓月笼罩,一片恬静清冷中,静观世间万象,体悟自然的真谛。清澈流水,云霭绕山,行走于青山绿水间,感悟自然的微妙变化。清风朗月,流水行云,一动一静中,烘托出空灵出尘的禅意。而世人在此境界中,凭借其独特的生命体验和意趣情致,以自然景物为媒介,把浓厚的个人情感融入山水清音,感受自然,启发心智,探索生命的意义、自我的价值和宇宙的玄机,以达到与大自然融合交汇的高远境界。

一八〇

炮凤烹龙①,放箸时与齑盐无异②;悬金佩玉③,成灰处共瓦砾何殊④。

【注释】

①炮凤烹龙:形容菜肴的丰盛珍奇。语出唐李贺《将进酒》诗:"烹龙炮凤玉脂泣,罗屏绣幕围香风。"

②箸(zhù):筷子。齑(jī)盐:此指廉价的食材。齑,捣碎的姜、蒜或韭菜的细末。

③悬金佩玉：身上悬挂金饰，佩戴玉器。形容穿戴高贵奢华。

④瓦砾(lì)：破碎的砖头瓦片。砾，小石块，碎石。

【译文】

即便是炮炙凤烹煮龙这样的美味佳肴，吃完后放下筷子也与粗茶淡饭没有差异；活着的时候悬金戴玉，尸骨成灰时，这些金银珠玉与破碎的瓦砾又有什么不同呢？

【点评】

《道德经》曰："金玉满堂，莫之能守。富贵而骄，自遗其咎。功成名遂身退，天之道。"食甘啖肥，华服美饰，富贵荣耀在享受的当下，非常美好。但这种享受短暂且容易消失，尤其是功名利禄生不带来，死亦无法带走。

当一切繁华盛景成为残垣断壁，金玉满堂转眼成空，王谢堂前燕，也已飞入寻常百姓家，当年的繁华已与瓦砾无异了。正如汤显祖《游园惊梦》所言："原来姹紫嫣红开遍，似这般都付与断井颓垣。良辰美景奈何天，赏心乐事谁家院！"

一八一

扫地白云来，才着工夫便起障①；凿池明月入②，能空境界自生明。

【注释】

①障：障碍，佛教所谓烦恼。

②凿池：开凿池塘。

【译文】

刚刚打扫干净地面，白云就会投下影子，修养心性难免会遇到障碍；开凿了池塘，明月总会映照，精心修炼达到无我境界，自会心生光明。

【点评】

佛语云："竹影扫阶尘不动，月穿潭底水无痕。"与此处有异曲同工之妙。旨在说明修炼心性，心平气和，自体既明，不为外物所动。

刚刚扫除内心杂念，又有杂念滋生，心境无法保持常明。因此要"时时勤拂拭，莫使惹尘埃"。修身养性，即便烦恼不断，也要时时修为，消除心中魔障，远离七情六欲，使内心如一汪清水。自体既明，即使明月映照，水波不兴，内心不再起波澜，达到"本来无一物，何处染尘埃"的境界。内心清净澄澈，世间万物都无法撼动，从而自我顿悟，拥有智慧。

一八二

造化唤作小儿①，切莫受渠戏弄②；天地丸为大块③，须要任我炉锤④。

【注释】

①造化唤作小儿：造化小儿，语出《新唐书·杜审言传》："审言病甚，宋之问、武平一等省候如何。答曰：'甚为造化小儿相苦，尚何言？'"造化，指命运。小儿，小子，对人轻蔑的称呼。

②渠：他，它。

③丸：抟成丸形。

④炉锤：犹锤炼。

【译文】

命运之神是个顽劣孩童，千万不要受他的戏弄；天地可以抟成大块，必须任我敲打锤炼。

【点评】

天道难测，造化弄人，李白亦云："穷通与修短，造化夙所禀。一樽齐死生，万事固难审。"命运即使难以掌控，也不能任凭命运捉弄，而是坚定信念与其抗争,在千锤百炼中成就自我。越王勾践卧薪尝胆终不悔,左丘明盲视而为《春秋》作传,苏武牧羊持节守志,这些青史留名的英雄们,都曾受到命运的残酷考验,但他们奋起抗争,以常人难以企及的毅力书写了光辉灿烂的人生篇章。

一八三

想到白骨黄泉①,壮士之肝肠自冷;坐老清溪碧嶂②,俗流之胸次亦开③。

【注释】

①黄泉:指人死后埋葬的地方,阴间。

②坐老清溪碧嶂:在绿水青山中长久停留。坐,居留,停留。老,历时长久。碧嶂,青绿色如屏障的山峰。

③胸次:胸间。亦称胸怀。

【译文】

想到人生最终只剩累累白骨命归黄泉,壮士的豪情自然冷却;在绿水青山中长久停留,被尘俗沾染的胸襟就会逐渐开阔。

【点评】

洪应明从预见生命的终结,来思考生命的本质,认为既然死亡是人生的必然,壮士贤才的结局不免黄土埋身,功名勋业,荣耀富贵,最终黯然逝去,成为一场虚无。既然如此,历尽磨难,饱经忧患,争权夺利,生死相搏的人生,又有什么意义?满腹豪情又怎能不心灰意冷?这样的幻灭和虚无感,否定了人生拼搏的意义。可是,在晚明动荡的历史背景下,洪应明也无力开出改变现实的良方,只能在人生挫败后选择归隐。面对碧水青山,凝思静心,感受天地广阔宏大,超脱尘世牵绊,抑制内心俗念,在山水泉林间追寻悠然自得的人生境界。

一八四

夜眠八尺，日啖二升^①，何须百般计较？书读五车^②，才分八斗^③，未闻一日清闲。

【注释】

①啖（dàn）：吃。

②书读五车：语出《庄子·天下》："惠施多方，其书五车。"古人以竹简木牍为书，读的书能装五车，比喻读书之多，学问之大。

③才分八斗：同"才高八斗"。《南史·谢灵运传》："天下才共一石，曹子建独得八斗，我得一斗，自古及今共用一斗。"后用"才高八斗"比喻文才高超的人。

【译文】

夜晚睡觉只需要八尺长的床榻，每天只能吃二升粟米，对世事又何必百般计较呢？即使书读五车，才高八斗者，也未听说他们有一日的清闲。

【点评】

《增广贤文》载："良田万顷，日食三升；大厦千间，夜眠八尺。"劝诫人们，若一日三餐可饱腹，一张床榻足供睡眠，那么拥有再多的财富也只是满足过度膨胀的物质需求，又何必千方百计，处处筹谋去占得广厦千间、良田万顷？

才华横溢的文人贤士，也会遭受名利负累，为案牍之事而劳神劳形，不得享受片刻清闲。而他们一旦汲汲于功名，又难逃厄运之险。七步成诗的曹植，《诗品》中把他列为品第最高的诗人。清初诗人、诗词理论家王士祯尝论汉魏以来二千年间诗家堪称"仙才"者，认为只曹植、李白、苏轼三人而已。曹植虽文采风流，但是卷入曹魏嫡位之争，因豪放不羁的行径失去了曹操的信任，后又被魏文帝曹丕所防范，屡次徙封，成为被王权打击的对象。直至魏明帝曹叡继位，曹植满腔的报国热情依然无法施展。太和六年(232),又一次被改封陈王。长期的失意使曹植郁郁寡欢,在悲愤与遗憾中离世。一代天才的陨落,令人唏嘘。

　　曹植颇具悲剧色彩的一生,跌宕起伏,既有性格的缺陷,又因积极入世的政治执念,使他始终无法彻底从朝堂中抽离。所幸还有《洛神赋》,成为他惊世绝艳才华的证明。

概论

一八五

君子之心事天青日白①,不可使人不知;君子之才华玉韫珠藏②,不可使人易知。

【注释】

①天青日白:即"青天白日",指大白天。比喻明显的事情或高洁的品德。

②玉韫(yùn)珠藏:泛指把美玉珠宝严密收藏起来。比喻掩藏才智。韫,收藏,蕴藏。

【译文】

君子内心的想法,像青天白日一样明了高洁,没有一点不可告人之事;君子的才华,要像藏匿珍贵的美玉珠宝一样,不能让人轻易知道。

【点评】

"君子坦荡荡,小人长戚戚。"一个有着高深修养的君子,他的心地像青天白日一般光明、坦荡,不会尔虞我诈,欺世盗名。不过身处尘世太久,君子也需要时刻审视内心,莫使心灵蒙尘。

具有才华能力的人,往往容易自恃才高,锋芒毕露,被统治阶层忌惮。对于君子而言，为保全自身，韬光养晦，低调行事，才是明智之举。历史上因为才华出众被猜忌遭陷害的例子不胜枚举，比如西汉初年的贾谊，才华出众，他提出重农抑商等政策，获得文帝赏识，欲提拔他担任公卿之职，却遭绛侯周勃等人排挤。他们纷纷向文帝进言，诽谤贾谊。汉文帝因此逐渐疏远贾谊，并于文帝四年（前176），外放贾谊为长沙王太傅。贾谊的遭遇警示后人，要学会明哲保身，韫玉藏珠，遇治则仕，遇乱则隐，静待时机再展抱负。

一八六

　　耳中常闻逆耳之言①，心中常有拂心之事②，才是进德修行的砥石③。若言言悦耳，事事快心④，便把此生埋在鸩毒中矣⑤。

【注释】

①逆耳之言：刺耳令人不悦之语。《孔子家语·六本》：“良药苦于口而利于病，忠言逆于耳而利于行。”

②拂心：违逆其心意。

③砥（dǐ）石：细的磨刀石。

④快心：称心，谓感到满足或畅快。

⑤鸩（zhèn）毒：毒药，毒酒。鸩，传说中的一种毒鸟，以其羽毛浸酒，饮之立死。

【译文】

　　耳中常常听到刺耳的话语，心中常有不顺心的事，这才是修养品德增益心性的历练。如果听到的每句话都悦耳，遇到的每件事都称心，那就是将自己的一生埋葬在毒酒中了。

【点评】

《夜航船·选举部·谏官》载:"沛公见秦宫室之富,欲留居之。樊哙谏曰:'凡此奢丽之物,皆秦所以亡也,公何用焉? 愿还灞上。'不听。张良曰:'忠言逆耳利于行。'乃还。"樊哙规劝刘邦不要被秦朝宫殿的奢华迷惑,刘邦听不进去劝告,张良于是感慨忠诚的谏言往往是刺耳的,却能帮助人匡正错误,保持良好品德。

宋张载《正蒙·西铭》言:"贫贱忧戚,庸玉汝于成也。"指出艰难困苦,忧虑悲戚方能成就一个人。正如《孟子·告子上》所言:"天将降大任于斯人也,必先苦其心志,劳其筋骨,饿其体肤,空乏其身,行拂乱其所为,所以动心忍性,增益其所不能。"并举例说舜、傅说、胶鬲、管夷吾、孙叔敖和百里奚等人,在成就一番事业之前,无不经历了生活的磨练。

悦耳愉心,只是暂时的欢乐,它不仅是腐蚀品德的毒药,还是树立宏大志向,磨练顽强意志的障碍。因此,在修炼品德的道路上要时时警惕,慎始慎终。

一八七

疾风怒雨,禽鸟戚戚①;霁月光风②,草木欣欣。可见天地不可一日无和气③,人心不可一日无喜神④。

【注释】

①戚戚:忧惧的样子。

②霁(jì)月光风:指雨过天晴时的明净景象。用以比喻人的品格高尚,胸襟开阔。霁,泛指风霜雨雪停止,天气晴好。光风,雨止日出时的和风。

③和气:古人认为天地间阴气与阳气交合而成之气,万物由此"和气"而生。《老子》:"万物负阴而抱阳,冲气以为和。"

④喜神:迷信指吉祥、喜庆之神。

【译文】

狂风暴雨中,飞禽走兽惶恐不安;晴天丽日下,花草树木欣欣向荣。由此可知,天地之间不可以一日没有祥和之气,人世间不可以一日没有喜庆之神。

【点评】

中国传统文化讲求以和为贵。《论语·学而》云:"礼之用,和为贵。"孔子认为礼仪之道,以和为贵,而外交、人事、人际关系等,也莫不如是。

曾国藩早年在京任职期间脾气暴躁,待人严苛,常与人起争执。人际交往中的不顺畅也间接影响了他的心情、生活和事业的发展。他对自己的行为进行了反思:"龃龉之后,人反平易,我反悍然不近人情。……恶言不出于口,忿言不反于身,此之不知,遑问其他?谨记于此,以为切戒。"曾国藩在治理湘军时,秉持着诚与和的原则,宽厚待人。为了消除身份带来的隔阂,拉近与部属的关系,他经常在军营中与部下一起吃饭,围坐聊天时,也会讲笑话逗趣。咸丰十一年(1861),李秀成率兵进逼曾国藩大营,形势危急,军营中有些人持观望态势,曾国藩随即传令下去:"贼势如此,有欲暂归者,支给三月薪水,事平仍来营,吾不介意。"曾国藩的善解人意稳定了军心。当时人评价曾国藩、左宗棠、李鸿章三人:左帅严,人不敢欺;李帅明,人不能欺;曾公仁,人不忍欺。

家和万事兴,人和万事顺,天地祥和则万物生长,万物生长则生机益然。大自然的勃勃生机,会减少人内心的暴虐,滋养宁静的心田。而人心平和,喜乐自会相伴,福泽得以绵延,整个社会也会变得和谐安宁。

一八八

酽肥辛甘非真味①,真味只是淡;神奇卓异非至人②,至人只是常。

【注释】

①酦（nóng）：味浓的酒。肥：肉肥美。辛：五味之一，指辣味。借指葱、蒜等含有辛辣味的菜蔬。甘：甜美。真味：食物本来的味道。西汉刘安《淮南子·主术训》："肥酦甘脆，非不美也，然民有糟糠、菽、粟不接于口者，则明主弗甘也。"

②卓异：卓越，优异，不同于众。至人：旧指思想或道德修养最高超的人。

【译文】

浓烈、肥美、辛辣、甘甜并不是真正的滋味，真正的滋味是清淡；神奇、卓越者并不是真正的完人，真正的完人从来都是普通人。

【点评】

苏轼的"人间有味是清欢"，颇富哲理，一个"清"字，概括了历经世间百味后的清逸淡雅。无独有偶，汪曾祺先生也曾写过一本名叫《淡是最浓的人生滋味》的随笔集，讲述了他从小学到西南联大的个人经历以及身边出现的形形色色的人物。书中用朴实的语言记叙他所感受到的生活：他的世界是花木繁盛，是读书创作，是品味人事，是繁华尽处的一抹清宁，淡然淳朴，真实自然。

正如洪应明所说，酦肥辛甘的滋味、神奇卓异的人物，都只是特殊的存在。平凡琐碎的日子，孕育着生活的真滋味，而这正是浓烈之后的生活本真。大多数普通人，在经历世事变迁后，仍努力去实现自己的理想和目标，培养品格与气节，成为能品味人生滋味的平凡生活中的勇者。

一八九

夜深人静，独坐观心①，始知妄穷而真独露②，每于此中得大机趣③。既觉真现而妄难逃，又于此中得大惭忸④。

【注释】

①观心：观察心性。佛教以心为万法的主体，无一事在心外，故观心即能究明一切事（现象）理（本体）。《十不二门指要钞》上："盖一切教行，皆以观心为要。"

②妄：虚妄，不实。真：为佛教观念，与"妄"相对。指永恒存在的实体、实性。

③机趣：犹天趣、风趣。此指对生命本真的领悟。

④惭忸（niǔ）：惭愧。

【译文】

夜深人静时，独坐省视内心，才知道只有去除虚妄不实才能将自己的本性显现，每每在这种时候才能获得对生命本真的体悟。当察觉到自己的真实本性，使虚妄不实难以逃遁时，又会在此过程中因不时出现的虚妄不实而感到羞愧。

【点评】

《孟子·告子上》云："则其旦昼之所为，有梏亡之矣。梏之反覆，则其夜气不足以存。夜气不足以存，则其违禽兽不远矣。"古人喜欢静夜凝思，反复思量善良或恶念的问题，以此寻找本真，存养夜气。若本性不被白天的利欲沾染，则良知被保存；如果本性为利欲梏桎，则会丧失良知。何为"夜气"？朱熹认为，夜气即平旦之气，就是"未与物接之时清明之气也"，平旦之气是没有沾染利欲的良知。王阳明则认为，普通人、学者、圣人对夜气存养存在三种不同的境界：普通人在夜间摆脱了外物的影响，可以清醒深刻地反省自身的行为意识，利于道德思想的存养；学者能用功学习，就可以时时存养夜气，按照道德准则行事；圣人本性高洁，外物无法沾染，如孔子就不需要存养夜气。总之，"夜气"是人的一种反思能力，通过反思，拂净沾染心灵的尘埃，祛除梏桎心灵的阴翳，寻找清净澄澈的自我本体。即便偶有妄念滋生，烦恼障碍，但是寻找真我的过程，就是一个不断知耻而勇的过程，也是获取人生意趣的自在生涯。

一九〇

　　恩里由来生害，故快意时须早回头①；败后或反成功，故拂心处切莫放手②。

【注释】

①快意：称心如意，得意。

②拂心：不称心，违逆心意。

【译文】

　　恩惠里向来容易产生灾祸，所以畅意快乐时需要趁早回心转意；失败后或许反而容易成功，因此即便暂时不如意也不要轻易放弃。

【点评】

　　得意时及早回头，失败时切莫灰心，这是人们在长期社会实践中积累的经验之谈。隋唐之际的名将李靖为唐太宗李世民所救，一生追随他，建功立业，带领唐朝军队平定两湖、两广、吴越，击灭东突厥，远征吐谷浑，历任兵部尚书、尚书右仆射等职，时称"出将入相"之全才。因为战功赫赫，招致他人污蔑与陷害。他深知帝王之宠并不长久，于是放下权柄，"乃阖门自守，杜绝宾客，虽亲戚不得妄进"。李靖选择急流勇退，以此消除唐太宗的猜忌。但是，他并没有在困境中意志消沉，当唐太宗召唤他参与进攻朝鲜的战役时，他依然积极响应。此举得到唐太宗的信赖，得以安享晚年。

一九一

　　藜口苋肠者①，多冰清玉洁②；衮衣玉食者③，甘婢膝奴颜④。盖志以淡泊明⑤，而节从肥甘丧矣⑥。

【注释】

①藜（lí）口苋（xiàn）肠：指以藜、苋等野菜为食物，借指贫苦的生活。藜，也称灰藋、灰菜。一年生草本植物。嫩叶可食，老茎可为杖。苋，一年生草本植物。嫩苗可作蔬菜。贫苦人家常以藜、苋充饥，故有此称。

②冰清玉洁：像冰一样清明，玉一样纯洁。比喻人品高尚、纯洁，做事光明磊落。

③衮（gǔn）衣玉食者：此指达官贵人。衮衣，古代帝王及上公穿的绘有卷龙的礼服。借指帝王或上公。玉食，精美的食品。

④婢膝奴颜：意同"奴颜婢膝"。指表情和动作奴才相十足。形容对人拍马讨好卑鄙无耻的样子。奴颜，奴才的脸，满面谄媚相。婢膝，侍女的膝，常常下跪。

⑤志以淡泊明：语出诸葛亮《诫子书》："非澹泊无以明志，非宁静无以致远。"淡泊，同"澹泊"，清静寡欲。

⑥节从肥甘丧：晋葛洪《抱朴子·微旨》："知饮食过度之畜疾病，而不能节肥甘于其口也。"此处化用其意，指人之节操因不能节制其贪图享受的欲望而沦丧。

【译文】

甘于贫苦生活者，大多品节高尚纯洁；追求华服美食者，甘于谄媚卑微地活着。因为淡泊不追求名利才能凸显志向，而沉溺于优裕生活享受的人，品节会因此而丧失殆尽。

【点评】

克勤克俭是中华民族的传统美德。《尚书·大禹谟》云："克勤于邦，克俭于家。"意在赞美大禹在国事上刻苦勤勉，在生活上勤俭节约。据《左传·庄公二十四年》载，鲁庄公把庙堂的柱子涂上红漆，在椽子上雕刻花纹，这都是奢侈不合礼法的事情。大夫御孙劝谏他说："俭，德之共也；侈，恶之大也。"认为节俭是公认的大德，奢侈是大恶的行为，这是从礼法和道德的高度来看待节俭问题。魏徵也曾劝谏唐太宗"居安思危,戒奢以俭",以期长治久安。《新五代史·伶官传》序言中甚至提出"忧劳可以兴国,逸豫可以亡身"之说。更有甚者,五代时后晋高祖石敬瑭,为了一己私欲,为了富贵权力,向契丹求助,虽得以登临帝位,但他卑事契丹,出卖国家利益,割让燕云十六州给契丹,使北方百姓失去国家庇护,沦为外族的牺牲品。石敬瑭也被称为"儿皇帝",成为历史的罪人。

满足于粗茶淡饭的简朴生活之人,已摆脱了名利的桎梏。贪图物质享受的人,沉溺于锦衣华服,贪图口舌之欲,为获取名利,往往丧失道德底线。所以说,粗食者志坚,华美者心卑。

一九二

面前的田地要放得宽①,使人无不平之叹;身后的惠泽要流得长②,使人有不匮之思③。

【注释】

①田地:地方,处所。此指心田、心胸。

②惠泽:恩泽,德泽。

③不匮(kuì):不竭,不缺乏。

【译文】

生前要宽容大度,让他人没有不平的抱怨;死后的恩泽要长远,让他人有长久的思念。

【点评】

《孝经·开宗明义》言:"立身行道,扬名于后世,以显父母,孝之终也。"鼓励人们磨砺德行,建功树名,显耀家族,彰显孝道。辛弃疾亦言:"了却君王天下事,赢得生前身后名。"可见,崇尚声望,爱惜名声,是人们实现生命价值的追求。若要在世间留下美名，还需要具备高尚的品格，仁爱恻隐之心，公平的处事态度，无私的奉献精神，宽宏大度的胸襟，高远的眼界。唯有如此，才不致遭受批评、攻讦和埋怨，为身后留下绵延不息的福泽和美誉。东晋名臣陶侃，曾为稳定东晋政权立下丰功伟绩。尽管权重势威，声名显赫，他仍勤勉政务，希望积累寸功以留名于世。他曾言："大禹圣人，乃惜寸阴，至于众人，当惜分阴。岂可但逸游荒醉，生无益于时，死无闻于后，是自弃也！"（《资治通鉴·晋纪十五》）

一九三

　　路径窄处①，留一步与人行；滋味浓的，减三分让人嗜。此是涉世一极乐法②。

【注释】

　　①路径：道路。

　　②极乐：佛经中的极乐世界指阿弥陀佛所居住的国土，俗称西天。佛教徒认为居住在这里，就可获得一切欢乐，摆脱人间一切苦恼。此处"极乐"意指诸事具足圆满。

【译文】

　　道路狭窄的地方，给别人预留地方能够行走；滋味浓郁的食物，谦让三分与他人品尝。这是处理诸事能够具足圆满的一个方法。

【点评】

　　狭路相逢，不是争先恐后，而是谦虚礼让，使双方都有充裕的空间，得以安全行进。美味的食物，不是独享，而是预留三分与他人分享。如此就可以减少纷争、危险和摩擦，形成宽和谦让的社会氛围。恭谨礼让是道德修养的基础，如果人人懂得谦卑为上，礼让为先，先人后己，克制理性地处理人际关系，就可能化干戈为玉帛，转劣势为优势。而且遵礼循节若成风尚,民风会逐渐淳朴,社会也会和谐安定。

一九四

作人无甚高远的事业,摆脱得俗情便入名流①;为学无甚增益的工夫②,减除得物累便臻圣境③。

【注释】

①俗情:世俗的情感。名流:知名人士,名士之辈。

②为学:做学问,治学。《老子》:"为学日益,为道日损。"增益:增加,增添。

③物累:为外物所拖累。臻(zhēn):到,达到。圣境:宗教信徒所向往的超凡入圣的境界。此指为学、修身能够达到的至高境界。

【译文】

做人并不需要建立多么高大宏伟的功业,只要能摆脱世俗情感就可以跻身名流之辈;做学问并没有什么增益的办法,消除了物质束缚就能到达超凡入圣的境界。

【点评】

明代晚期,士林名流中最为人称道的是东林党人。他们开坛讲学,宣传儒教,针砭时政,品评官吏,要求政治清明,广开言路,整顿吏治,革除朝野积弊,肃清权贵贪污腐败的不法行径。这些积极的政治主张赢得当时社会的广泛认可与支持,但与阉党的权益相冲突,两者因政见分歧斗争越演越烈,最终发展演变成明末激烈的党争局面。高攀龙作为"东林八君子"之一,与顾宪成兄弟创建了东林书院。他的名望虽然没有顾宪成那么显赫,也未建立轰轰烈烈的伟业,但是无论在朝为官,还是隐居讲学,他都以品格高尚、学识渊博、为官清廉、不畏权贵而著称。他提倡"治国平天下"的"有用之学",时刻关注国家的命运,关心百姓的生活,把"治国平天下"看作是格物致知和个人道德修养的必然。因此后人评价他"居与游无出乎家国天下"。

一九五

宠利毋居人前^①,德业毋落人后^②,受享毋逾分外^③,修持毋减分中^④。

【注释】

①宠利:恩宠与利禄。

②德业:德行与功业。

③受享:享受,享用。

④修持:修身守道。

【译文】

追逐恩宠与利禄不要抢在人的前面,德行与功业不要落在人的后面,享受物质不要超出限度,修身守道不要降低分毫。

【点评】

此处洪应明提出"四毋"之说,从名利、德行、享用、修身出发,劝诫世人不要汲汲于名利,不要忘记品德修养,不要过度追求物质享受,不要降低品德修养的标准。

儒家一直推崇进取哲学,鼓励文人士子崇德重道,在历史舞台上施展才华以实现政治理想。因此肯定对名利的正当追求,要求权势利益要得之有道。而且,德行的修持永远重于功名利禄。坚持德业修为,是个人构建道德体系的具体表现,这一过程充满了自我突破、探寻真我本性的充实和愉悦。

一九六

　　处世让一步为高，退步即进步的张本[①]；待人宽一分是福，利人实利己的根基。

【注释】

　　①张本：作为伏笔而预先说在前面的话，为事态的发展预先做的安排。

【译文】

　　为人处世懂得谦让才算高明，退步正是为进步做的准备；与人相处宽厚一分是福气，利人其实是为利己打下根基。

【点评】

　　谦恭礼让和仁爱宽和是中华民族的传统美德，也是为人处世的法宝。东汉时期，颍川郡太守寇恂与名将贾复又一次上演"将相和"。寇恂才干出众，政务突出，顾全大局又处事灵活。为了严明法纪，寇恂斩杀了贾复的部下。贾复得知此事后勃然大怒，认为寇恂有意为难，决定不轻易放过他。寇恂意识到贾复怒气难消，为避免发生冲突，采取冷处理，不与贾复见面。后来光武帝刘秀亲自出面设宴调解，他希望贾复深明大义，摒弃个人私怨，以统一天下为己任。经过劝说，贾复冰释前嫌，二人握手言和，同心协力，匡助汉室复兴。

　　《了凡四训》记载，明英宗正统年间，邓茂七在福建一带造反。张楷奉命去剿匪，他巧用计谋捉住了邓茂七。张楷又派福建布政司的一位谢都事去抓捕剩余的匪徒，要求他捉到就杀。谢都事为防错杀百姓，积极寻找依附贼党的名册，查到凡未记录在名册的人家，就私下给他们一面白布小旗，并约定搜查贼党的那一天，只要看到门口挂有白旗的就是清白人家，官兵不得滥杀。因为谢都事的仁慈之举，被这面白旗保护的一万多人避免被杀。后来谢都事的儿子谢迁高中状元，官至宰相，孙子谢丕也高中探花,成为一时美谈,民间认为这也是他积善积福的回报。

一九七

盖世的功劳①,当不得一个"矜"字②;弥天的罪过③,当不得一个"悔"字。

【注释】

①盖世:谓才能、功绩等高出当代之上。

②矜(jīn):自夸,自傲。

③弥天:满天,极言其大。

【译文】

即便有盖世的功劳,也抵不过一个"矜"字,居功自傲,最终会徒留祸患;弥天的大罪,抵挡不住一个"悔"字,真心忏悔,积极改过,也会将功补过。

【点评】

功名盖世的高官显爵,拥有显赫的权势和地位,行事更需谦虚谨慎,避免因为骄矜自傲和桀骜不驯而招致灾祸。三国时期曹魏名将邓艾,出身士卒,依靠自己的才华和能力在战争中逐渐成长起来,成为具有战略头脑的杰出将领。他最大的功绩就是在与姜维周旋交战的数十年间,从未失败。尤其偷渡阴平一役,邓艾带领士兵以毡自裹,从山道翻落,成功跨越蜀道天险,成为我国战争史上奇袭入川的最成功的战役。邓艾入蜀后,接受了蜀汉刘禅及属官的投降,为消灭蜀国立下了功勋。但是,他居功自傲,擅自分封官员,被野心勃勃的统帅钟会抓住机会,向司马昭诬告其有谋反的意图。于是,朝廷诏令监军卫瓘逮捕邓艾父子,押送回洛阳,后被卫瓘派人杀害于归返途中。一代名将,终因一时的矜功自伐而陨落。

《世说新语·自新》载,周处年轻时横行乡里,被当地人视为与猛虎、蛟龙并列的"三害",而尤以周处最为厉害。有人劝说周处去杀虎斩蛟,在周处勉力杀死老虎和蛟后,却得知当地百姓因为听到他的死讯而庆贺,遂有了悔改之意。在吴郡,跟随陆机、陆云求学,改过自新,入宦之后颇有政绩,终成西晋一代名臣。

一九八

完名美节^①,不宜独任,分些与人,可以远害全身^②;辱行污名,不宜全推,引些归己,可以韬光养德^②。

【注释】
①完名美节:完美的名节。
②远害全身:远离祸害,保全自身。全身,保全生命或名节。
③韬光养德:敛藏光采,涵养德性。韬光,敛藏光采。养德,修养德性。

【译文】
完美的名节,不要一个人占有,分些给别人,可以远离祸害保全自身;耻行污名,不要全推给别人,分一些自己承担,可以收敛光芒修德养性。

【点评】
《史记·赵世家》言:"夫有高世之名,必有遗俗之累。"杰出人士,声名远扬,他们拥有鄙弃世俗之心,从而被社会所不容,招致评议和非难。因此,完美的名声,若是独享,盛名太过,反而成为人生的负累。莫若通过谦让的方式,与他人共享名望所带来的利益,反而会避免危险,保全自身。

历史上一些功高震主的重臣名将,在招致他人的嫉妒、猜忌或陷害时,有时通过自污名节的方式去规避危险。例如秦国大将王翦,追随秦王嬴政统一六国,功勋赫赫。为了打消秦王嬴政的猜疑,他在攻打赵国之际,多次主动索要良田和豪宅,周围人都认为他依仗功绩为自己敛财。其实王翦深知掌握的权势太重,建立的军功无人可及,恐无法在朝堂立足。

在带兵攻灭燕国之后,王翦主动放弃了统一六国的政治理想,放下权柄,解甲归田,远离权力和政治的漩涡。而王翦的急流勇退,污名自保,不失为处世的一种良策。

一九九

事事要留个有余不尽的意思,便造物不能忌我[1],鬼神不能损我。若业必求满,功必求盈者[2],不生内变,必招外忧。

【注释】

①造物:旧时以为万物是天造的,故称天为"造物"。忌:憎恨,妒忌。

②盈:圆满,无残缺。

【译文】

事事不求圆满,要留有余地,这样即使万能的造物主也不会忌恨我,鬼神也不会伤害我。如果事业、功德必求圆满,即使不因此发生内乱,也会招致外忧。

【点评】

常言道:出言有尺,嬉闹有度,做事有余,说话有德。在个人修养中,注重做事留有回旋的余地,不可求全、求满。《格言联璧·接物类》言:"处事须留余地,责善切戒尽言。"清朱柏庐《治家格言》亦云:"凡事当留余地,得意不宜再往。"在社会生活中,需要保持和谐融洽的人际关系,不可处事极端,以至于过犹不及。

《吕氏春秋·不苟论》曰:"全则必缺,极则必反,盈则必亏。"世间没有绝对完美的事物,认识到事物的有限性,才能更理性地待人处事。即便追求功名利禄,也无须苛求一份圆满的功业。只有对事物保持清醒的认知,才能在事态的发展演进中,内敛低调,保全自我。否则,错失急流勇退的良机,以致忧患丛生,不得善终。

二〇〇

家庭有个真佛①，日用有种真道②，人能诚心和气、愉色婉言③，使父母兄弟间形体两释、意气交流④，胜于调息观心万倍矣⑤。

【注释】

①真佛：真正的智者。

②日用：日常，平时。真道：犹真理，旧时常指道教或其他宗教的教义。

③愉色婉言：使神色和悦、言辞委婉。

④形体两释：指彼此间不拘形迹，无所顾忌。形体，身体。意气交流：人与人之间能够心意互通，互相影响。此指彼此间志趣、性格相投。

⑤调息观心：道家养生之法。即先调匀鼻孔中的呼吸，然后眼观鼻、鼻观心，以此调养身心，究明事理。

【译文】

家庭中有个智者，日常生活也遵循真道，如此人人能够诚心诚意、和颜悦色、言语委婉，才可以使父母兄弟之间没有隔阂，志趣性格相投，这样的效果比道教的静坐调息观心自省要好上一万倍。

【点评】

明初儒释道三教合流的思潮，是对封建礼教下的统治秩序的维系。经过明代中期的发展、演变，至晚明而蔚然成风。士大夫既秉承传统儒学教育，奉行治国平天下的入世哲学，维护儒学的价值体系，又崇佛重道，积极宣扬佛道妙义，高举三教合流的大旗。

儒释道三教合流之后，进一步向世俗化演进，从而使这一思潮更加深入民间，崇佛尊道成一时风气，对明朝中晚期各个阶层都产生了不同的影响。士大夫皈依佛门，高门大族中的妇女、子弟纷纷拜高僧为师，把与僧道相交作为一时之风雅。明人蒋德璟评论晚明的士大夫"无不礼《楞严》,讽《法华》,皈依净土"。儒释道世俗化,使空寂玄远的佛道义理逐渐沾染尘世人情意味,儒教也从程朱理学的"存天理灭人欲"回归到寻找"良知"。同时佛教伦理与儒家孝道观逐渐融合,认为父母即佛,尽孝就是礼佛,如明陶奭龄认为:"堂前有活佛,即是汝辈之敬田;坐上有穷亲,即是汝辈之悲田。"父母就是活着的真佛,照顾他们与贫穷的亲戚就是供奉佛祖、布施善心。

　　儒释道对孝道观念的认可,使家庭为单位的崇佛重道更加风行。真正的道义并不一定要舍近求远,它们贯穿于日常生活的点点滴滴,实现的方式不再局限于静坐、吐纳、观心等内容。因家庭有了真正的信仰,一家人真诚、和睦相处,父慈子孝,毫无隔阂,并在相同志趣的基础上,获得思想上的启发,从而领悟真正的妙法高义。

二〇一

　　攻人之恶毋太严①,要思其堪受②;教人以善毋过高,当使其可从。

【注释】

①攻:指责。毋:不要。

②堪受:能够接受。堪,能够,可以。

【译文】

指责别人的过错不要过于苛刻,要考虑对方能否接受;教导别人行善不能要求过高,应当使其能够遵从。

【点评】

批评他人和诲人为善都需要掌握分寸,令人容易接受。

《论语·卫灵公》曰:"躬自厚而薄责于人,则远怨矣。"大意是说多责备自己少责备别人，就可以避免别人的怨恨。儒家提倡"推己及人"，要设身处地为他人着想，尊重他人，自己都无法承受的严词厉行、疾风骤雨式的教诲方式，就不要施加在其他人身上。即使其他人犯了错误，也要考虑他们的承受能力，以适度柔性的方式给予批评指正，使他们感受春风化雨般的教诲。

积德向善，是个人修为的重要内容，需要通过自我修炼和道德教化来完成。但是至善的境界，是一个理想境界，只有极少数道德完善、意志坚定、严格自律的人才能够到达。一般情况下，心性淳厚、慈爱谦恭、救贫抚寒、积善修德等行为，就是善。教诲他人为善不宜过于苛刻和生硬，目标过高，就会使其无法企及。对于大多数人而言，从客观条件出发，自觉承担社会责任和道德追求，力所能及地向善、为善，这即是自我的道德修为。

二〇二

粪虫至秽，变为蝉①，而饮露于秋风②；腐草无光，化为萤③，而耀采于夏月。故知洁常自污出，明每从暗生也。

【注释】

①粪虫至秽，变为蝉：蝉之幼虫名蛴螬，古人多认为其"生积粪草中"。

②饮露于秋风：古人认为蝉居住枝头，食干净的露水，不食人间烟火，其所喻之人品，自是高洁的象征。《淮南子·说林训》："蝉饮而不食，三十日而脱。"

③腐草无光，化为萤：《礼记·月令》："季夏三月，腐草为萤。"事实上，腐草变化为萤虫是古人的错误认识，萤火虫一般在水边的草根上产卵，次年草蛹化为成虫即为萤火虫。

【译文】

粪堆里的小虫最为污秽不堪，但是蜕变为蝉后，却在秋风中吸食甘露；腐败的草堆暗淡无光，但化为萤火虫后，却在夏夜发出点点荧光。由此知道高洁的东西常从污秽中产生，光明每每从黑暗中产生。

【点评】

此处以蝉与萤譬喻，歌颂高洁的品格和气节。

历代吟诵蝉的诗歌很多。"初唐四杰"之一的骆宾王，因上疏论事触忤武则天，遭人诬陷，以贪赃罪名被下狱。在狱中，他听见蝉的悲鸣，想象它振翅高飞、露重风急难以前进的情形，仿佛看到了遭人构陷而无力自白的自己，于是写下《在狱咏蝉》诗："露重飞难进，风多响易沉。无人信高洁，谁为表予心？"唐代诗人虞世南笔下的《蝉》云："垂绥饮清露，流响出疏桐。居高声自远，非是藉秋风。"则表达了志向宏大之人依靠自身的品格和修养，书写着属于自己的清高和孤傲。

"腐草为萤"的传说，代表着凤凰涅槃的新生；"集萤映雪"，刻画着学子的勤学不辍。而萤火虫"在晦能明"的特质，更被用以比喻忠贞之臣。司空图生活在晚唐动荡乱世，没有力量与现实抗衡，只能在山野隐居，他以诗文排遣内心愤郁之情，写下《避乱》一诗："离乱身偶在，窜迹任浮沉。虎暴荒居迥，萤孤黑夜深。"以暗夜萤火虫孤单无援的形象，来比喻自己身处动荡不安的环境中，依然忠贞不屈的高尚气节。

蝉和萤火虫本是普通生物，随着古代知识分子不断将高洁孤傲、志向远大等精神内涵附着于它们，蝉与萤超脱了生物形态的意义，逐渐成为古代文学中表现立志高远、忠贞不屈的意象。

二〇三

矜高倨傲①，无非客气②，降服得客气下而后正气伸③；情欲意识，尽属妄心④，消杀得妄心尽而后真心现。

【注释】

①矜（jīn）高倨（jù）傲：矜持骄傲，桀骜不驯。矜，骄傲。倨，傲慢
不逊。

②客气：谓言行虚骄，并非出自真诚。

③正气：充塞天地之间的至大至刚之气。体现于人则为浩然的气
概，刚正的气节。

④妄心：佛家语，指妄生分别之心。

【译文】

骄矜、自傲，这些都是虚骄之气，降服了虚骄之气，浩然正气才能得
到伸张；情欲、意识，全都属于虚妄之心，消除了虚妄之心，真实之心才会
显现。

【点评】

天地间的浩然之气恢宏充盈，盛大刚正。孟子认为，用正义去培养
而不是损害它，它就会充满天地之间。要获取这种浩然之气，就需要符
合天理道义。而且，浩然之气不是偶然行为获取的，只有持之以恒的仁
义道德修养才能生成。若行为违背天理道义，这种气就会逐渐消亡。骄
傲自大之人，目空一切，狂傲不羁，看似拥有一腔意气，但这是虚骄之气，
并非浩然正气，无助于修德养性，也不符合仁义道德。因此，控制情绪，
降服内心的骄矜自傲，不意气用事，才能逐渐培养浩然之气。

《四十二章经》云："勿起妄念，如牛负重于深泥中。"世间充满了各
种诱惑，若深陷其中，心存不切实际的私心杂念，就如身负沉重的压力，
无法解脱，痛苦不堪。要从七情六欲中挣脱出来，就需要放下妄念，扫除
蒙蔽心灵的尘埃，看清世界的本质，执心向善，修持悟道，方能成为清明
之人。

二〇四

饱后思味，则浓淡之境都消；色后思淫，则男女之见尽绝。故人当以事后之悔悟，破临事之痴迷，则性定而动无不正①。

【注释】

①性定：本性持定没有妄念。

【译文】

饱食佳肴后再去回想菜肴的味道，则浓郁清淡的意境都会消失；亲密之后再去回味爱欲的滋味，则男欢女爱的想法就会全部弃绝。所以人们当以事情发生后产生的悔悟，来破解面对诱惑时的痴迷，其实如果本性持定没有妄念，则所有的行为都会端正。

【点评】

宋释普济《五灯会元》载："早知今日事，悔不慎当初。"昨日之非而今才知悔悟，那么在事情发生的当下，是否就应该谨慎地对待，而不是沉溺其中，被所谓的物欲、情欲等妄念蒙蔽，失去清净淡然的本心。不过，人情世理只有经历了，实践了，品味了，再去反思自省，才能有所悔悟，破除之前的痴迷之态。

保持心志端正，则能保持本性，消除妄念；妄念消失则安定沉着，行止有度，不再有贪溺的行径。如此就能抵御外界的干扰和诱惑，修持守正，使所有举动都符合道义天理。

二〇五

居轩冕之中①，不可无山林的气味②；处林泉之下③，须要怀廊庙的经纶④。

【注释】

①轩冕：古时大夫以上官员的车乘和冕服，借指官位爵禄。

②山林：借指隐居之地。

③林泉：借指隐居之地。

④廊庙：廊指殿下屋，庙指太庙，二者都是古代帝王臣下议事之处，借指朝廷。《国语•越语下》："谋之廊庙，失之中原，其可乎？王姑勿许也。"经纶：整理丝缕、理出丝绪和编丝成绳，统称经纶。引申为筹划治理国家大事。

【译文】

身处朝堂高官显禄之中，不可没有寄情山水悠然自得的情怀；身处山林泉石的隐居之处，也须有胸怀天下治理国家的才能。

【点评】

出世与入世，是古代文人志士的两种人生选择。入世要积极投身于治国济民的社会洪流中，出世则隐居田园山林之间，品味闲适恬淡的生活。此处洪应明并未把出世与入世相对立，而是主张入世时，保持清醒的政治态度，不要深陷荣华富贵、功名利禄中而不自知，忘却了寄情山水的悠然自在和豁达洒脱。在远离朝政、隐居山野时，不可只纵情歌酒，闲谈清修，依然要心系黎民百姓，关心国家大事，展现个人在政治上的真知灼见，静待时机施展理想和抱负。就像那些虽然远离庙堂，仍然关心国事民生，希望收复中原的南宋士子们，对国家统一的热望永远不会埋没在隐居的幽静中。

二〇六

处世不必邀功①，无过便是功；与人不要感德②，无怨便是德。

【注释】

①邀功：求取功劳，把别人的功劳抢过来当作自己的。北宋苏轼《上神宗皇帝书》："陛下虽严赐约束，不许邀功。然人臣事君之常情，不从其令而从其意。"

②与人：帮助别人。与，帮助，援助。

【译文】

为人处世没有必要索取功劳，没有犯错就是功劳；帮助他人不必要求感恩戴德，没有埋怨就是积德行善。

【点评】

《诗经·魏风·伐檀》序云："在位贪鄙，无功而受禄，君子不得进仕尔。"强取别人的功劳而无功受禄，这种卑鄙行为，非正人君子所为，有时还会反受其害。

中国传统文化宣扬以德报德、以恩报恩的思想。但是，随着政治、经济、文化的发展，社会风俗与社会思潮也会发生变化，以至于恩义相报的关系中，逐渐夹杂更多的义利之争。施恩的人，在侠义仁爱的行为中，可能会夹杂着"挟恩以报"的私念，通过"市恩"的方式以道德伦理来挟制他人。报恩的人，在接受帮助的过程中，对施恩者的动机和意图有所质疑，对两者之间的不对等关系产生疑问，本来恩义相报的关系可能被破坏。因此，洪应明主张，帮助他人要无私奉献和给予，千万不可施恩求报。只要在帮助他人的过程中，不被怨恨抱怨，就是积德行善了。如果一味要求回报，那就是私欲而不是给予了，也会招致社会的批评和民众的非议。

二〇七

忧勤是美德①，太苦则无以适性怡情②；淡泊是高风，太枯则无以济人利物③。

【注释】

①忧勤：多指帝王或朝廷为国事而忧虑操劳。

②适性怡情：顺适天性，怡悦心情。适，舒适、畅快。怡，安适愉悦。

③枯：枯槁，草木干枯。此指枯寂，没有趣味。济人利物：帮助他人，
　为他人谋取利益。济，救助，帮助。

【译文】

忧虑勤勉是美好的品德，而过于勤苦，就无法使性情怡然自得；淡泊
名利是高风亮节，而过于枯寂无趣，就无法救助他人利于处事。

【点评】

此条劝谕人们，做事要掌握适度的原则，不苦不乐，保持一种中庸
的人生状态。我们虽然提倡做事勤勉刻苦，但是若因繁忙而过于劳苦奔
波，无法轻松适意地处理事务，使人生总处于一种紧张的状态，则生活会
缺少意趣和快乐。《礼记·杂记下》曰："张而不弛，文武弗能也；弛而不
张，文武弗为也。一张一弛，文武之道也。"工作、生活应该劳逸结合，合
理安排，才是处事之道。

宋程公许的"灰心久已安枯寂"，道出了淡泊虚静的心经历长时间
的修为、磨砺之后，会变得枯寂无波，于世无感，仿佛形如槁木，心如死
灰。这样的修为虽追求幽静淡然的境界，但是丧失生命的热诚，并不能
利己利他、济事利民。因此，即使选择静修以追寻人生至道，也应保有对
世理人情最起码的热情与关怀。

二〇八

事穷势蹙之人①，当原其初心②；功成行满之士③，要观
其末路④。

【注释】

①蹙（cù）：紧迫，急促，窘迫。

②原：推究，分析。初心：本意。

③功成行满：指功德成就，道行圆满。

④末路：下场，结局。

【译文】

对于事业穷困形势窘迫的人，应当探寻他做事情最初的意愿；对功德成就道行圆满的人，则要观察他人生最后的路程能否圆满。

【点评】

南宋陈亮在《谢留丞相启》云："亮青年立志，白首奋身，敢不益励初心，期在重温旧业。"陈亮才华横溢，喜谈兵事，一生力主抗金，反对议和。乾道五年（1169），朝廷与金人议和，但陈亮作为一介平民反对苟安，为实现宋王朝的中兴图强，提出改革政治、经济、军事等的原则和方法，他向朝廷连上五疏，这就是历史上著名的《中兴五论》。淳熙五年（1178），陈亮又一次上疏，批判了自秦桧以来南宋王朝偏安一隅以求稳定的绥靖政策，以及文人士子空谈误国的社会风气。此举感动了孝宗，欲"诏令上殿，将擢用之"，但被陈亮拒绝。此后陈亮被人构陷，两度入狱。尽管遭受了长期的打击报复，陈亮并未放弃初心，坚持收复中原的主张，多次向朝廷建言，虽也曾得到孝宗的赏识，但终未被任用。后来陈亮在给宋光宗的谢恩诗中云："复雠自是平生志，勿谓儒臣鬓发苍。"当时陈亮已是白发苍苍，但北收故土的初心仍未放弃。他的经历很好地诠释了波澜起伏的人生意义。

成功之士，拥有权势和地位，被众人敬仰，看似已成人生赢家，但他们既要审慎对待初心，又要顾及晚节问题，总要走到人生尽头，才知能否功德圆满全身而退。《战国策·秦策五》云："'行百里路，半于九十'，此言末路之难。"行路到最后，也最是艰难，而人生要保持晚节也实属不易。

二〇九

富贵家宜宽厚，而反忌克^①，是富贵而贫贱，其行如何能享？聪明人宜敛藏^②，而反炫耀，是聪明而愚懵^③，其病如何不败？

【注释】

①忌克：指心存妒忌而欲凌驾于人。亦泛指为人妒忌刻薄。

②敛藏：收敛，蕴藏。

③愚懵（měng）：愚笨。

【译文】

富裕尊贵的家庭本应该宽厚、仁爱，若反而妒忌、刻薄，虽然生活富裕，但其行为是低俗、卑劣的，这样如何能享受富贵呢？聪明的人应该收敛、蕴藏才华，若反而炫耀卖弄，虽然头脑聪明其实心智是蒙昧、愚蠢的，这个毛病怎能使其不遭遇失败呢？

【点评】

"竹林七贤"之一的王戎，出身琅琊王氏，神采秀美，长于清谈。《世说新语》载：王戎儿时聪慧，不摘路旁李树上的果实，因为他觉得李子一定很苦，否则早被人摘光了。后来王戎在晋朝官拜司徒，位居三公，权势显赫，家财万贯然为人贪婪吝啬，常常和妻子在烛光下手拿算筹，仔细核算账目。王戎家中有棵良种李树，卖李子时，他怕别人得到种子，就事先把果核钻破了再卖。王戎的侄子要成婚，他只送了一件单衣，后来竟又要了回去。王戎集聪明才智、荣华富贵、权势名利于一身，但其刻薄寡恩的行为令人唾弃，时人评价他有"膏肓之疾"。

真正聪明之人，富贵而宽厚，睿智而内敛。如果不知收敛，到处炫耀财富与智慧，争锋夺利，这样的为人处世岂有不败之理？苏轼《洗儿》诗曰："人皆养子望聪明，我被聪明误一生。"对此，明周清源《西湖二集》

解释说:"那苏东坡是个绝世聪明之人,却怎么做这首诗? 只因他一生倚着'聪明'二字,随胸中学问如倾江倒峡而来,一些忌惮遮拦没有,逢着便说,遇着便谏,或是诗赋,或是笑话,冲口而出,不是讥刺朝廷政治得失,便是取笑各官贪庸不职之事,那方头巾、腐道学,尤要讥诮。以此人人怨恨、个个切齿,把他诬陷下在狱中,几番要致之死地。幸遇圣主哀怜他是个有才之人、忠心之士,保全爱护,救了他性命。苏东坡晓得一生吃亏在'聪明'二字,所以有感作这首诗,然与其聪明反被聪明误,不如做个愚蠢之人,一生无灾无难,安安稳稳,做到九棘三槐,极品垂朝,何等快活,何等自在!"

　　在特定的历史时期,通过收敛才华,保全自身,不啻为一种处世哲学。但是,如果社会召唤更多有良知的人,为济世救民贡献才华与能力,承担应有的社会责任,即便为此而遭受挫折,也要奋起而图强。

二一〇

　　人情反覆^①,世路崎岖^②。行不去,须知退一步之法;行得去,务加让三分之功。

【注释】

①人情反覆:此指人世间的情势反复无常。人情,人心,世情。

②崎岖:形容地势或道路高低不平。

【译文】

　　人世间的情势总会反复无常,世上的道路也有坎坷不平。如果走不通的地方,必须懂得往后退一步的方法;如果可以畅通行走的地方,必须有谦让三分的能力。

【点评】

　　白居易《太行路》云:"太行之路能摧车,若比人心是坦途。……君不见左纳言,右纳史,朝承恩,暮赐死。行路难,不在水,不在山,只在人情反覆间。"诗中认为,人心之险恶,人情之反复,即便是险峻能摧车的太行之路和湍急能覆舟的巫峡之水,与它相比,都属于平坦之途。

这首诗作于元和四年(813),此时白居易在长安做官,屡见朝堂上政治倾轧、帝王恩宠朝令夕改的现象,深感仕途艰险,人心不古,功名利禄尽在帝王一念之间。行路难,恐怕最难的是在变化莫测的官场中占据一席之地,赢得帝王的赏识与提拔,而且还要时刻提心吊胆。白居易虽然批判了官场的人情反复,但也希望能改善君臣上下间紧张的关系。不论官宦、文人、士子、百姓,都应该懂得掌握时机、进退得宜的交际原则,能谏言时,则直抒心意;上位者猜忌时,则隐忍不发,只待时机。

二一一

待小人不难于严,而难于不恶;待君子不难于恭①,而难于有礼。

【注释】

①恭:肃敬、谦逊有礼貌。

【译文】

对待小人,难处不在于对其严厉,而在于不要对其憎恶;对待君子,难处不在于对其恭敬,而在于对其真正谦逊有礼。

【点评】

《三国志·蜀书·诸葛亮传》言:"亲贤臣,远小人,此先汉所以兴隆也;亲小人,远贤臣,此后汉所以倾颓也。"亲君子,远小人,既是政治手段,也是人际交往的原则之一。但事实上,身处复杂的社会关系中,虽对小人严加防范,但也无法完全隔离。尤其,对待尚未泯灭天性、保有良知的小人,与其严厉谴责,不若根据具体情况理智处理,惩而教之,教而改之,使其行为合乎社会的公序良俗。

君子谦虚恭谨,高风峻节,令世人敬仰爱重,因此人们很容易做到毕恭毕敬,迎合讨好。但是君子即使与人和睦相处时,也会保持对事情的独到见解与人格上的独立,他不需要表面的恭敬,而是发自内心的理解、肯定和尊敬。

二一二

宁守浑噩而黜聪明①,留些正气还天地;宁谢纷华而甘淡泊,遗个清名在乾坤②。

【注释】

①浑噩:淳朴。黜(chù):摈除。

②乾坤:指天地。《易·说卦》:"乾为天,坤为地。"

【译文】

宁愿守护人本性中的淳朴蒙昧也要摈除后天的聪明,只是想在天地之间保留一些正气;宁愿谢绝人世间的繁华也要甘于淡泊,只是想在天地间留下一个清正的声誉。

【点评】

人们在历经世事磨练后,为人处世中难免会带有机巧之心。当抵御不了物欲的诱惑,沉沦于富贵权势的追逐时,就会通过筹谋和智巧,或阴谋与算计来获取不当得利,玷污自我的道德修养。老子认为与其聪明谋算,不如"见素抱朴,少私寡欲,绝学无忧",也就是说要抛弃巧利,减少私欲杂念,以保持纯洁质朴的本性,从而使精神到达无忧无虑的境地。当我们远离繁华喧嚣的生活,挣脱名利的束缚,守住自我的本真和朴素淡泊的天性后,就可以在世间留下清正高洁的名声。

二一三

降魔者先降其心①,心伏则群魔退听②;驭横者先驭其气③,气平则外横不侵。

【注释】

①降魔:佛教语。相传释迦牟尼在成佛前,曾与魔王进行激烈斗争,并取得胜利,佛教史上称为"降魔"。此指克制内心妄念。

②退听:退让顺从。

③横:横暴,放纵。

【译文】

要想降伏内心的各种魔障,就必须克制内心妄念,内心的魔障被降伏,各种控制自己的妄念都会消除;要制伏横蛮放纵的外物,就要驾驭自己的情绪,心气平和则外在的蛮横之力就无法侵袭自己。

【点评】

佛教认为,佛是修行的增上缘,妖魔则是修行的逆增上缘。佛帮助人成佛,魔是对成佛的考验。所有的妖魔是心魔的幻化,代表了世间那些牵绊人心的东西。中国四大名著之一的《西游记》,就是一部充满了神魔斗争的小说,它用唐僧师徒五人在西天取经路上历经各种考验,通过不断地降魔伏妖、修心成佛的过程,来譬喻一个人在人生修炼的道路上不断战胜心魔的历程。

很多修持之人自以为有所顿悟,到头来依旧无法脱离"贪、嗔、痴"的苦海,只因为"心生种种魔生,心灭种种魔灭"。乌巢禅师《多心经》有言:"佛在灵山莫远求,灵山只在汝心头。"孙悟空亦劝解唐僧:"只要你见性志诚,念念回首处,即是灵山!"真正的成佛,就在于我们降服了喜怒哀乐忧惧等内心魔障,清虚心空,外来横蛮之力自然也就无法再撼动它了。

二一四

养弟子如养闺女,最要严出入,谨交游^①。若一接近匪人^②,是清净田中下一不净的种子,便终身难植嘉苗矣^③。

【注释】

①交游:交际,结交朋友。

②匪人:行为不端之人。

③嘉苗:指禾苗。

【译文】

教育培养弟子犹如教养闺阁女儿一样,最重要的是严格把控他们的往来关系,使之谨慎结交朋友。一旦接近了行为举止不端之人,就如同在清净的心田上种下了一粒不洁的种子,这一辈子都很难培育出好的禾苗了。

【点评】

教育培养弟子必须严格要求,注意他们结交的朋友。一旦交友不慎,就会沾染恶习,违背儒家的教育原则,远离君子之道。

《孔子家语·六本》云:"与善人居,如入芝兰之室,久而不闻其香,即与之化矣。与不善人居,如入鲍鱼之肆,久而不闻其臭,也与之化矣。丹之所藏者赤,漆之所藏者黑。是以君子必慎其所与处者焉!"唐代《太公家教》言:"近朱者赤,近墨者黑;蓬生麻中,不扶自直;白玉投湼,不污其色。近佞者谄,近偷者贼;近愚者痴,近贤者德。"两者异曲同工,强调了客观环境对一个人的成长发挥着非常重要的作用。经常和品行端正、道德高尚的人交往,就像沐浴在芝兰香气里一样,逐渐养成善良的品性。如果接触的是品性恶劣的人,不良影响就会像一粒种子,播种在清洁的心田,成长发育为一株杂草,这样的结果令人遗憾!

二一五

　　欲路上事①,毋乐其便而姑为染指②,一染指便深入万仞③;理路上事④,毋惮其难而稍为退步⑤,一退步便远隔千山。

【注释】

①欲路:泛指染着色、声、香、味、触五境所引起的五种情欲,即财、色、名、食、睡,是人在世间都会有的五种欲望。

②姑:姑且。染指:比喻分取利益。多指分取非分利益。

③万仞:仞为古代长度单位,周制八尺,汉制七尺。万仞极言其高。

④理路:泛指义理、真理、道理等。

⑤惮:畏难,畏惧。

【译文】

　　欲望方面的事情,不要因为贪图便利就去沾染,一旦染指就会坠入万丈深渊;义理方面的事情,不要因为害怕困难而稍有退缩,一旦退缩就会与它们之间隔了千重山般的遥远距离。

【点评】

　　明代中晚期,商品经济发展带来物质的极大丰富,社会上奢靡之风愈演愈烈,逾制消费现象比比皆是,财富的过度浪费触目惊心。政府一度出台禁令严加治理,不料却引起了民众的强烈抗议,明人陆楫甚至撰写《禁奢辨》,明确反对政府的禁止奢靡之风,以表达来自民间的声音。在此背景下,洪应明提出了正确对待物欲和情欲的问题,反对纵情享乐,提倡朴素的生活。奢与俭,在我国古代从来都是被争议的话题,儒释道都有崇尚节俭、反对奢侈的观点,节制欲念是关系到个人修养、家庭兴亡、国家盛衰的问题。不过,主张"黜奢崇俭",也是在保障民众生活需要的基础上,反对奢侈浪费,而不是剥夺民众追求物质富裕的基本权利。

　　中国文化中的义理大概有以下几层含义:合乎一定伦理道德的行事

准则,探究儒家经义的学问,宋代以来的理学,普遍皆宜的道理。传统儒学常用的义理概念,比较偏重对经文思想性内容的阐述,如人伦秩序、伦理道德的依据和意义等。此处涉及的理路上的追求,广而言之是对世间所有真理的追求。在中国传统的儒、道哲学流派里,"道"是至高的真理,追求真理问题,如闻道、知道、悟道、证道与践道等,除了理论上的学习,往往与实践有着密切的联系,这种实践主要表现为一种道德的或德性的实践。而追求真理的实践是艰辛而卓绝的过程,必须意志坚定、目标明确、不畏艰难,才能攀登真理的高峰。望高山而行止,知险峻而退缩,只会与真理相隔千山万水,无法企及。

二一六

念头浓者^①,自待厚,待人亦厚,处处皆厚;念头淡者^②,自待薄,待人亦薄,事事皆薄。故君子居常嗜好^③,不可太浓艳,亦不宜太枯寂^④。

【注释】

①浓:浓厚。

②淡:淡泊。

③居常:平时,经常。嗜好:喜好,特殊的爱好。

④枯寂:寂静,寂寞。

【译文】

心思宽厚的人,对待自己宽厚,对待别人也宽厚,处处皆宽厚;心思淡泊的人,对待自己淡然,对待别人也淡漠,事事都淡薄。所以品节高尚的人,日常爱好不可过于奢华,也不应过于淡薄苛俭。

【点评】

此处的浓淡,特指人际关系的亲与疏。与人相处应把握适宜的标

准,浓情厚意与淡薄苛俭,都有失偏颇。宽厚到处处奢华无度,淡薄到处
处苛刻吝啬,一个造成了奢侈浪费的恶名,一个留下了刻薄寡恩的恶名,
都会造成人际关系的失衡。浓淡相宜、亲疏有度的待人方式,才是合适
的生活原则,才能维持长久稳定的人际关系。

二一七

彼富我仁,彼爵我义①,君子故不为君相所牢笼②;人定
胜天③,志壹动气④,君子亦不受造化之陶铸⑤。

【注释】

①彼富我仁,彼爵我义:语出《孟子·公孙丑下》:"晋、楚之富不可
及也,彼以其富,我以吾仁;彼以其爵,我以吾义,吾何慊乎哉?"
曾子认为:晋国和楚国的财富,我们无法比拟。不过,他有他的财
富,我有我的仁爱;他有他的爵位,我有我的义气。我有什么不如
他的呢?

②君相:国君与国相(宰相)。牢笼:笼络,罗致。

③人定胜天:指人力能够战胜自然。《逸周书·文传解》:"兵强胜
人,人强胜天。"人定,指人谋。

④志壹动气:语出《孟子·公孙丑上》:"志壹则动气,气壹则动志
也。"大意为思想意志专注于某一方面,意气情感就会受此影响,
从这个方面表现出来;意气情感专注于某一方面,思想意志就会
受此影响,从这个方面表现出来。

⑤陶铸:制作陶范并用以铸造金属器物。比喻造就、培育。

【译文】

他人拥有财富,我则坚守仁爱,他人拥有爵位,我则坚守正义,因此
君子不会被权势和利禄所束缚和笼络;人类的智慧与能力一定会战胜大

自然，意志专一则可以控制情绪，君子也不会受命运的控制和摆布。

【点评】

君子遵循天道，但是又不屈服于命运。君子尊崇仁义，信奉利国济民的大道，志向远大而宏毅，"论是非不论利害，论逆顺不论成败，论万世不论一生"（黄宗羲《宋元学案》）。无论是富贵爵禄，还是贫穷寒苦，外力威胁都不能使其动摇心志，而是坚守道德准则，依靠强大的意志战胜大自然的束缚，挣脱命运的枷锁。正如《孟子·滕文公下》所言："居天下之广居，立天下之正位，行天下之大道，得志与民由之，不得志独行其道，富贵不能淫，贫贱不能移，威武不能屈，此之谓大丈夫。"

二一八

立身不高一步立①，如尘里振衣②，泥中濯足③，如何超达④？处世不退一步处，如飞蛾投烛⑤，羝羊触藩⑥，如何安乐？

【注释】

①立身：处世，为人。

②振衣：拭去灰尘。

③濯（zhuó）足：洗脚，洗去脚上的污垢。

④超达：超脱旷达。

⑤飞蛾投烛：比喻自寻死路、自取灭亡。

⑥羝（dī）羊触藩：公羊的角缠在篱笆上，进退不得。比喻进退两难。羝羊，公羊。触，抵撞。藩，篱笆。《易·大壮》："羝羊触藩，不能退，不能遂。"

【译文】

为人处世如果不超逸高远，就仿佛在尘埃里抖落衣服上的灰尘，在泥水中清洗双脚，这样怎能超凡脱俗？立身于俗世如果不能谦让，宛如飞蛾扑火般自取灭亡,公羊角缠在篱笆上进退两难,这样怎能获取平安喜乐呢?

【点评】

晋左思《咏史八首》之五云:"振衣千仞冈,濯足万里流。"振衣濯足,本指在高山上抖衣,在长河里洗脚,以清除世俗污浊,摒弃荣华富贵,乐于清幽的隐居生活。如果在尘埃里抖落衣上的灰尘,只会沾染更多的尘埃;在泥泞中清洗脚丫,只会越洗越脏。只有人生立意超逸高远,不再纠结于俗世妄念,才能真正从尘世里挣脱出来。

为人处世,要懂得审时度势、谦让恭谨,做事要留有余地。否则,一意孤行,只会如飞蛾扑火般自取灭亡。但是一味地犹豫不决、畏畏缩缩,也不可取。既想冒险前行又畏惧困难,常使人陷入两难之境,导致半途而废。处世要胸襟宏大,意境高远,做事要谨慎周全,掌握进退的尺度,这样的人生才能顺达。

二一九

学者要收拾精神并归一处[①],如修德而留意于事功名誉[②],必无实诣[③];读书而寄兴于吟咏风雅[④],定不深心。

【注释】

①并归:合并,合在一起。

②修德:修养德行。事功:名利。

③实诣:实际的造诣。底本作"实谊",误,依他本改。

④寄兴:寄寓情趣。吟咏:歌唱,作诗词。风雅:指诗文之事。

【译文】

钻研学问的人要摈弃杂念,聚精会神,如果立志修习德性却又关注功名声誉,必然缺乏实际的造诣;读书时把乐趣寄托在吟诗作词之类的风雅之事上，必然无法在内心留下深刻的印象。

【点评】

钻研学问，需要专心致志、孜孜以求，既要避免对功名的过度关注而影响道德修为，也要避免沉迷于咏诗作词等风雅之事而对经义缺乏深刻领悟。

王国维在《人间词话》中，论及古今之成大事业、大学问者，必须要经历三种境界："'昨夜西风凋碧树。独上高楼，望尽天涯路。'此第一境也。'衣带渐宽终不悔，为伊消得人憔悴。'此第二境也。'众里寻他千百度，蓦然回首，那人却在灯火阑珊处。'此第三境也。"王国维认为，治学的第一境界，要摆脱现实的种种纷扰，破除名利、得失、悲喜、毁誉等妄念，达到胸中洞然无物，此时登高远眺，方能明确人生的目标与方向；治学的第二境界，是在明确目标后，坚定心志，发愤图强，衣带渐宽也不后悔；治学的第三境界，是说经过反复探寻、思索、钻研，达到厚积薄发、触类旁通，自然就融会贯通，破除精神的枷锁，从必然王国进入自由王国。

二二〇

人人有个大慈悲，维摩屠刽无二心也[1]；处处有种真趣味，金屋茅檐非两地也。只是欲闭情封，当面错过，便咫尺千里矣[2]。

【注释】

[1]维摩：维摩诘的省称。《维摩诘经》中说他和释迦牟尼同时，是毗耶离城中的一位大乘居士。尝以称病为由，向释迦遣来问讯的舍利弗和文殊师利等宣扬教义。为佛典中现身说法、辩才无碍的代表人物。后常用以泛指修大乘佛法的居士。屠刽（guì）：屠夫和刽子手。此处借指杀生极恶之人。宋朱熹《朱子语类》："只不迁，

不贰,是甚力量,便见工夫,佛家所谓‘放下屠刀,立地成佛’。"

②咫(zhǐ)尺:周制八寸为咫,十寸为尺。形容距离近。

【译文】

人人内心充满慈悲仁爱,维摩居士和屠夫、刽子手并没有截然不同的心性;生活处处有真趣味,豪华的房舍和简陋的茅屋也不会有天壤之别。只是人们往往断绝欲望封闭感情,与真正的慈悲和趣味当面错过,虽然近在咫尺也宛如相隔千里了。

【点评】

真正的慈悲,与人的社会身份无关;生活的真趣味,也与所处环境的优劣无关。

仁爱慈悲,是道德修养的重要内容。中国传统文化倡导人与人之间要有仁爱、恻隐之心。佛、道二教也提倡拥有慈爱之心,并把爱心推延泛化于宇宙万物之上。当不同身份的人,具备相同的慈悲情怀时,那么身份的差别就不值一提了。

生活的真趣味,不是以所处环境的优劣来界定的。身处庙堂之上,也会有悲愤无奈的呐喊;隐居山林之间,也能享受到淡泊宁静之趣。无论身处何等社会地位或生存环境,也无须断绝欲望封闭情感,而是要敞开心胸,通过提高道德修养去自觉摒弃过度的欲望诱惑,破除内心妄念,追求慈悲情怀与生活的真趣味。

二二一

进德修行,要个木石的念头①,若一有欣羡②,便趋欲境;济世经邦③,要段云水的趣味④,若一有贪著⑤,便坠危机。

【注释】

①木石:树木和山石。比喻无知觉、无感情之物。

②欣羡：喜爱而羡慕。

③济世经邦：指拯救人世治理国家。

④云水的趣味：此指行云流水般恬淡的志趣。云水，云与水。常指如行云流水般飘泊无定的漫游或云游四方的僧道。

⑤贪著：同"贪着"，贪恋，贪嗜。

【译文】

进习品德修养心性，要有一个稳固坚定的信念，一旦对物欲产生了喜爱羡慕的念头，就会逐渐被物欲所束缚；拯救人世治理国家，要有行云流水般恬淡的志趣，一旦对物质产生了贪婪迷恋，就会深深坠入危险灾祸之中。

【点评】

人生在世，一为明理，二为修德，三为立业。如果一味贪恋名利，就会陷入不断膨胀的欲望而无法逃脱，以致陷入危机而不自知。可以说，物质诱惑是修养品德、建功立业道路上的拦路虎。培养崇高的道德品行，需要拥有坚定的信念、宏大的胸襟。只有排除内心杂念，方能具备清逸高雅的风骨，参悟到宁静致远的意趣。要想实现济世经邦的宏图，更需要淡泊名利的心性辅佐，这样才能去除物欲的影响，保持清正廉洁的品节。

二二二

肝受病则目不能视，肾受病则耳不能听。病受于人所不见，必发于人所共见。故君子欲无得罪于昭昭①，先无得罪于冥冥②。

【注释】

①昭昭：明白，显著。

②冥冥:私下,暗中。

【译文】

　　肝脏产生病变就会导致眼睛无法看清事物,肾脏产生病变就会妨碍耳朵无法听清事物。因此病变往往产生于人们忽略看不见的地方,发作在人们都会看清的地方。由此可见君子如想不在明处犯错,那就必须做到不在暗处犯错。

【点评】

　　明万民英《三命通会》载:“心受病,口不能言;肝受病,目不能视;脾受病,口不能食;肺受病,鼻不能嗅;肾受病,耳不能听,各从所主,以证虚实。”人患百病,表现在外部的症状,皆因内部器官发生病变而引起。要医治这些症状,就需要针对平时疏忽的病变部分进行诊断、分析、治疗,做到对症下药,药到病除。

　　此处以病变产生于疏忽之处做比喻,认为思想行为的错误往往发生在晦暗私下的地方,最初没有明显的表现,但是如果放任这些细微错误,就将从量变导致质变,最终酿成大错。为防止犯错,君子需要常常反思,时时警醒。

二二三

　　福莫福于少事,祸莫祸于多心。惟苦事者①,方知少事之为福;惟平心者②,始知多心之为祸。

【注释】

①苦事:令人为难、苦恼的事。底本作“少事”,误,依他本改。
②平心:心情平和,态度冷静。

【译文】

　　有福气者大多在于少生事端,困于灾祸大多来自思绪繁多。只有事务繁杂不胜烦扰的人,才能懂得少生事端才是福气;只有心平气和的人,才能懂得思绪繁多才是祸害。

【点评】

《孟子·公孙丑上》曰:"祸福无不自己求之者。"《三国志·魏书·陈群传》亦曰:"臣以为吉凶有命,祸福由人,移徙求安,则亦无益。"一般来说,灾祸或者福气都是由自己的选择造成的。心气平和,少生是非,会使我们身处幸福的境地。反之,心思繁杂,惹是生非,则容易招惹灾祸。私欲越多,杂念越多,烦恼就越多。世间种种烦恼,均来自私心妄念。如若心性平和,处世宽和忍让,少生事端,灾祸自然就不会降临了。

二二四

处治世宜方①,处乱世当圆,处叔季之世当方圆并用②。待善人宜宽,待恶人当严,待庸众之人宜宽严互存③。

【注释】

①治世:指太平盛世。

②叔季之世:古时兄弟排行中,伯是老大,仲是第二,叔是第三,季为最小。此处叔季之世比喻末世。

③庸众:常人,一般的人。

【译文】

身处太平盛世,处事要方正;身处动荡乱世,处事要圆通;身处国家行将灭亡的末世,处事要方圆并用。对待善良的人,要宽厚;对待品行败坏的人,要严厉;对待平常大众,要宽严交替使用。

【点评】

东汉王符《潜夫论·交际》云:"岁寒然后知松柏之后凋也,世隘然后知其人之笃固也。"到了寒冷季节,才看得出松树、柏树是最后凋谢的,以此比喻只有经过恶劣环境的考验,才能看出一个人的高尚品质。这也是古代知识分子处世的一种典型方式:达则兼济天下,穷则独善其身。曹植《释愁文》言:"今大道既隐,子生末季,沉溺流俗,眩惑名位,濯缨弹冠,诸谀荣贵。"身处末世,却沉沦于流俗,被名利迷惑,并不是明哲保身的做法。正确的选择应该是身处海清河晏的时代,处世则端方严正;身处动荡的乱世,处世则圆顺通达;而身处末世危难的境况,处世则外圆内方,宽严并济。如此为人处世,是审时度势的选择,也是处世智慧的反映。

善良之人、品行不端之人或普罗大众,言行举止,思想意识都不同。面对他们,应采取适宜的应对措施,以宽厚温顺回报善意,以严词厉色对待恶行,以宽严并用对待普通大众,才是明智之举。

二二五

我有功于人不可念,而过则不可不念;人有恩于我不可忘,而怨则不可不忘。

【译文】

我帮助了他人不可经常惦念,但我对他人的过错就要记住;别人对我施与的恩惠不可忘记,别人对我的怨恨则不可不忘记。

【点评】

明清之际,为体现儒家的仁爱思想,士绅阶层努力构建和谐的人际关系,降低人际摩擦带来的内耗,以及人际交往的成本。其中,"宁可人负我,不可我负人"的原则,尤其强调待人处事宽厚慈悲,忌讳苛刻计较。平时少思自己对他人的功劳,多思自己对他人的过失;多思他人给予的恩惠,少思他人的抱怨。如此,这世间方能多些仁爱、宽和,少些不满和怨恨。

二二六

心地干净，方可读书学古，不然，见一善行窃以济私^①，闻一善言假以覆短^②，是又藉寇兵而赍盗粮矣^③。

【注释】

①济私：使自己得益。

②覆短：护短，掩盖缺点或错误。

③藉寇兵而赍（jī）盗粮：语出《荀子·大略》："非其人而教之，赍盗粮，借贼兵也。"藉，通"借"。赍盗粮，送粮食给盗贼，比喻做危害自己的蠢事。赍，拿东西给人。

【译文】

心性纯净无私的人，才可以读圣贤书学习古代的事情，否则，看见一个善行就拿来满足个人的私利，听到一些善言就借以掩盖个人的缺点，这就好比借给敌寇武器又送给强盗粮食。

【点评】

曾国藩《诫子书》载："读书学古，粗知大义，既有觉后知觉后觉之责。孔门教人，莫大于求仁，而其最切者，莫要于欲立立人、欲达达人数语。立人达人之人，人有不悦而归之者乎？"曾国藩告诫后世子孙，认真研读古书，学习古人的思想，领悟了古书中的内容，就应该大力推行古书中自己已经领悟到的正确的学识和思想。孔子教育弟子，最重要的一点是仁者爱人。而仁爱的根本，就是要想成就自己首先成就他人，要想自己通达首先要使他人通达。这样的举措必定会令人心悦诚服，天下哪有不愿意归顺的呢？

读书学古，不是摘取断章残句，不求甚解，仅以掩饰一己私欲和缺点，这种没有正视内心的学习，只是流于形式，而无法真正掌握读书学习的大义。

二二七

奢者富而不足,何如俭者贫而有余①;能者劳而俯怨②,何如拙者逸而全真③。

【注释】

①何如:用反问的语气表示胜过或不如。

②俯:俯拾,俯身拾取。比喻易得。

③全真:保全天性。

【译文】

生活奢华的人虽然富有却还不知足,不如生活俭省的人虽然清贫却还有盈余;有才干的人虽然辛苦劳作却还是容易招致怨恨,不如蠢笨的人虽然安逸却可以保全纯真的本性。

【点评】

南唐谭峭《谭子化书·俭化》载:"奢者三岁之计,一岁之用;俭者一岁之计,三岁之用。至奢者犹不及,至俭者尚有余。奢者富不足,俭者贫有余。奢者心常贫,俭者心常富。"俭者与奢者因价值观的不同,自然会选择不同的修身治世的方法。生活奢靡的人,拥有的财富权势越多,内心越不满足,他们看似富有,实则心灵贫瘠,私欲杂念过多,导致不能善终者也多。生活简朴的人,节制贪欲,勤俭持家,生活平稳安逸。事实上,俭与奢是相对的,如果精神满足和物质享受可以兼得,自是最为理想的生活状态。

才能杰出者,社会赋予他们的责任和义务也越多。人非圣贤,孰能无过?对那些勤勉做事的才能之士,少些抨击,多些鼓励,更能帮助他们调整心态,努力工作。而普通人若在日常工作与生活中尽力而为,就能在悠闲安稳的时光中保有纯真本色。社会既需要主动承担济世经邦责任的有识之士,也不排斥安稳度日的普通民众。两种人生,两种选择,都无可厚非。

二二八

读书不见圣贤,如铅椠佣①;居官不爱子民,如衣冠盗②;讲学不尚躬行③,如口头禅④;立业不思种德,如眼前花⑤。

【注释】

①铅椠(qiàn):古代的书写工具。此指写作、校勘。椠,木板片。

②衣冠盗:偷盗衣服帽子的盗贼,此指官员如盗贼一样。衣冠,衣服帽子。古代士以上戴冠,借指缙绅、士大夫,泛指官员。

③躬行:亲身实行。

④口头禅:原指和尚常说的禅语或佛号。现指经常挂在口头上而无实际意义的词句。

⑤眼前花:瞬间即凋谢的花朵,比喻一时的荣华。

【译文】

读书却不能理解圣贤的思想,就像只会写字的工匠;作为官员却不能爱护百姓,就像身穿官服头戴官帽的盗贼;只传授学问却不注重身体力行,就像只会口头诵经念佛的和尚;建立功业却不能行善积德,就像转瞬而凋零的花朵。

【点评】

学子,官员,老师,建功立业者,他们身份不同,责任不同,如何处世立身,才能与其职责相宜?

学子读书是为了进业修德,如果仅仅识文断字,没有深刻领会圣贤的思想,也只是会写字而已,妄谈具备真才实学;为官要谨记济世经邦、勤政为民,如果为谋私利,做出与民夺利的盗贼行径,则会令世人唾弃;老师肩负教化民众的责任,若只会坐而论道、高谈阔论,不能"知行合一"，就无法学以致用，利国为民；建功立业者，既要具备优异的才干，又要兼具美好的品德，不能为了谋取功业而不择手段，枉顾道义和社会责任，那样获得的功名利禄、富贵荣华，也只是昙花一现而已。

二二九

人心有部真文章，都被残编断简封固了①；有部真鼓吹②，都被妖歌艳舞湮没了③。学者须扫除外物直觅本来，才有个真受用④。

【注释】

①残编断简：残缺不全的书籍。此指世俗间的书籍。

②鼓吹：鼓吹声，乐曲声。

③湮（yān）没：埋没，淹没。

④受用：犹受益、得益。

【译文】

每个人心中原本都有一部真文章，但是却被片言只语的残缺书籍封闭禁锢了；每个人心中原本都有一首好乐曲，但是却被妖娆俗艳的歌舞埋没了。研习学问的人必须消除外界事物的诱惑，从而直接追寻人的本性，这样才能真正从中获益。

【点评】

三国曹丕在《典论·论文》云："盖文章，经国之大业，不朽之盛事。年寿有时而尽，荣乐止乎其身，二者必至之常期，未若文章之无穷。"真正有意义的文章可以超越时空，成为永久传颂的佳作。此处"人心有部真文章"，所指并不是具体的某篇文章，而是指符合真理道义的思想内涵，反映人的精神世界的丰富和心灵的本真。学者要想学有所获，追寻真正有价值的精神内涵，并非是从残缺的书籍中抓取片言只语，也不是在纵情欢歌艳舞中去获取。外物的诱惑是学习的障碍，必须从内心扫除。当内心清明宁静了，再去探索圣贤学问，追寻人的本性，自然会获得学业上的突破，道德修养的提升。

二三〇

苦心中常得悦心之趣①，得意时便生失意之悲。

【注释】

①苦心：指辛勤地耗在某种工作上的心力。悦心：愉悦心情。汉刘向《说苑·修文》："嗜欲好恶者，所以悦心也。"

【译文】

费尽心力去完成工作时，往往可以从中获得乐趣；意气风发时，往往会生出失意悲凉之情。

【点评】

俗语常言："功夫不负有心人。"战国苏秦刻苦读书，以锥刺股来保持头脑清醒，成为著名的政治家；东晋王羲之自幼苦练书法，洗笔成墨池，成为独步天下之"书圣"；唐代贾岛，于苦吟"推敲"中喜得佳句……竭尽全力获得的成就，最能激励人心。

白居易《遣怀》诗云："乐往必悲生，泰来犹否极。"祸与福、荣与衰、乐与悲在一定条件下会相互转化。《淮南子·人间训》中塞翁失马的故事，充满了戏剧张力，通过塞翁的马丢失，丢失的马携带胡马回归，其子骑马摔伤腿，父子在战争中保全性命等失去与获得的反复循环，告诫世人，用辩证的眼光看，祸与福对立统一，顺境中往往隐藏着忧患。

二三一

富贵名誉,自道德来者,如山林中花,自是舒徐繁衍^①;自功业来者,如盆槛中花^②,便有迁徙废兴^③;若以权力得者,其根不植^④,其萎可立而待矣。

【注释】

①舒徐:从容不迫。繁衍:繁殖昌盛,逐渐增多。

②盆槛中花:种植在花盆栅栏中的花。比喻受到约束的人或物。

③迁徙:犹变化。废兴:盛衰,兴亡。

④植:栽种,种植,生长。

【译文】

富贵名誉,如果从高尚品德中获得,就宛如生长在山峦树林中的花草,自会从从容容地繁衍后代;如果从功勋业绩中获得,就宛如种植在花盆栅栏中的花草,也自会有一番兴衰变化;如果从权势中获得,就宛如根部没有培植,很快就会枯萎了。

【点评】

孔子曰:"不义而富且贵,于我如浮云。""富而可求也,虽执鞭之士,吾亦为之。如不可求,从吾所好。"孔子对待通过不符合道义的途径取得的富贵,就像对待浮云一样,淡然处之。获取财富、名誉的途径和方式虽然很多,但是通过道德、功业、权力不同途径获取的,其结果是截然不同的。洪应明在此处与孔子持有相似的立场,他认为通过符合道义的途径得到的富贵名誉,可以长久拥有,且能从容传递给后代;而从功业和权力中得到的富贵名誉,则比较脆弱,因为世事无常,难逃兴衰之变,尤其是通过权力获得的富贵名誉,就像没有根基的花朵,逃脱不掉枯萎的命运。

二三二

栖守道德者,寂寞一时;依阿权势者^①,凄凉万古。达人观物外之物^②,思身后之身^③,宁受一时之寂寞,毋取万古之凄凉。

【注释】

①依阿:屈从附顺。

②物外:世外,超脱尘世之外。

③身后之身:指身死后的名誉。

【译文】

坚守高尚品德的人,孤独寂寞一时;屈从阿附权势的人,则凄苦悲凉一生。因此,通情达理之人重视尘世以外超脱的精神追求,考虑到身死后的声誉,宁可忍受一时的孤寂冷漠,也不要遭受一生的凄楚悲凉。

【点评】

此处论述栖守道德理想的重要性。

美好的道德理想像黑暗中的灯塔,指引着艰难中前行的人们。辛弃疾虽然一生时乖运舛,但始终豪放旷达,坚守着收复中原的理想,激励着南宋社会的爱国情怀。由于他力主北伐,与当政的主和派政见不合,故而屡遭劾奏,数次起落,壮志难酬,最终退隐山居。开禧北伐前后,宰臣韩侂胄起用辛弃疾,然而终因辛弃疾不同意仓促北伐,遭到罢免。最终开禧北伐失败。开禧三年(1207),辛弃疾抱憾病逝。宋恭帝时,辛弃疾获赠少师,谥号"忠敏"。终其一生,他忧国忧民,不忘初心,把满腔爱国激情都倾注于对国家兴亡、民族命运的关切与忧虑中,也因此得以名垂千古。辛弃疾曾评价朱熹所言:"所不朽者,垂万世名,孰谓公死?凛凛犹生!"此语放在辛弃疾身上,同样适用。

　　反之，那些暴虐无道的人君，奸邪狡诈的佞臣，因其昏庸残暴，厚颜无耻，失德失心，最后落得凄凉万古的悲惨下场。不肯修德养心之人，无论是帝王将相，还是公侯世家，远不如一个道德理想兼备的有志之士！

二三三

　　春至时和①，花尚铺一段好色，鸟且转几句好音。士君子幸列头角②，复遇温饱，不思立好言③，行好事，虽是在世百年，恰似未生一日。

【注释】

　　①春至：即春天到来，特指春分。时和：天气和顺。

　　②士君子：旧时指有学问且品德高尚的人。头角：取自"崭露头角"。头上的角已明显地突出来了，指初显露优异的才能。唐韩愈《柳子厚墓志铭》说："虽少年，已自成人，能取进士第，崭然见头角。"

　　③立好言：指写好文章。立言，著书立说。

【译文】

　　春天来临，天气和煦，花草尚且盛开渲染出一片璀璨春色，飞鸟尚且婉转清啼出几句好声音。有学问德行的君子如果侥幸能够崭露头角，而且衣食饱暖，若还不去努力思考如何著书立说，做好事，即使在世间生活百年，却仿佛从没有存在一天。

【点评】

　　儒家的"三不朽"指立德、立功、立言。"立德"指道德操守而言，"立功"指事功业绩，"立言"则指把真知灼见形诸于文字，著书立说，传于后世。读书人接受儒家教诲，一方面是为了入世济民，一展抱负，实现治国平天下的恢弘理想；另一方面是为了传承圣贤之学，把毕生学识、人生经验用于著书立说，而不是被俗世生活所困，以致庸庸无为，空度时光。元代浙东知名理学家韩性，学识渊博，通晓性理之学，文辞博达俊伟，自成一家。他居家讲学，教授弟子，追随者甚众，邻里乡亲，稚儿仆役，都尊称他为"韩先生"，朝廷赐谥号"庄节先生"。韩性在立德和立言方面，践行着君子之道。

二三四

学者有段兢业的心思①，又要有段潇洒的趣味。若一味敛束清苦②，是有秋杀无春生③，何以发育万物④？

【注释】

①兢业：即"兢兢业业"。形容做事谨慎、勤恳。兢兢，形容小心谨慎。业业，畏惧的样子。语出《诗经·大雅·云汉》："兢兢业业，如霆如雷。"

②敛束：约束，收敛。

③秋杀：秋天万物凋零。春生：春天万物萌生。

④发育：使萌发、生长。

【译文】

做学问的人既要有兢兢业业的态度，又要有潇洒飘逸的志趣。如果一味地约束自我、生活清贫，这样就如同只有肃杀的秋天而没有生机盎然的春天，如何使世间万物萌发生长呢？

【点评】

凡事要张弛有度，刚柔并济，恰如其分。钻研学问既要有刻苦勤勉的态度，也要有心志高远、不拘小节的意趣，否则一味死读书、读死书，人生之路会越走越窄。

《论语·学而》云："弟子入则孝,出则弟,谨而信,泛爱众,而亲仁,行有余力,则以学文。"孔子教育弟子以德行为先,学习次之,尤其强调做人要宽厚仁爱。若待人处事一味严厉、凄苦,毫无暖意,则无论行事如何端方,如何恪守礼仪法度,表现出来的都是寒冷肃杀的气息,仿佛万物凋零的寒秋一样。若能以温暖情怀对待学问,修养德行,方会有蓬勃的生命力。

二三五

真廉无廉名^①,立名者正所以为贪;大巧无巧术^②,用术者乃所以为拙。

【注释】

①廉名:廉洁的名声。

②大巧:非常巧妙。大,太,非常。

【译文】

真正廉洁的人不需要清廉的名声,追求清廉名声的人正是因为贪图虚名;有大技巧的人不使用技巧,喜欢使用技巧的人因为笨拙才会去掩饰。

【点评】

真正清正廉洁之人,一心向往品行端正、清廉为公,而显名于世并非其追求的人生目标。《晋书》载:隆安中,吴隐之任广州太守,曾见一泉水名"贪泉",据说饮了贪泉之水,便会贪婪成性。吴隐之照饮不误,还特意赋诗一首:"古人云此水,一歃怀千金。试使夷齐饮,终当不易心。"在任期间,吴隐之廉洁自律,每日粗茶淡饭,生活简朴,"处可欲之地,而能不改其操",在他的坚持和影响下,岭南官场风气也日趋淳朴。

对于推崇自然审美观的古人而言,浑然天成之美,巧夺天工,才是至高无上的美,具有更加丰富的内涵,是一种合乎"道"的本性和规律的

"巧"。而那些破坏了事物的自然本性的技巧,即"伎巧"之流,含有"智巧""机变""诈巧"的意义,是小巧,人为之术,被视为末等的技术而已。大巧之人,做事宛如妙手天成;而技艺欠缺的人,才会使用各种眼花缭乱的技术来掩饰本身的不足。

二三六

心体光明,暗室中有青天①;念头暗昧②,白日下有厉鬼③。

【注释】

①青天:比喻光明美好的世界。

②暗昧:愚昧,昏庸,不光明磊落。此指不可告人之阴私、隐私。

③白日下有厉鬼:即白日见鬼。原指人在生病时的一种不正常的精神反应。迷信者以为是鬼作祟。东汉王充《论衡·订鬼篇》:"昼日则鬼见,暮卧则梦闻……畏惧存想,同一实也。"又用以喻指遇见离奇古怪或出乎意料的事物。

【译文】

一个人如果思想和行为都光明磊落,即使身处漆黑的屋子里,也如同站在晴空之下;一个人如果想法愚昧昏庸,即使青天白日下也会有厉鬼出现。

【点评】

在古代文学作品中,暗室与青天,就是黑暗与光明的分界,也是善与恶的分界线。"不欺暗室"是古代君子修身进德时的一种自我勉励,即使置身无人看见的暗室,也不做欺心之事。宋丘葵《暗室》云:"一几善恶未分时,善本无为莫伪为。暗室休言人不见,此心才动鬼神知。"在民间,演化为更为通俗的"平生不做亏心事,半夜敲门不吃惊",指出为人处事若光明磊落，那么碰到任何情况也不会慌乱。但是，心性卑劣、自私自利之人，不仅怕半夜鬼敲门，甚至青天白日也会心神不宁。若要坦然处事，就要经受住利益的诱惑，摆脱私欲贪念，不做尔虞我诈、阴险卑鄙之事，从从容容、清清白白做人做事。

二三七

人知名位为乐①，不知无名无位之乐为最真；人知饥寒为忧，不知不饥不寒之忧为更甚。

【注释】

①名位：官职与品位，名誉与地位。

【译文】

人人都知道拥有名誉和地位是值得快乐的事情，但是却不知道没有名誉和地位拖累的快乐最为真实；人人都知道为饥饿和寒冷的事情忧虑，但是却不知道那些超越饥寒之上的忧虑更为重要。

【点评】

儒家推崇入世哲学，以此生为"乐"，君子有学习之乐、交友之乐、山水之乐、安贫之乐、知命之乐，以及超脱名利之乐。《论语·先进》载，孔子曾与子路、曾皙、冉有、公西华一起谈论彼此的志向。子路、冉有、公西华的志向都与事业功名有关，唯独曾皙的理想超越了名利束缚，他祈盼在春和景明中，感受自然之美，"浴乎沂，风乎舞雩，咏而归"，此种人生之乐，连孔子也叹服。朱熹评曾皙曰："而其言志，则又不过即其所居之位，乐其日用之常，初无舍己为人之意，而其胸次悠然，直与天地万物，上下同流，各得其所之妙，隐然自见于言外。"

"人生不满百，常怀千岁忧。"君子有人生的乐趣，就会有忧虑的问题。按现代心理学的说法，人的需求是有层次的，衣食温饱是最低层次的需求,除此之外,还有精神层面的需求。君子之忧既有对自己能否成为一个道德完善、知识渊博的人的担忧,但更高层次的,则是忧国忧民,承担家国大义,为天下之忧而忧。

二三八

为恶而畏人知,恶中犹有善路;为善而急人知,善处即是恶根①。

【注释】

①恶根:罪恶的根源。

【译文】

做了罪恶的事情害怕别人知道,这样的罪恶中还留存一些良知;做了善事却总是急切地想让他人知道,这样的善良中蕴含了罪恶的根源。

【点评】

人性的复杂决定了善与恶的复杂性。善恶并非非善即恶、非恶即善的简单二元论。人本性是无善无恶的,在意念和良知的推动下有了善恶之分,而区别善恶就是对世界的认知。身有缺点,甚至有恶念、恶行,如果不畏惧他人获知,不遮掩自己的错误,勇于面对,这说明还有被拯救的可能,还具有一点良知、善意。

《礼记·檀弓》记载:齐国发生大饥荒,黔敖为了博得好名声,在路边给饥民分发食物。一位掩面而来的饥民,无法接受黔敖的嗟来之食,宁愿饿死也不食用。黔敖的善行,目的不纯,又没有考虑接受救济者的尊严,最终导致了悲剧的发生。

二三九

天之机缄不测^①,抑而伸^②,伸而抑,皆是播弄英雄^③,颠倒豪杰处。君子只是逆来顺受^④,居安思危^⑤,天亦无所用其伎俩矣^⑥。

【注释】

①机缄:指推动事物发生变化的力量。亦指气数、气运。《庄子·天运》:"天其运乎?地其处乎?日月其争于所乎?孰主张是?孰维纲是?孰居无事推而行是?意者其有机缄而不得已邪?"成玄英疏:"机,关也;缄,闭也……谓有主司关闭,事不得已。"

②抑:抑制,压制。伸:伸直,伸展。

③播弄:戏弄,耍弄。

④逆来顺受:对于恶劣的环境或无理的待遇采取忍受的态度。

⑤居安思危:虽然处在平安的环境里,也想到有出现危险的可能。指随时有应付意外事件的思想准备。

⑥伎俩(jì liǎng):不正当的手段,花招。

【译文】

上天的气运不可推测,有时让人先陷入困境再进入顺境,有时让人先得意再失意,这些都是上天操纵戏弄英雄,倾覆败亡豪杰的地方。君子只要对于逆境顺境坦然接受,身处平安要考虑到出现危险的可能,这样上天也没有任何伎俩可以使用了。

【点评】

《论语·尧曰》云:"不知命,无以为君子。"命运虽捉摸不定,难以预测,但是人的一生要理解天命,顺应天命,为掌握自己的命运而努力。

三国李康《运命论》提出:"夫治乱,运也;穷达,命也;贵贱,时也。"他认为运、命、时是人生发展的三大要素。时运不济的孔子,先后游走在各国之间，却没有被重用，遭鲁国、卫国弃用，被鲁定公、鲁哀公否定，受子西妒忌，同桓魋结下仇恨，在陈国、蔡国遭受危机困厄，被叔孙、武叔诬蔑，然而其思想、言论、德行却光耀后世，千古传扬。君子之所以德范千古，名扬于世，就在于他们能够勘透天道，明察己身，懂得在历史的发展中安于天命而自得其乐，虽身处危难困厄并不怨天尤人，其身体可以接受命运的考验，而思想则保持自由通达，在官场可能遭遇浮沉，却不丧失品格与气节。

二四〇

福不可徼①，养喜神以为招福之本②；祸不可避，去杀机以为远祸之方。

【注释】

①徼（yāo）：求取。

②喜神：迷信指吉祥之神。

【译文】

人们对于幸福不可贪婪强求，供养吉祥之神只是作为召唤幸福的根本；人间的灾祸不可避免，抛去内心对他人的怨恨才可成为远离灾祸的方法。

【点评】

中国很早就有"祈福避凶"的思想，这是对幸福生活的期盼以及避免灾祸不幸的自觉意识。《尚书·洪范》记载了所谓的"五福六极"，"五福：一曰寿，二曰富，三曰康宁，四曰攸好德，五曰考终命；六极：一曰凶短折，二曰疾，三曰忧，四曰贫，五曰恶，六曰弱。"构成幸福的基本要素有长寿、富有、健康安宁、品德高尚、善终；造成不幸的因素有早夭、多病、忧虑、贫穷、品行恶劣、懦弱。这就是中国古代的"福祸观"，包含寿夭、富贫、喜忧、善恶等相对立的内容。

对个人而言,幸福不会无缘无故地降临,必须依靠自身努力奋斗。制定适合人生发展的目标和方向,脚踏实地一分耕耘一分收获,即便没有达到预期目标,也要保持乐观的心态。天道酬勤,幸福也许会因你积极勤奋的付出而到来。在追求幸福的过程中,抛弃对其他人的仇恨与憎恶、偏见与攻击,消融内心的敌意和固执,远离阴谋算计,远离伤害威胁,最终也就能远离潜在的灾祸。

二四一

十语九中未必称奇^①,一语不中则愆尤骈集^②;十谋九成未必归功,一谋不成则訾议丛兴^③。君子所以宁默毋躁,宁拙毋巧。

【注释】

①中:箭射准目标,此指符合实际情况。

②愆尤骈(pián)集:各种责难都聚在一起。愆尤,过失,罪咎。骈集,凑集,聚会。

③訾(zǐ)议丛兴:非议丛生。訾,诋毁,指责。

【译文】

十句话中能说对九句不一定被称高明,但是一句话说不中就会招致很多责难;十次谋划九次成功不一定会有功,但是一次谋划不成功就会非议丛生。所以品德高洁之人宁愿保持缄默也不要骄躁,宁可显得愚拙也不要机巧行事。

【点评】

北宋文学家、书法家黄庭坚《赠张叔和诗》曰:"我提养生之四印,君家所有更赠君。百战百胜不如一忍,万言万当不如一默。"诗中虽提养生之法，但是谨言慎行、以求自安的意思不言而喻。此诗作于北宋末年的"元祐党争"时期（1086—1094）。黄庭坚颇有政治抱负，也勤于政事，但因与苏轼交好，被支持王安石变法的新派划归至旧派"元祐党人"阵营，在政治上受到牵连。章惇、蔡卞与其党羽通过审查《神宗实录》，欲构陷修史官员，黄庭坚也受波及。因黄庭坚在《神宗实录》中写有"用铁龙爪治河，有同儿戏"之语，于是首先遭到盘问。黄庭坚直言说在北都做官时曾亲眼目睹此事，的确如同儿戏。对于所有查问，他有理有据，无所隐瞒，听到他的事迹之人纷纷称赞他志勇豪壮。黄庭坚虽然明白沉默自保的道理，但是依然无所畏惧，直言不讳，因此被贬官。所有的仗义执言、针砭时政，在黑暗纷争的政治风波中，成为被攻击的理由。黄庭坚蒙受冤屈后，仕途坎坷，屡陷困境，但他不论身处何种境地，都不虚意阿附，以平和的心态面对，等待属于自己的黎明到来。

二四二

天地之气，暖则生，寒则杀。故性气清冷者①，受享亦凉薄②；唯和气暖心之人，其福亦厚，其泽亦长③。

【注释】

①性气：性情脾气。

②受享：享受，享用。凉薄：不富足。

③泽：恩惠。

【译文】

天地之间的气运变化，温暖和煦就孕育万物，寒冷萧瑟则万物零落。所以性情清冷之人，享受到的福分也微薄；唯有性情平和内心温暖之人，所享有的福分才会深厚，所留下的福泽才会绵长。

【点评】

天地运转，日月交替，春暖冬冷，生死更迭，这是自然的法则。我们观测天体运转，时序变化，亦应秉承春风和煦之性，切忌性情高冷萧瑟，做事刻板冷漠。

"三尺巷"和"六尺巷"的故事，记载了暖心仁义之举。与之相关的故事，流传有多个版本：北宋王安石劝说家乡亲人退让一尺半，邻里听后也谦让一尺半，建成"三尺巷"，成就美谈；万历年间兵部尚书李春烨，劝说家乡亲人不要向邻里征地建造尚书第，而是主动让出三尺地；清代开国状元傅以渐家中与邻居产生宅基纠纷，家人写信希望他能助力解决。傅以渐回信劝解家人主动让出三尺地，邻居知道后，也主动让出三尺来，于是形成了今天山东聊城"仁义胡同"，又名"六尺巷"；清代大学士张英写诗回应邻里纠纷："千里修书仅为墙，让他三尺又何妨？万里长城今犹在，不见当年秦始皇。"他让家人在与邻居的宅边地纠纷中主动退让三尺，听闻此事的邻居也主动后撤三尺，建成"六尺巷"。

这些故事的流布，说明了"爱人者人恒爱之，敬人者人恒敬之"的道理。人与人之间建立起仁爱、尊重、协助、合作的关系，才能维持社会的和谐发展。倘若人人都自视甚高，为人处世冷漠孤傲，只为自我谋取私利，枉顾他人权益，处在这样一个缺乏温情的社会，又怎能期待福泽久远绵长呢？

二四三

天理路上甚宽①，稍游心②，胸中便觉广大宏朗③；人欲路上甚窄④，才寄迹⑤，眼前俱是荆棘泥途。

【注释】

①天理：天道，自然法则。宋代理学家认为封建伦理是客观存在的

　　道德法则,将之称为"天理"。

②游心:留心、心神倾注在某一方面。

③宏朗:指思想、胸怀等开朗宏伟。

④人欲:人的欲望嗜好。宋陆九渊《语录》上:"后世人主不知学,人
　　欲横流,安知天位非人君所可得而私?"

⑤寄迹:暂时托身,借住。

【译文】

　　人世间的天理之路十分宽阔,稍加倾注心思,就会感觉胸怀开阔、境界宏伟;人世间欲望之路十分狭窄,刚刚暂时托身,眼前已是荆棘丛生、满目泥途了。

【点评】

　　此处的天理和人欲,指伦理道德与物质欲望之间的关系。"天理"是指人类社会历经千百年的发展所形成的主流伦理道德观念。程朱理学认为:仁义礼智是天理,君臣、父子、兄弟、夫妇、朋友也是天理,天理无所不在,是至善本体的道德选择,是人人需要遵循的规范。"人欲",是人心之私欲,是心灵的疾病,道德精神上的瑕疵,是过度追求物质生活所产生的私念。

　　天理和人欲之间的关系是相对的,也是相互联系的。它们并非独立的两种事物,每个人心中,既有天理,也存有人欲。南宋胡五峰《知言》云:"天理人欲同体而异用,同行而异情。"它们虽然同时存在,却在外部表现上显示出不同的内容。朱熹对此有过十分形象的解释:"若是饥而欲食,渴而欲饮,则此欲亦岂能无? 问饮食之间,孰为天理,孰为人欲?曰:饮食者,天理也;要求美味,人欲也。虽是人欲,人欲中自有天理。"

　　天理的存在是人性本善的选择,走在天理的大路上,人生会越走越开阔;过度的物欲追求是对纯善人性的腐蚀与侵害,人生会因此遍布荆棘。面对物质诱惑,该如何克制对人欲的过度渴求?古代大儒们提出了通过积累学问,存养正气,在格物致知、追求真理的过程中,充盈内心,坚

定信念,从而逐步消除人欲。不过,个人的学习修养是一个曲折反复的过程,其中必然充满激烈的冲突,内心的挣扎,对天理的追求始终是一个螺旋式上升的由量变到质变的过程。

二四四

一苦一乐相磨练,练极而成福者,其福始久;一疑一信相参勘①,勘极而成知者,其知始真。

【注释】

①参勘:交替验证。参,检验,考索验证。勘,校订,核对。

【译文】

人的一生,要承受痛苦与快乐的交替磨练,磨练到至极获得的幸福,才会持久悠长;知识的获得,要在怀疑和确信之间交替验证,探索到最后得到的知识,才是真知灼见。

【点评】

五代画家厉归真自幼酷爱绘画,他画的牛虽栩栩如生,但是缺乏欣赏者,很少有人问津。当时人们认为在厅堂里挂上一幅"老虎图",才会显得府第威严大方。为了符合大众的审美,厉归真开始尝试画虎。可是没有见识过真老虎,他画的老虎僵硬无气势,人们戏称为死老虎。厉归真虽然深受打击,却也因此激发了斗志。他深入猛虎常出没的荒山野岭,在山民的帮助下,仔细观察写生。经过艰苦的学习,他的画虎技艺日益精湛,笔下的老虎几可乱真。厉归真以出众的画技赢得了世人对他画虎技艺的认可。此后,他游历祖国的大好河山,开阔了眼界,终成一代绘画大师。

北宋沈括在初读白居易《游大林寺》诗时,对"人间四月芳菲尽,山寺桃花始盛开"不解,认为"四月芳菲尽"与"桃花始盛开"相互矛盾,推断白居易犯了常识性的错误。后来,沈括在亲身经历了春夏之交山下百花凋零,山顶上却是桃花夭夭的景象后,才发现了高度对季节的影响:山势越高气温越低,桃花开放的时间要晚于山下。后来,他又发现白居易此诗还有一篇序,序中写道:"(大林寺)山高地深,时节绝晚,于时孟夏月,如正二月天,梨桃始华,涧草犹短。人物风候,与平地聚落不同。"沈括读后感慨万千,深觉自己读书太粗,缺乏常识和经验。沈括认真吸取经验教训,凭借着认真求索的精神和实证科学的方法,写出了《梦溪笔谈》这部中国科技史上极具价值的著作。

厉归真画虎从失败的痛苦到成功的喜悦,沈括从质疑到实证求解,都经历了一个不断钻研、思考、总结的过程,由此也获得了受益一生的经验和知识。

二四五

地之秽者多生物①,水之清者常无鱼②。故君子当存含垢纳污之量③,不可持好洁独行之操。

【注释】

①秽:肮脏,污浊。

②水之清者常无鱼:即"水清无鱼"。水太清,鱼就存不住身,对人要求太苛刻,就没有人能当他的伙伴。比喻过分计较人的小缺点,就不能团结人。《汉书·东方朔传》:"水至清则无鱼,人至察则无徒。"

③含垢纳污:忍受耻辱和污蔑,指气度大,能包容一切。垢,耻辱。污,污蔑。

【译文】

土地污秽的地方多会生长生物,水流过于清洁的地方鱼虾往往无法生存。所以品德高洁之人应该拥有忍受耻辱和污蔑的气量,不可过于坚持洁身独行的操守。

【点评】

人类的处事原则,既包括自我价值的选择,也包含个体与社会关系的协调与平衡。道德高尚之人,秉承厚德载物、兼容并包的思想,借助自身的修为,修正百姓的错误行为,在成就他人的过程中,促使自我的德性进一步完善。正如《论语·雍也》所载:"夫仁者,己欲立而立人,己欲达而达人,能近取譬,可谓仁之方也已。"

现代社会需要个人通过对世界的包容和理解,通过不断地学习与身体力行,逐步在思想、情感、习惯等方面理解并接纳他人,成就自我,展现出恢宏气度和谦和的美德。

二四六

泛驾之马可就驰驱①,跃冶之金终归型范②;只一优游不振③,便终身无个进步。白沙云:"为人多病未足羞,一生无病是吾忧④。"真确实论也。

【注释】

①泛驾之马:不服从驾驭的马。比喻很有才能而不循旧规的人。也形容敢于创新的人。泛驾,不服人驾驭。出自《汉书·武帝纪》:"夫泛驾之马,跅弛之士,亦在御之而已。"颜师古注:"泛,覆也……覆驾者,言马有逸气而不循轨辙也。"驰驱:策马疾驰。

②跃冶之金:出自《庄子·大宗师》:"今之大冶铸金,金踊跃曰:'我且必为镆铘。'大冶必以为不祥之金。"成玄英疏:"夫洪炉大冶,镕铸金铁,随器大小,悉皆为之。而炉中之金,忽然跳踯,殷勤致请,愿为良剑。匠者惊嗟,用为不善。"后以"跃冶"比喻自以为

能,急于求用。

③优游:做事犹豫,不果决。

④"白沙云"几句:白沙,即陈献章(1428—1500)。字公甫,广东新会(今广东江门新会区)人。明代著名思想家、哲学家、教育家,明代心学的奠基者,是明朝从祀孔庙的四人之一,被后世称为"圣代真儒""圣道南宗""岭南一人"。明张诩《白沙先生行状》:"祖居都会村,至先生始徙居白沙村。白沙村在广东新会县北二十里。后天下人重先生之道,不敢斥其名字,因共称之曰白沙。"其著作后被汇编为《白沙子全集》。引诗出自陈献章《七绝·答张梧州书中议李世卿人物、庄定山出处、熊御史荐剡所及》之二:"多病为人未足羞,遍身无病是吾忧。眼中谁是医和手,恨杀刀圭药未投。"

【译文】

不服人驾驭的马匹也可以训练成供人驱使疾驰之马,乐于被锤炼的金属最终被倒置进模具中锻造为良器;一味犹豫不决、萎靡不振,就可能一辈子都无法再前进一步。白沙先生曾说:"做人有很多毛病并不羞耻,一生没有一点毛病才是我担忧的。"真是至理名言啊。

【点评】

世间不乏桀骜不驯之士,他们颇具才干,然自视甚高,不愿屈于人下,但是只要遇到伯乐赏识,加以必要的训练,就可以成为千里之马。顽金经过千锤百炼终成良器,就仿佛世间那些可造之才,接受严格的考验,经过不断磨练、敲打,终于成为能承担经邦治国大任的有用人才。相较于这两类人,最令人担忧的是那些游手好闲、不思进取者,只想浑浑噩噩地生存着,一生都不努力奋进。世间没有十全十美之人,有缺点并不可耻,知错能改更为重要。对待消极人群,要深入了解他们的感受,消除负面情绪带来的不利影响,提升他们对生活的兴趣,增强其承受挫折的能力。只要人生有了明确的目标,具备承受磨砺与考验的能力,就能激发潜能,成就人生。

二四七

人只一念贪私,便销刚为柔,塞智为昏^①,变恩为惨,染洁为污,坏了一生人品。故古人以不贪为宝,所以度越一世^②。

【注释】

①昏:昏乱,神志不清。

②度越:超过,超越。

【译文】

人们只要动了贪求私利的念头,刚正不阿就会变为柔和懦弱,清明的神智就会堵塞变得混乱不清,恩泽福惠就会变为阴狠凶残,纯洁清净也会变为污浊不堪,这样损毁了一生的品行节操。所以古代圣贤认为不贪是珍贵的品德,可以用来超越凡尘俗世,度过一生。

【点评】

人们对名誉、地位、财富的追求是无止境的,元代王珪《泰定养生论》中对此总结得很到位:"盖因马念车,因车念盖。未得之,虑得之;既得之,虑失之。趑趄嗫嚅而未决,瘝瘵惊悸而不安。"拥有了马,就渴望得到车;拥有了车,就渴望得到车盖。如果没有得到,则天天思虑如何获取;若是得到了,又会担忧某一天会失去它们。如此贪得无厌,患得患失,必然寝食难安,不仅伤身伤神,更有甚者,利令智昏,巧取豪夺。历史上这样的例子很多,豪掷斗富的王恺和石崇,"政以贿成,官以赂授"的严嵩、严世蕃父子,富可敌国的和珅等,他们因肆无忌惮地暴敛财物而被后世声讨和唾弃。

明代中后期,社会风气奢靡,世人对物欲的过度追求,反映了经济发展带来的物质富足,但是也对社会伦理道德带来了巨大的冲击与破坏。

有感于此,洪应明多次论述物欲对人性的腐蚀和伤害。这也提醒我们,品行的修养是持久而艰辛的过程,不被物欲蒙蔽,拒绝贪婪,方可坚守高洁刚直的本性。

二四八

耳目见闻为外贼^①,情欲意识为内贼,只是主人公惺惺不昧^②,独坐中堂,贼便化为家人矣!

【注释】

①贼:佛教认为人生和宇宙之间的关系,是由六根、六识、六尘互相牵连而成。六根,指眼、耳、鼻、舌、身、心(意)等六种能生起感觉的器官。六尘,指色、声、香、味、触、法六种能污染身心,并且动摇变化的境界。六识,指六根和六尘接触时所产生的眼识、耳识、鼻识、舌识、身识、心识等六种认识、了别的作用。六根、六尘、六识三者构成了整个世界。佛家认为色、声、香、味、触、法六尘,都是以眼等六根为媒介劫夺一切善法,所以佛家用"贼"这个字代表六尘。

②惺惺:清醒的样子。不昧:不晦暗,明亮。

【译文】

耳闻目见的只是外在的敌人,情欲、意识这些才是内在的敌人,只要主人家保持清醒,独自安坐中堂,那么不论内贼外贼都会被控制,变为家人了。

【点评】

人有七情六欲,才能感知世间万事万物。《礼记·礼运》曰:"何谓人情?喜怒哀惧爱恶欲七者,弗学而能。"《吕氏春秋》云:"所谓全生者,六欲皆得其宜也。"东汉高诱注释:"六欲,生、死、耳、目、口、鼻也。"可见六欲泛指人的生理需求或欲望。佛教则以喜、怒、忧、惧、爱、憎、欲为七情，以色欲、形貌欲、威仪姿态欲、言语音声欲、细滑欲、人想欲为六欲。人处万丈红尘，身心被俗世尘缘所困，耳闻目染之下，贪欲丛生，不仅身体屈服于物质享受，连心灵都被妄念蛊惑而不复清净纯粹。所以，我们要警惕私欲杂念对身心的侵扰，排除心中虚妄，回归澄澈本性，使耳清宁，目明净，内心空净，精神超越物质束缚达到淡然通彻的境界。

二四九

图未就之功①，不如保已成之业；悔既往之失②，亦要防将来之非。

【注释】

①未就之功：尚未完成之功。就，成功，完成。

②既往：以往，过往。

【译文】

与其图谋还未开创之功绩，不如全力维护已成之事业；既要悔恨过去岁月的过错，也要努力防备未来将面对的错误。

【点评】

《左传·宣公十二年》曰："筚路蓝缕，以启山林。"从驾着简陋柴车，衣衫褴褛地开辟山林，不难看出创立功业的艰难。俗语也说"创业维艰，守成不易"，世上没有一蹴而就的事业，创立功业必然会历经千难万险，但是发扬光大守成之业，也是困难重重，会面临财富权势的诱惑、精神安逸懈怠的考验，并不比开创新的事业简单。因此，在事业还未稳定之际，不要盲目开创新局面，先做好眼前的事情，牢牢掌握守成之业，夯实基础，再根据事业发展的进程和形势变化制订计划，徐徐推进未来的事业版图。

　　《论语·八佾》云:"成事不说,遂事不谏,既往不咎。"对于已经存在的过错或罪责,不要再追究,而是学会释然放下,着眼于未来的发展。人们常说昨日不可追,来日犹可为,既成事实已经无法挽回,不如放下思想上的包袱,以过往的教训为鉴,在未来的发展中尽力避免重蹈覆辙,逐步开创新的局面。

二五〇

　　气象要高旷①,而不可疏狂②;心思要缜缄③,而不可琐屑;趣味要冲淡④,而不可偏枯⑤;操守要严明⑥,而不可激烈。

【注释】

①气象:气度,气局。高旷:豁达开朗。

②疏狂:豪放,不受拘束。

③缜缄:他本作"缜密",细致,周密。

④冲淡:冲和淡泊。

⑤偏枯:偏于一方面,照顾不均,使失去平衡。

⑥操守:平素的品行志节。

【译文】

　　气度要高远旷达,而不可疏狂不拘;心思要细致周密,而不可琐碎细微;志趣要冲和淡泊,而不可偏执枯寂;操守要严正明确,而不可偏激刚烈。

【点评】

　　此处阐述了培养品德、塑造人格的原则。

　　《论语·宪问》载:"子路问成人。(子)曰:'若臧武仲之知,公绰之不欲,卞庄子之勇,冉求之艺,文之以礼乐,亦可以为成人矣。'"大意是说,子路曾向孔子求教如何才能成为一个完美无缺的人?孔子回答说只要具备臧武仲那样的智慧,像孟公绰那样淡泊名利,拥有卞庄子那样的勇敢,具有冉求那样的才艺,再加上礼乐来增添他的风采,就可以算个完人了。孔子进而解释说,如今标准已经降低了,只要"见利思义,见危授命,久要不忘平生之言",也就是在利益面前能坚持道义,遇到危险时勇于承担,身处贫困之中仍不忘平生诺言,就可以算是完人了。

孔子认为睿智、清廉、勇气、才华、淡泊、诚信等都是君子应该具备的美德,洪应明则对美好品格有了更细致的解读。他指出,在为人处世中,气度要开阔舒朗,而不可轻狂粗疏;思虑缜密,而不纠缠于细枝末节;情致意趣平和淡然,而不偏执冷寂;品行端正严谨,而不可过于激烈刚猛。总之,君子既要从仁义礼智信的大义出发,严格要求自己,又要在生活的细微处完善个人品德修养,"修己以安人",达到至高的思想境,从而造福自己,造福他人,造福社会。

二五一

风来疏竹,风过而竹不留声;雁度寒潭①,雁去而潭不留影。故君子事来而心始现,事去而心随空。

【注释】

①寒潭:寒凉的水潭。

【译文】

清风吹过疏朗的竹林,风过后竹林不再有任何声响;大雁飞度寒冷的水潭,飞离后水潭不留雁影。是以君子面临事情时,内心会浮现各种念头,但是事情一旦过去,内心就会逐渐恢复宁静空寂。

【点评】

此处借风过竹静、雁去潭空譬喻事情发生的当下会有声响动静,竹喧潭影都是曾经的痕迹,但是事情消失后,天地则会寂然宁静。才德之士面对尘世困扰时,也会焦虑担忧,不知所措,但是良好的道德与学识修养使他们能战胜烦扰,努力保持平静的心绪,从而归于平淡从容。

范仲淹曾被朱熹评为"第一流人物",他耿介正直,胸怀大略,虽宦海沉浮,仍不改文士风范。仁宗亲政后,任命他为左司谏,主掌规谏讽谕。因不满权相吕夷简擅权市恩,景祐三年(1036),范仲淹向仁宗上《百官图》,对吕夷简多所指摘,却被宠信吕相的仁宗贬黜出京。康定元年(1040),与韩琦同任陕西经略安抚副使,兼知延州。范仲淹改革军制,巩固边防。庆历三年(1043),范仲淹被召入京,任参知政事,与富弼、欧阳修等推行"庆历新政"。旋以"朋党"罢参政,出知邠州兼陕西四路宣抚使等。远离中央政治舞台后,他逐渐淡化了遭贬斥后的郁郁心情,在邓州营造百花洲,重修览秀亭,关心民生疾苦,赢得了百姓的衷心爱戴。与此同时,写下了《岳阳楼记》等一系列脍炙人口的作品。范仲淹"不以物喜,不以己悲""先天下之忧而忧,后天下之乐而乐"等主张,成为中国古代知识分子的理想追求。元好问评论他:"在布衣为名士,在州县为能吏,在边境为名将,在朝廷则又孔子之所谓大臣者,求之千百年之间,盖不一二见。"

二五二

清能有容,仁能善断,明不伤察,直不过矫,是谓蜜饯不甜①,海味不咸,才是懿德②。

【注释】

①蜜饯(jiàn):蜜渍的果品。饯,以蜜或糖浆浸渍果品。

②懿(yì)德:美德。

【译文】

清正廉洁还有所包容,仁爱宽和却善于决断,聪敏明智却不伤于苛察,刚正不阿却不矫揉造作,这就是所说的蜜饯甜蜜却不宜过甜,海鲜咸美却不宜过咸,才是为人处世的美德。

【点评】

此处洪应明再次强调了立身处世要谨守适度合理的原则,清廉而包容,仁爱而果断,洞明世事而不苛察,刚正不阿而不做作。

一代名臣海瑞,深受王阳明心学影响,一生恪守严格的道德标准和朝廷法令,身处黑暗的明代官场,却努力做一个不被时代同化的清官,企图以微薄之力对抗社会积弊,对抗官场潜规则。他曾触犯过最高统治者的权威,揭露过利益集团的丑陋,最终成为千百年来最孤直耿介的一名官场异端。而对道德情操的过高追求,赋予他悲剧色彩。明代李贽评价他:"先生如晚年青草,可以傲霜雪而不可充栋梁。"认为海瑞的品德高尚,足以傲视霜雪,可他的清廉耿介、刚直愚忠,使他既没有兼容并蓄的雅量,又明察秋毫,要求苛刻,始终无法融入复杂的官场。海瑞虽然兢兢业业,勤政为民,但是并不具备经世治邦的卓越才能,也注定无法成为栋梁之才。

为人处世同样忌讳仁慈宽厚而优柔寡断、刚正不阿而故意造作。行事宽和,不是没有原则,也不是优柔寡断、踌躇不前,甚至是非不分,从而影响对事物的判断,或者错失时机,导致失败。而刚正不阿超过限度,没有区别地对抗世间一切事物,则无法保持中正清明,从而走向另一个极端。坚持适度的原则,就好像是甜蜜合宜的蜜饯,咸香合宜的海鲜,不因过度的滋味而引起他人的不适。品德的修养也同样需要坚持适度持中的原则。

二五三

贫家净扫地,贫女净梳头,景色虽不艳丽,气度自是风雅。士君子当穷愁寥落^①,奈何辄自废弛哉^②!

【注释】

①寥落:孤单,寂寞。

②废弛：放弃，懈怠。

【译文】

清贫人家把地面打扫干净，贫家女子把头发梳洗干净，虽然不鲜艳明丽，但自有一种朴素雅致的气度。有才德的读书人一旦陷入穷苦愁闷、寂寥孤独的境地，为何动不动就自我放弃懈怠了呢！

【点评】

儒家崇尚安贫乐道，主张人们身处贫穷，仍要保持淡然质朴的气度，于困境中追寻生活的意趣，寻求解决问题的方法，不要因为一时的困难就放弃人生追求，颓废堕落。颜回作为孔子最得意的弟子，曾经身居陋巷，生活清贫，即便如此，颜回依然"一箪食，一瓢饮，在陋巷，人不堪其忧，回也不改其乐"。

南宋的杨万里刚正坚毅，为官清正廉洁，针砭时弊，敢作敢为，因而被朝廷忌惮，一直不得志。但他并不害怕失去仕途名利，在京做官时，就时时准备罢官后返回老家。又告诫家人不许购置财物，以免成为负累。与那些蝇营狗苟，为了追逐名利而不择手段之徒形成鲜明对比。退出政治舞台后，他住在南溪，虽只一屋遮身，但仍保持着君子风范。南宋徐玑《投杨诚斋》一诗称赞他："名高身又贵，自住小村深。清得门如水，贫惟带有金。"正是杨万里清贫却不沉沦的人生写照。

二五四

闲中不放过，忙中有受用；静中不落空①，动中有受用；暗中不欺隐②，明中有受用。

【注释】

①落空：没有着落，没有达到目的或目标。

②欺隐：欺骗隐瞒。

【译文】

悠闲时不要虚度时光，忙碌时才会有所获益；清净时不要无所事事，行动时才会有所获益；背地里不要欺骗隐瞒，公开的场合才能有所获益。

【点评】

时间像生命一样珍贵，片刻时光都需要珍惜，尤其在清悠闲适、安逸平顺时，不要浪费时间，而是抓住机会谋划，积累沉淀学识与能力。在清闲时做好充分的准备，才能避免忙碌之际仓促行事，从而错失良机。而机会也总是青睐那些有准备的灵魂。

初唐骆宾王《萤火赋》云："类君子之有道，入暗室而不欺。"立身处世，无论身处明处还是暗处，都要光明磊落，莫做阴险狡诈之事。正如宋陈元靓在《事林广记》所言："人间私语，天闻若雷，暗室欺心，神目如电。"卑劣的行径是无法长期隐瞒的，它们终有一天会暴露在阳光之下。因此，我们要努力做到襟怀坦白，持身端方，俯仰无愧。

二五五

念头起处，才觉向欲路上去^①，便挽从理路上来。一起便觉，一觉便转，此是转祸为福、起死回生的关头，劝莫当面错过。

【注释】

①觉：醒悟，明白，警觉。

【译文】

内心种种想法产生的时候，刚刚有向欲望的道路上转去的矛头，就要想方设法挽回到真理的道路上来。念头一旦产生就要警觉，一旦警觉就要返转回正确的道路，这才是转祸为福、起死回生的关键时刻，奉劝诸位不要当面错失这样的良机。

【点评】

明代吕坤《呻吟语》云："一念收敛，则万善来同；一念放恣，则百邪乘衅。"控制私念，那么各种善念就会同时出现；放纵私念，那么各种邪念就会乘虚而入。《法华玄义》亦曰："释论云：三界无别法，唯是一心作。心能地狱，心能天堂，心能凡夫，心能贤圣。"佛家认为，人的意识决定人的行为，从而有相应的果报，内心所想有异，就会踏入不同的人生境界。

一动念间，就会产生善与恶的念头，产生生与死的较量、爱与恨的纠葛，既能变为恶魔，也能立地成佛。当心意初动的时候，要判断是倾向于善还是恶，如果是向恶去善，就要迅速扭转心意，改往善良的方向，追寻正道与真理。这样才能转祸为福，阻止人生走向歧途。一念之差，往往决定了不同的人生道路。

二五六

天薄我以福，吾厚吾德以迓之①；天劳我以形，吾逸吾心以补之；天厄我以遇②，吾亨吾道以通之③。天且奈我何哉！

【注释】

①迓（yà）：迎接，迎击。

②厄：困厄，遭遇困境。

③亨：通达，顺利。

【译文】

上天削减我的福泽，我通过加深道德修养来迎击它；上天劳苦我的身体，我通过放松心情来弥补它；上天阻遏我的际遇，我通过顺利获得人生的道义来疏通它。上天又能把我怎么样呢？

【点评】

天，代表了至高无上的自然法则和权势威严。天机不可预测，天威不可触犯，天道统治万物。然而上天赋予的一切，无论祸福，难道都要无条件接受吗？

《史记·屈原列传》载："夫天者，人之始也；父母者，人之本也。人穷则反本，故劳苦倦极，未尝不呼天也；疾痛惨怛，未尝不呼父母也。"屈原在放逐之地，内心极度苦闷，面对沉寂的天地，不免产生对宇宙、自然、神话、历史、人生、社会的疑问，写就了千古名篇《天问》。天问，也就是对上天的质问。屈原提出了涉及宇宙形成、沧海变化、神话传奇、历史变迁等各种问题，文中在鲧治水有大功而遭遇极刑的部分，表达了对鲧极大的同情，他认为鲧不是因治水失败而亡故，而是由于他的正直善良遭到了天帝的猜忌。屈原质问道："天命反侧，何罚何佑？"表达了诗人对遭受政治迫害的愤怒和不平，以及对天命的反抗。

面对上天对人类的种种不公、考验和挫折，我们不应沮丧，怨天尤人，而是勇敢面对，积极应对，努力培养良好的道德品质，潜心钻研人生的道义，以此迎击来自命运的淬炼，摆脱逆风恶浪般的厄运，把命运掌握在自己手中，书写美好灿烂的人生。

二五七

真士无心徼福①，天即就无心处牖其衷②；险人著意避祸③，天即就著意中夺其魄。可见天之机权最神④，人之智巧何益。

【注释】

①徼（yāo）福：祈福，求福。

②牖（yǒu）其衷：启发其内心。牖，通"诱"，开导，教导。

③险人：邪恶的人。

④机权：机智权谋。

【译文】

真正有才德的人不会刻意去祈求福泽，上天却会在无意之中完成他的夙愿；邪恶的人刻意远离祸患，上天则在他有意的狡诈行为中夺走他的魂魄。由此可见，上天的机智权谋最为神奇莫测，人类的智慧机巧又有什么作用呢？

【点评】

《增广贤文》云："有意栽花花不开，无心插柳柳成荫。"世上很多事情常常像栽花一样，花费很大精力，用尽心思筹谋，结果却不如人所愿；有时不经意的行为，却得到了好结果，就像随意把柳条插在地里，却长成了郁郁葱葱的柳树那样。所以，古人认为人生需要顺其自然，万事不可强求。不过，顺应天命并非消极地顺从，而应该顺势而为。

明代余继登《典故纪闻》载："太祖尝谓四辅官王本等曰：'天道福善祸淫，不言而见。君有德则降祥以应之，不德则降灾以警之。'"福泽恩惠只会降临给严格遵守道德规范、兢兢业业、刻苦奋进的人。品行恶劣之人，虽用尽心机玩弄权谋，但是灾祸依然会降临其身，社会的正义公德岂能放过他们？有德行之人，只要坚守志节，扬善去恶，命运往往会给他们幸运的馈赠。

二五八

声妓晚景从良①，一世之烟花无碍②；贞妇白头失守③，半生之清苦俱非。语云："看人只看后半截。"真名言也。

【注释】

①声妓：旧时宫廷及贵族家中的歌姬舞女。

②烟花:指妓女或艺妓。无碍:没有阻碍。

③贞妇:旧指从一而终的妇女。

【译文】

歌姬舞女晚年后嫁人,从此脱离烟花生活,前半生艺伎生涯也不会妨碍她今后的生活;贞女节妇人到晚年却无法保持贞节,前半生清冷枯寂的操守都化为泡影。俗话说:"看人只看后半截。"真是至理名言呀。

【点评】

晚节,指晚年的节操。中国古代知识分子爱惜名节,尤重晚节。宋代韩琦《九月水阁》云:"虽惭老圃秋容淡,且看寒花晚节香。"在他眼中,一个人的晚节仿佛傲霜凌寒的秋日黄花,坚贞、高雅,傲然挺立于天地之间。

历史上的杰出人物,败于晚节者比比皆是。有些人壮年时期建功立业,及至晚年,仍沉溺于名利,纠缠于官场,不懂得适时抽身,最后导致身败名裂,不得善终。这就是人生,不论过程多么华丽,一旦在生命终结之际,偏离道德准则,同样注定是失败的一生。盖棺定论之说也由此得来。保持初心,珍惜晚节,实属不易。

二五九

平民肯种德施惠①,便是无位的卿相②;仕夫徒贪权市宠,竟成有爵的乞人。

【注释】

①种德:犹布德,施恩德于人。

②卿相:执政的大臣。

【译文】

平民百姓如果愿意施恩德布恩惠,那就仿佛是没有爵位的公卿宰相；执掌权势之人却贪恋权力祈盼恩宠，那就仿佛是拥有爵位的乞丐了。

【点评】

中国传统社会一直强调尊卑有序的社会秩序，西汉戴圣在《礼记·乐记下》曰："所以官序贵贱各得其宜也，所以示后世有尊卑长幼之序也。"《幼学琼林》教导幼童："尊卑失序，如冠履倒置。"认为打破尊卑次序，就是打破了社会的基本秩序。洪应明在此处提出人的尊崇与卑下，不是由社会地位决定，而是由品德的高尚与否决定。处于社会底层的平民百姓，如果能够修养品德，行仁义之事，扶弱济贫，他们虽然没有官品爵禄，但是在精神上却是崇高威严的。相反，名流权贵利用权势地位鱼肉百姓，为贪求高官厚禄而奴颜婢膝，为维持奢华享受而贪污受贿，种种行为卑劣而低下，从道德角度评判，他们只能是徒有爵位的乞丐。

社会的发展召唤有品德、有能力、有才华的人，而不是热衷功名、贪恋权势、品格低劣的小人。道德品质是考量人的价值的一个重要维度。

二六〇

问祖宗之德泽[①]，吾身所享者，是当念其积累之难；问子孙之福祉[②]，吾身所贻者[③]，是要思其倾覆之易[④]。

【注释】

①德泽：恩德，福泽。

②福祉（zhǐ）：幸福，福利。

③贻：赠送，遗留。

④倾覆：颠覆，覆灭。

【译文】

要问祖先留下的恩泽，就是我们现在所享用的一切，所以我们应当感念祖先积累的艰难；要问后世子孙会享有的福祉，就是我们可以遗留馈赠给子孙们的一切,所以必须考虑家门被颠覆倾灭是多么容易。

【点评】

元马致远《荐福碑》云:"莫瞒天地昧神祇,祸福如同烛影随。善恶到头终有报,只争来早与来迟。"善恶因果相报,是中国古代家庭观念中重要的内容,积德行善之家,恩泽才能惠及子孙;而为非作歹之家,只会遭受灾祸。后世子孙所能享受的家族福祉,大多由先辈的苦心经营所决定,因此为了绵延后代,造福家族,在和顺安逸的环境中,先辈要时时保持警惕,要考虑家门败落颠覆的可能性和危险性,从而谨慎从事。所谓前人栽树后人乘凉,有了先辈的筚路蓝缕,才能保证后世子孙的富足安康;有了后代子孙的安分守业,才能发扬光大祖辈的辉煌,宣扬家族荣耀。

二六一

君子而诈善,无异小人之肆恶①;君子而改节②,不若小人之自新。

【注释】

①肆恶:恣意作恶。

②改节:改变操行。

【译文】

作为君子而伪装行善,与小人的恣意作恶没什么区别;作为君子而改变操守,还不如小人的悔过自新。

【点评】

明代杨慎《丹铅总录·史籍类》载:"盖真小人其名不美,其肆恶有限;伪君子则既窃美名,而其流恶无穷矣。"伪君子是披着谦虚恭谨、正气凛然的外衣,而在暗地里作恶多端、欺世盗名之人。其对社会的危害,比明目张胆作恶之人更加严重。

世间的伪君子有些信誓旦旦，旁征博引，为自己的阴险奸诈寻找理论根据；有些仿佛墙头草，毫无原则，却还吹嘘标榜自己品德高尚；有些表面清正廉洁、仁慈宽厚，背后却贪得无厌、残忍暴虐。凡此种种，反映出其人性的卑劣，虽有层层伪装，但终究会被世人识破。

君子本应通晓事理，拥有完美的道德品质，一旦伪善、失节，比之小人的卑劣行为还要恶劣。而小人若能改过自新，舍邪归正，可以媲美君子的德行。君子面对欲望的诱惑，要力求清正廉洁、刚正不阿，任凭外界物欲横流，仍要保持清正端方的操守。

二六二

家人有过不宜暴扬^①，不宜轻弃。此事难言，借他事而隐讽之^②。今日不悟，俟来日正警之^③。如春风之解冻、和气之消冰，才是家庭的型范^④。

【注释】

①暴扬：暴露传扬。

②隐讽：用暗示性的语言加以劝告或指责。

③俟（sì）：等待。

④型范：典范，法式。

【译文】

家人出现了过错，不应该过于暴露宣传，也不要轻易地放过。这些事情如果难以坦率地说出，可以用其他事情含蓄地劝告他。如果他今天无法领悟，就等待来日再警示他。仿佛春风融化冰冻的大地、和煦的空气消融坚固的冰雪，这才是家庭该有的样子。

【点评】

重视家庭教育是中国的文化传统，流传于世的家训传达出来的典型思想,包含累世的经验和智慧。比如《颜氏家训》云:"治家之宽猛,亦犹国焉。"指出治家的宽严之度,关系到一个家庭的长治久安,其重要性不亚于治理一国之政。

　　古人对于处理家庭关系一般崇尚"万事和为贵",但是创建和谐的关系不是一味地姑息家人的过错,"小惩而大诫,此小人之福也"。有小过失就惩戒,使其受到教训而不致犯大的错误。而惩戒的程度,应因人而异,因事而异。若习惯以冷言冷语面对家人所犯错误,或大肆向外宣扬,甚至进行暴力教育,很可能会引起逆反情绪,无法达到劝善改过的目的。若是纵容错误,则小错误会发展蔓延,造成更大的危害。家人间要用春风化雨般的温暖,去消除彼此的误解,从而营造和谐的家庭氛围。

二六三

　　此心常看的圆满,天下自无缺陷之世界;此心常放的宽平,天下自无险侧之人情[①]。

【注释】

①险侧:险恶邪僻。

【译文】

　　如果常用圆满之心看待世界,那么看到的自然是毫无缺陷的世界;如果内心常是宽厚公平的,那么世间自然没有险恶的人心。

【点评】

　　《五灯会元》载宋代青原惟行禅师所言:"老僧三十年前未参禅时,见山是山,见水是水。及至后来,亲见知识,有个入处,见山不是山,见水不是水。而今得个休歇处,依前见山只是山,见水只是水。"这里所讲的是人对世界的认知大抵会经历的三个境界:亲眼所见的真实世界,山就是山,水就是水;经验和阅历所感知的世界,感受到人生的黑暗,人性的复杂,在其中深思、挣扎,寻求理想的出口,此时再看,山与水也不再单纯;看遍世界,历经挫折,悟透人生,山与水又呈现出本真的形象。

参禅的人讲究见心见性,心中有什么眼中就看到什么:心中充满爱,看到的就是祥和安静的世界;心中充满恨,看到的就是黑暗暴虐的世界。此说虽有唯心的成分在内,但从中可知我们对世界的认知会影响眼中所见的世界形象。宽厚仁慈的内心,有助于我们内心的安宁,它同时也是人际关系的润滑剂。

二六四

淡薄之士,必为浓艳者所疑;检饬之人①,多为放肆者所忌。君子处此,故不可少变其操履②,亦不可露其锋芒③!

【注释】

①检饬(chì):谓检点,自我约束。

②操履:操守。

③锋芒:刀剑等锐器的刃口和尖端。比喻人的才华和锐气。

【译文】

恬静淡泊的人,必定被豪奢权贵所质疑;谨言慎行的人,必定被放纵恣意的人所猜忌。君子身处这样的环境,绝不能对自己的操守有丝毫改变,也不可锋芒毕露。

【点评】

刘安《淮南子·主术训》云:"非澹薄无以明德,非宁静无以致远。"表明世人若不追求名利,生活简朴,就可以彰显美好的德行、高尚的情趣;心灵平静沉着,才能有所作为。才德之人,专注个人修养,高风峻节,谨言慎行,因此被小人嫉妒、怨恨、忌惮,成为被构陷的目标,常会遭到攻击或伤害。但是君子"临大节而不可夺也",其志向高远,心志坚定,不为艰难的处境而改变操守,同时注意韬光养晦,收敛才华。北宋寇准拜相时,朝廷所下诏书评价他"能断大事,不拘小节;有干将之器,不露锋芒;怀照物之明,而能包纳",说明寇准虽光芒不露,但其才华已深入人心。

二六五

居逆境中,周身皆针砭药石①,砥节砺行而不觉②;处顺境内,满前尽兵刃戈矛,销膏靡骨而不知③。

【注释】

①针砭(biān):用砭石制成的石针。亦谓针灸治病。药石:药剂和砭石。泛指药物。

②砥(dǐ)节砺行:磨练节操与德行。砥,细的磨刀石。砺,粗的磨刀石。汉蔡邕《郭泰碑》:"若乃砥节砺行,直道正辞,贞固足以干事,巑括足以矫时。"

③销膏:指灯烛燃烧时耗费油膏。《汉书·董仲舒传》:"积恶在身,犹火之销膏而人不见也。"靡骨:粉身碎骨。

【译文】

身处逆境时,周围皆是可以治病的针灸和药石,不知不觉中磨砺着人的节操与德行;身处顺境时,眼前尽是兵刃戈矛等杀人武器,不知不觉中销蚀着人的身体和精神。

【点评】

《格言联璧·存养类》载:"大事难事看担当,逆境顺境看襟度,临喜临怒看涵养,群行群止看识见。"人生之路漫长而崎岖,既有和风细雨的顺境,又有严霜寒雪的逆境。逆境让人动心忍性,增益其所不能,虽然痛苦,却能磨练顽强意志,培养道德情操,使各方面能力得以提升,逐渐使逆境变为坦途。顺境看似平坦,其实充满了刀光剑影、不测之祸。身处顺境之人，往往只看到了风平浪静的表象，而没有触摸到掩藏在平静之下湍急的暗流，黑暗中无可避免的旋涡。尤其在安逸中，渐渐丧失戒备心理，面对危机而不自知，最终踏入险途。人生道路上只有警惕骄矜傲慢、怠惰松懈，才能越走越宽阔。

二六六

生长富贵丛中的，嗜欲如猛火①，权势似烈焰。若不带些清冷气味，其火焰不至焚人，必将自焚。

【注释】

①嗜（shì）：喜爱，喜好。

【译文】

生长在富贵环境中的人，对欲望的喜爱就像熊熊燃烧的大火一样猛烈，对权势的追求就像烈焰一样热切。如果不具备一些清冷的意趣，这团火焰即使无法灼烧别人，也必然会烧毁自己。

【点评】

一代权臣长孙无忌，是唐太宗留给高宗的辅佐大臣。作为高宗的亲舅舅，长孙无忌在朝廷的地位无人可及。但对权势的极度渴望，使长孙无忌渐渐走上了一条不归路。通过永徽四年（653）驸马房遗爱谋反一案，他排除异己，权势达到了巅峰。在朝廷的核心领导集团中，除了李勣，其余六人皆为长孙一党。长孙无忌在政治斗争中手段惨烈，行事狠绝，对皇权产生了极大的威胁。为了维护皇帝的权威和利益，高宗开始着手布局，从而揭开了"君相之争"的序幕。这场权力之争最终以两朝元老长孙无忌被下旨赐死，家产抄没，近支亲属均被流放岭南为奴的惨烈结局收场。

权势迷人也伤人，长孙无忌没有选择在适当的时机放权于高宗李治,而是挟权倚势,与皇权对抗,对权力的贪婪与迷恋,最终导致他一生的荣耀付之流水。

二六七

人心一真,便霜可飞①,城可陨②,金石可贯③;若伪妄之人④,形骸徒具⑤,真宰已亡⑥,对人则面目可憎,独居则形影自愧。

【注释】

①霜可飞:即"飞霜"。东汉王充《论衡·感虚篇》:"邹衍无罪,见拘于燕,当夏五月,仰天而叹,天为陨霜。"后以"六月飞霜"称冤狱或冤情感天动地。

②城可陨(yǔn):此处比喻至诚可感动上天而使城墙崩毁。据《古今注》载:"杞植战死,妻叹曰:'上则无父,中则无夫,下则无子。生人之苦至矣。'乃抗声长哭,杞都城感之而颓,遂投水而死。"

③金石可贯:即"金石为开""金石可开"。连金石都被打开了,形容一个人心诚志坚,力量无穷。金石,金属和石头,比喻最坚硬的东西。

④伪妄:虚假,不真实。

⑤形骸(hái):人的躯体。

⑥真宰:指人的本真之性。

【译文】

人心一旦真挚虔诚,就可以感天动地,夏日里降下霜雪,牢固的城墙可以被摧毁,坚硬的金石能被打开;若是虚假诈伪之人,只剩下一副空空的形体,本真之性已然消失,与别人相处面目可憎,一个人独处则连面对影子都会感到羞愧。

【点评】

真情实感可使六月飞霜,可使城墙崩毁,这些故事虽有附会的成分,但其中遭受冤屈感天动地的至诚之意,却流传千古。文学作品中,也常常将二者放在一起比拟,如三国曹植《黄初六年令》云:"邹子囚燕,中夏霜下;杞妻哭梁,山为之崩。"北周庾信《哀江南赋》言:"冤霜夏零,愤泉秋沸。城崩杞妇之哭,竹染湘妃之泪。"真挚凄婉之意,跃然纸上。

反之,奸巧诈伪之人,丧失了人性的本真,圆滑世故,不肯踏实处事待人。在他们虚伪的面具下,是空洞的灵魂和卑俗的精神。即使活着,也徒具形骸,缺乏真善美的内涵,为世人诟病和厌恶。因此,君子养心莫善于诚,处世立身与其虚伪诈巧不如藏巧守拙,真诚守信。

二六八

文章做到极处,无有他奇,只是恰好;人品做到极处,无有他异,只是本然①。

【注释】

①本然:犹天然、天赋。

【译文】

文章做到无人可及的境界,没有其他奇特的地方,只是表达得恰如其分;人品做到无人可及的境界,没有其他特异之处,只是本性就是如此纯粹。

【点评】

陆游《文章》云:"文章本天成,妙手偶得之。粹然无疵瑕,岂复须人为?"一篇佳作无须人力雕琢,浑然天成。只要自然纯粹没有瑕疵就好,不需要力求字字珠玑。

人的品格,是一个人道德、学识、修养的集中体现,修为到了极致,呈现在世人面前的是自然真诚和朴实无华。如此才能放下虚荣、世故和圆滑，以一片赤子之情，真诚应对人生百态。正如黄庭坚《濂溪诗序》所云："春陵周茂叔，人品甚高，胸中洒落如光风霁月。"是说周敦颐胸襟磊落，心怀纯粹，能以君子之风，以如莲般高洁纯净之人品，拂去尘世浮躁，承担道义，实现人生理想。

二六九

以幻迹言，无论功名富贵，即肢体亦属委形①；以真境言，无论父母兄弟，即万物皆吾一体。人能看的破，认的真，才可以任天下之负担，亦可脱世间之缰锁②。

【注释】

①委形：指自然或人为所赋予的形体。

②缰锁：缰绳和锁链。比喻束缚、拘束。

【译文】

从虚幻的境界而言，不论功名富贵，甚至是人的肢体都是上天赋予的；以真实的世界而言，不论父母兄弟，甚至世间万事万物，都与我是一体的。人们只有明察虚幻景象，认清世界的本来面目，才能够担负起兴国安邦的重任，也才能摆脱人世间的种种束缚与挟制。

【点评】

《金刚经》云："一切有为法，如梦幻泡影。"佛教强调世间存在的万事万物，皆是"本心"产生的幻象。事实上，万事万物是客观存在的，只是对于修心养性的人而言，所谓认识真实、超脱虚妄，是承认客观存在的同时，不执着于客观存在，不执着于自我，方能超脱现实中功名利禄、富贵荣华的桎梏，明察"我"与物质世界的关系，认清自我的社会责任，尽心竭力承担家国道义。

二七○

爽口之味,皆烂肠腐骨之药^①,五分便无殃^②;快心之事,悉败身散德之媒^③,五分便无悔。

【注释】

①烂肠:损伤胃肠,使胃肠溃烂。

②殃(yāng):祸害。

③散德:失去做人的道德。媒:媒介,使双方发生关系的人或事物。

【译文】

清爽利口的好滋味,全是损伤肠胃、腐烂身体的毒药,饮食只到五分饱就不会有这种伤害;爽心快意的事情,都是败坏身体、丧失道德的诱因,赏心悦意的事情只享受五分就不会产生悔意。

【点评】

可口美食若不知节制地暴饮暴食,反会伤害自身。浅尝辄止,便能避免病从口入。《左传·闵公元年》云:"宴安鸩毒,不可怀也。"告诫世人不要贪图安逸享乐,那就如同饮毒酒自杀一样。曾国藩意识到骄奢安逸对人的腐蚀与影响,于是在家书中训诫后代:"家败离不得个奢字,人败离不得个逸字,讨人嫌离不得个骄字。"

历史上不乏贪图享乐而亡国的例子。后唐庄宗李存勖能谋善断,骁勇果敢,同光元年(923)在魏州称帝,史称后唐。于同年灭亡后梁,占领河南、山东等地,定都于洛阳。李存勖在位初期振国兴邦,卓有成绩,"五代领域,无盛于此者"。但他后来沉溺声色,重用伶人、宦官,纵容皇后干政,滥杀建国功臣,横征暴敛,以致人心背离,藩镇怨愤,士卒兵变。同光四年(926),李存勖死于乱军之中,终年四十二岁,在位仅三年。一代叱咤风云的帝王,死于骄奢淫逸,成为千古悲剧。

二七一

不责人小过,不发人阴私^①,不念人旧恶。三者可以养德^②,亦可以远害。

【注释】

①阴私:隐秘不可告人的事。

②养德:泛指修养德性。

【译文】

不要责怪他人的微小过错,不要揭发他人的隐秘私事,不要惦念别人的旧时罪恶。做到这三点可以修养德性,也可以远离祸害。

【点评】

隐恶而扬善,是德行修养中重要的内容。常言道:来说是非者,便是是非人。明代莲池大师《自知录》言:"扬人善,一事为一善。隐人恶,一事为一善。见传播人恶者,劝而止之为五善。隐人善,一事为一过,扬人过,一事为一过。有言则而举恶者,非过;为除害救人而举恶者,非过。"扬人善,隐人恶,都是修行中的善举,而为了除害安良去宣扬恶劣行径的,则非过错。

《弟子规》云:"道人善,即是善。人知之,愈思勉。扬人恶,即是恶。疾之甚,祸且作。"赞美善良,就是行善,令人更加向往善良;宣扬过失,本就是恶行,宣扬太多会加剧恶行,甚至造成灾祸。因此,对于他人的过错与隐私,不宜揪住不放,刻意渲染,到处宣传。比较适宜的解决方式应该是私下劝诫,或者给予悔改自新的机会,这样既能提升自我修养,体现宽宏大度的处事原则,也可以给予其他过失者自救的机会,避免因过度暴露他人过失而带来的祸患。

二七二

天地有万古^①，此身不再得；人生只百年^②，此日最易过。幸生其间者，不可不知有生之乐，亦不可不怀虚生之忧。

【注释】

①万古：万代，万世。形容年代久远。

②百年：指人寿百岁。

【译文】

天地万古悠长，但是人身不能再次得到；人生只有一百年的光景，日子最容易度过。有幸生活在这期间的人，不可不知享有生命的乐趣，也不可不怀有虚度一生的忧患。

【点评】

《颜氏家训·勉学篇》云："光阴可惜，譬诸逝水。"朱熹《偶成》亦云："一寸光阴不可轻。"天地悠悠，万古长存，人的一生放置于历史长河中，仿佛朝露一样短暂。虽然生命短暂，光阴如水逝去，但是却非常宝贵。《淮南子·原道训》言："故圣人不贵尺之璧而重寸之阴，时难得而易失也。"唐王贞白《白鹿洞二首》云："读书不觉已春深，一寸光阴一寸金。"我们要懂得珍惜青春年华的重要性，体悟"生"的快乐与喜悦，不要虚掷年华而使终身碌碌无为。只有积极投身于兴国治邦的宏图大业中，才能创造辉煌的人生，实现生命的价值。

二七三

老来疾病^①，都是壮时招得；衰时罪业^②，都是盛时作得。故持盈覆满^③，君子尤兢兢焉^④。

【注释】

①老来:年老之后。

②罪业:佛教语,指身、口、意三业所造之罪。亦泛指应受恶报的罪孽。

③持盈覆满:一本作"持盈履满",谓处于最盛满时。

④兢兢:小心谨慎貌。

【译文】

年老体衰之时的疾病,都是壮年时种下的病根;衰败时遭受的罪孽,都是兴盛时期埋下的祸根。因此,君子在功业圆满时,尤其要小心谨慎,兢兢业业。

【点评】

此条告诫人们居安思危,防患于未然。《左传·襄公十一年》曰:"居安思危,思则有备,有备无患。"《旧唐书·王方庆传》言:"览古人成败之所由,鉴既往存亡之异轨,覆前戒后,居安虑危。"人生有因就有果,生活中的病痛与祸患大多不是突然而至的,也许在年轻力壮、家业兴盛时,就埋下了灾难的种子,碰到合适的时机就会爆发。因此,当身处平安圆满的境遇时,要预先设想危险出现的可能性,时时审察自身,谨慎行事,防微杜渐,把灾难的隐患消除在萌芽状态,为今后幸福安稳的人生做好准备。

二七四

　　市私恩①,不如扶公议②;结新知③,不如敦旧好④;立荣名,不如种阴德⑤;尚奇节⑥,不如谨庸行⑦。

【注释】

①市:引申指为某种目的而进行交易。私恩:私人之间的恩惠。

②公议:众人的议论和评判。

③新知：新结交的朋友。

④敦：厚交，深结。

⑤阴德：暗中做的有德于人的事。

⑥奇节：珍奇可贵的名节。

⑦庸行：平常行为。

【译文】

布施私人恩惠，不如扶持公众舆论；结识新朋友，不如深交旧时好友；树立荣誉美名，不如暗中积累阴德；崇尚标新立异的名节，不如谨慎对待平常的行为。

【点评】

一个人若想建功立业，彰显于世，需要慎重考虑布施私人恩惠和合乎公众利益的评判之间的关系；需要考虑是结交新朋友，还是维护故交旧知；是宣扬美好的名声，还是默默培养个人的道德品行；是崇尚令人瞩目的珍奇名节，还是谨慎对待平常的行为。在此条中，洪应明将私恩与公议、新知与旧好、荣名与阴德、奇节与庸行置于两两对立的立场，他认为一心为公，不为私欲，珍惜情感，谨言慎行，不盲目追求名声、气节，踏踏实实修炼个人的品德，才是做人的根本。

二七五

公平正论不可犯手①，一犯手则贻羞万世②；权门私窦不可著脚③，一著脚则玷污终身。

【注释】

①犯手：着手，动手。此作触犯、违犯解。

②贻（yí）羞：使蒙受羞辱。

③权门私窦（dòu）：有权势者营私的巢窟。私窦，门旁小房。窦，孔

穴。著脚：指落脚、涉足。

【译文】

不要触犯公允持正的规则，一旦触犯，千年万载都会留下耻辱的名声；不要涉足权贵豪门营私的巢窟，一旦涉足，就会背负一生的污点。

【点评】

公道存于民心，它是维护社会正义的力量之一。对于正直公道的言论，必须拥护，不能因自己的私欲而触犯它们，否则会招致口诛笔伐。张衡《西京赋》言："街谈巷议，弹射臧否。"来自民间的声音，可以评论是非曲直。但是，权门高宦往往操控权力，把控时局，结党营私；滥官酷吏壅塞言路，干涉民众公论，以致大道不行，民情危急，社会动荡，成为阻碍社会进步的腐朽势力。

权贵显要，拥有财富和权势，对于政局和社会都有不可小觑的影响。若为了名利爵禄而游走、依附权贵阶层，将成为他们手中一枚小小的棋子，丧失独立人格。正如三国董昭所云："窃见当今年少，不复以学问为本，专更以交游为业；国士不以孝悌清修为首，乃以趋势游利为先。合党连群，互相褒叹，以毁訾为罚戮，用党誉为爵赏，附己者则叹之盈言，不附者则为作瑕衅。"尤其一些豪门权贵恃强凌弱，仗势欺人，背信弃义，唯利是图，攀附他们的结果往往是成为利益集团的一分子，或为权力，或为财富，或为政治而谋逆不轨，钩心斗角，出卖灵魂，最终深陷泥沼，名声尽毁，甚至付出生命的代价。

二七六

曲意而使人喜[①]，不若直节而使人忌[②]；无善而致人誉，不如无恶而致人毁。

【注释】

①曲意：委曲己意而奉承别人。

②直节：气节正直。

【译文】

通过委屈自己曲意奉承他人而获得喜欢，远不如保持正直的气节而使他人忌妒；没有善行却受到他人称赞，还不如没有作恶而招致他人毁谤。

【点评】

明代杨继盛，是以一腔孤勇对抗权臣严嵩的忠烈之士。嘉靖三十二年（1553）正月十八日，杨继盛上《请诛贼臣疏》弹劾严嵩，悲怆而言："臣孤直罪臣杨继盛，请以嵩十大罪为陛下陈之！"历数严嵩的罪行。嘉靖皇帝看后震怒，但是严嵩以弹劾中"或召问裕、景二王"之句，向皇帝矫言暗示裕、景二王或涉及弹劾之事。并且杨继盛在向皇帝奏对时没有委婉曲意，而是直言回答："天下除了裕、景二王，还有谁不惧怕严嵩？"此话触犯了皇权的尊严，加之嘉靖本就对裕、景二王是否参与弹劾之事心存疑虑，因而下诏把杨继盛关进诏狱。后来施加廷杖一百的刑罚，使其身体承受了极大的戕害。在严嵩的刻意陷害下，嘉靖三十四年（1555）十月，杨继盛被问斩。临刑前，他慷慨赴死，作诗直抒胸臆："浩气还太虚，丹心照千古。生前未了事，留与后人补。天王自圣明，制度高千古。生平未报恩，留作忠魂补。"百姓闻此诗悲泣不已。穆宗朱载垕继位后，为杨继盛平反，赐谥号"忠愍"。杨继盛以五品之身，为明王朝和天下黎民仗义直疏，力陈严嵩的罪大恶极，即使为此付出生命的代价，也在所不惜。

对于善恶，司马迁曾说："善善恶恶，贤贤贱不肖。"明确要褒善贬恶，推崇贤能，抑制不肖，做到爱憎分明。东汉王充《论衡·艺增篇》亦云："誉人不增其美……毁人不益其恶。"劝诫世人在扬善抑恶的过程中，不要有偏见，不论称赞人还是批评人，都要符合实际，切忌夸大事实。但社会上还是存在无善行者被处处赞誉、无辜之人却被诋毁的现象。这种善恶不分、是非不明的做法，容易滋生伪善，将会遗患无穷。

二七七

　　处父兄骨肉之变，宜从容，不宜激烈；遇朋友交游之失^①，宜剀切^②，不宜优游^③。

【注释】

①交游：交际，结交朋友。

②剀（kǎi）切：恳切规谏。剀，规劝，讽谕。

③优游：做事犹豫，不果决。

【译文】

　　处理父亲兄弟、骨肉至亲发生的意外变故时，态度要从容不迫，言行举止不宜过于激烈以激化矛盾；遇到朋友交游的过失时，应该诚恳规劝，不应犹豫不决任其所为。

【点评】

　　父母兄弟，至亲骨肉，感情深厚。若亲人遭逢意外变故或产生矛盾纠纷时，更要克制，冷静处理。如果情绪激烈，或一味悲愤，则不利于事情顺利解决。

　　汉扬雄《法言·学行》言："朋而不心，面朋也；友而不心，面友也。"在人际交往中，若要结交真正的朋友，就不能只做表面的朋友，而是要真心相契。同时交友也要交"友直、友谅、友多闻"者，找那些正直、诚信、博学多闻的人做朋友。在交往期间，一旦发现友人的过错，要给予真诚的劝告，防止他重蹈覆辙。当然，处理朋友间的关系时，态度要真诚恳切，否则，不但不能及时制止友人的过失，反而会激化矛盾。

二七八

小处不渗漏①,暗处不欺隐②,末路不怠荒③,才是真正英雄。

【注释】

①渗漏:走漏,引申为缝隙、破绽。

②暗处:隐私、看不到的地方。欺隐:欺瞒隐藏。

③末路:路途的终点,比喻失意潦倒或没有前途的境地。怠荒:懒惰
　　放荡。

【译文】

细微之处不要出现破绽,隐晦的地方不要欺瞒隐藏,走投无路时不要懒怠放纵,这才是真正英雄应该具备的作为。

【点评】

古今英雄何其多哉! 一统天下的秦始皇,宏图大略的汉武帝,苦守名节的苏武,三分天下的孙仲谋,出师未捷身先死的诸葛亮,开创盛唐的唐太宗,精忠报国的岳飞,留取丹心照汗青的文天祥……他们意志坚定,目标宏大,有顶天立地之气魄。洪应明认为,真正的英雄还须做到:重视细节,思虑周全,大处着眼,小处着手;心胸开阔坦荡,做事光明磊落;在失意落魄时,尤其不能妄自菲薄,放纵颓废,而应韬光养晦,图谋再起。

二七九

惊奇喜异者,终无远大之识;苦节独行者①,要有恒久之操②。

【注释】

①苦节独行者：指节操高尚，不随俗浮沉。苦节，指俭约过甚。后以坚守节操、矢志不渝为"苦节"。

②恒久：永恒，持久。

【译文】

爱好奇特怪异事物的人，终究缺乏长远的见识；坚守节操不随俗浮沉者，必须具备持久的操守。

【点评】

明朝中后期，社会的审美情趣以及学术思想发生了很大的变化，在一些文人士子的倡导下，奇腔异调，奇文异事，奇思异想等，或新潮或奇特的事物、言行、思想，因其标新立异、危言耸听，与正统伦理间强烈的冲突与差异，成为吸引世人的噱头。洪应明坚持传承正统儒学思想，认为君子应当避免被奇异的思想言行所蛊惑而动摇了本性，失去了探索真实、深刻、高远的世界的意趣，成为缺乏见识、碌碌无为的普通人。

君子应立志高远，保持节操贵在自始至终。陆游《寓言》云："为谋须远大，守节要坚完。"陆游生逢北宋灭亡之际，一生慷慨激昂，忠心报国，积极主张抗击外族入侵、收复北方故土。但是他坚持抗金的理想屡屡被南宋朝廷的求和政策所挫败。在仕途不畅的情形下，陆游写下了一系列充满昂扬斗志的作品，抒发力雪国仇家恨的爱国热情，揭露南宋利益集团的退让妥协对民众情感的伤害和财产的损失，以及壮志未酬的悲愤。这些作品既是陆游的个人遭遇，也是在特定历史条件下民族命运的缩影，但是他热情洋溢的爱国情怀始终像黑暗中的一盏明灯，指引着在苦难中踽踽独行的爱国者。钱锺书曾评论陆游："爱国情绪饱和在陆游的整个生命里，洋溢在他的全部作品里。他看到一幅画马，碰见几朵鲜花，听了一声雁唳，喝几杯酒，写几行草书，都会惹起报国仇、雪国耻的心事，血液沸腾起来，而且这股热潮冲出了他的白天清醒生活的边界，还泛滥到他的梦境里去。这也是在旁人的诗集里找不到的。"

二八〇

当怒火欲水正腾沸时，明明知得[1]，又明明犯著。知得是谁，犯著又是谁？此处能猛然转念，邪魔便为真君子矣[2]。

【注释】

①知得：晓得。

②邪魔：旧指魔鬼造成惑乱慧性、妨碍修行的变态心理。此指鬼怪。

【译文】

当愤怒的火焰、欲望的潮水正在沸腾翻涌的时候，明明知道这样做是不对的，但又偏去这么做。明白道理的是谁？做出错误行为的又是谁？如果在这个时候能够突然醒悟而转变念头，那么妖魔鬼怪也会变为真正的君子。

【点评】

金朝马钰《满庭芳·赠宋何二先生》云："舍家学道，争奈心魔。心中憎爱尤多。心意如猿如马，如走如梭。心生尘情竞起，纵顽心、不肯消磨。心念恶罪，皆因心造，怎免阎罗。"心魔容易滋生却难以降服，克制心魔的过程曲折、反复而艰辛。人们经常有怒火中烧、欲壑难填、心绪无法平息的情况，被愤怒和利欲驱使的沸腾火焰，仿佛一瞬间能够摧毁自己和世界。我要克制滋扰心智的邪魔恶念，必须心志坚强，摒弃怒火欲念的干扰，保持内心的平静祥和。尤其在面临人性考验的时刻，更要遵循君子的道德风范，坚持高尚的节操和良知。

二八一

毋偏信而为奸所欺[1]，毋自任而为气所使[2]，毋以己之长而形人之短^③,毋因己之拙而忌人之能。

【注释】

①偏信:片面地听了一方的话就信以为真。多指处理事情的态度不公正。

②自任:自信,自用。

③形:比较,对照。

【译文】

不要片面相信别人而被奸诈小人所欺骗,不要刚愎自用而被意气冲动所驱使,不要用自己的长处去对比别人的缺点,不要因为自己的愚拙而忌妒他人的能力。

【点评】

此条洪应明用四个"毋"字,表明了处理问题过程中保持客观公正态度的重要性。"兼听则明,偏听则暗",秦二世偏信赵高,在望夷宫被赵高逼迫自杀;隋炀帝偏信虞世基,死于扬州的彭城阁兵变。如果这些帝王能够注意倾听多方面的声音,不被奸邪小人的片面之词蒙蔽,不刚愎自用,肆意妄行,也不会使自己陷于绝境。

东汉崔瑗在《座右铭》中阐述了为人处世的基本态度和立场,开篇云:"无道人之短,无说己之长。"就是告诫世人正确对待别人的短处与自己的长处,不要肆意散播他人的短处,也不要处处炫耀自己的长处,在两相对照中寻求心理的满足感,以博得关注和肯定。而嫉贤妒能,无容人之德,是人性之恶的反映,在德行修养中要避免嫉妒带来的恶果。正如汉邹阳在《狱中上书自明》中所述:"故女无美恶,入宫见妒;士无贤不肖,入朝见嫉。"嫉妒产生的根源在于强烈的欲望和攀比心理,一旦嫉贤妒能成为一种普遍的情绪,将会对社会的发展带来消极影响。提高自我修养,增强自信心是消弭这种负面情绪的有效途径。

二八二

人之短处，要曲为弥缝①，如暴而扬之，是以短攻短②；人有顽的③，要善为化诲④，如忿而嫉之⑤，是以顽济顽⑥。

【注释】

①弥缝：缝合，补救。

②短：缺点。

③顽：愚妄，愚顽。

④化诲：感化教诲。

⑤忿而嫉之：即"忿疾"，忿怒憎恶。

⑥济：助长，增长。

【译文】

看到别人的缺点，要委婉地给予补救弥合，如果暴露它们并到处宣扬，那就是用自己的短处攻击别人的短处了；如果发现别人顽劣不堪，要善意地给予感化教诲，如果怒气冲冲、心怀怨恨，那就是用自己的顽劣助长别人的顽劣了。

【点评】

屈原《卜居》云："夫尺有所短，寸有所长；物有所不足，智有所不明；数有所不逮，神有所不通。"世界上没有完美无缺的人，这是由人性、天赋、社会现实等造成的。对待自身缺点要及时纠正，对待他人短处，应多方劝勉、训诫，以宽厚柔和的方式加以教化纠错，而不是到处宣扬嘲讽。《公羊传·昭公二十年》曰："君子之善善也长，恶恶也短，恶恶止其身，善善及子孙。"指出君子对于卑劣的人与事的厌恶很短暂，不会采取激烈的方式处理；即便厌恶也只是针对卑劣之人，不涉及他人他事。这种对待他人短处的方式，彰显了君子的道德修养。

《论语·述而》云："默而识之，学而不厌，诲人不倦。"教诲他人要持之以恒,有耐心,有原则,有步骤,如此才能达到教化的目的:约束言行,提升道德修为,增长学识,克服顽劣本性。如果对于天性顽劣之人丧失爱心和耐心,无法以和风细雨般的方式给予关怀与爱护,而是以一股怨愤之气,怒斥教训,这不是教化,是简单粗暴的伤害,暴露出的是教化者的顽劣,应加以制止,否则适得其反。

二八三

遇沉沉不语之士①,且莫输心②;见悻悻自好之人③,应须防口④。

【注释】

①沉沉:形容心事沉重。

②且莫:千万不要。输心:表示真心。

③悻悻(xìng):刚愎傲慢的样子。

④防口:本意指制止人民批评,此指小心谨慎,慎言少语。《国语·周语上》:"防民之口,甚于防川。"

【译文】

遇到心事沉重、寡言少语的人,千万不要诚恳地表达真心;碰见刚愎傲慢、自以为是的人,必须小心谨慎不要与之过多交谈。

【点评】

中国传统相学认为相由心生,面相承载着个体的命运、性格与祸福。《论衡·非相篇》云:"相人之形状颜色而知其吉凶妖祥。"通过观察脸部的颜色,便可预测吉凶。心理学家认为,人的面部表象是内心情绪在外的一种映射。人的情绪往往被性格或气质支配,从面相可以判断人的一些性格特征:开朗热情的人面色舒朗,悲观的人常面色阴郁,易怒的人则表现得焦躁与不耐。

　　面对不同性格的人，要善于甄别，通过经验判断与之交往的尺度与方式。面色沉郁、寡言少语之人，大多思虑较多，心机深沉，与其交往应慎重，切忌交浅言深。刚愎自用、骄矜蛮横之人，待人接物傲慢自大，目空一切，和这种人交往，则要小心谨慎，不能逞一时口舌之快，否则会遗患无穷。

二八四

　　念头昏散处要知提醒，念头吃紧时要知放下①。不然恐去昏昏之病②，又来憧憧之扰矣③。

【注释】

①吃紧：重要，紧要。

②昏昏：神志昏沉、昏迷。

③憧憧（chōng）：心神不定、纷乱不安的样子。

【译文】

　　思绪昏沉散乱的时候，要知道提示警醒；思绪紧要急迫的时候，要知道适当放松。不然，恐怕去除了神志昏沉的毛病，又会迎来纷乱不安的烦扰了。

【点评】

　　明代王守仁《咏良知四首示诸生》其二云："问君何事日憧憧，烦恼场中错用功。莫道圣门无口诀，良知两字是参同。"指出人们在名利场中，或汲汲于功名，或热衷于利益，就会导致思绪纷乱繁杂、心神不定。若想在人生的这场博弈中做到从容自若，能清楚辨别名利、善恶、是非等问题，就要保有良知，懂得适时放下泛滥的欲望，使自己的行为尽量符合社会的道德价值体系，而不是整日浑浑噩噩，因看不清局势而备受困扰，因摆脱不了利益的牵绊而患得患失，使思绪总处于六神无主、惶恐不安中。

二八五

霁日青天①,倏变为迅雷震电②;疾风怒雨,倏转为朗月晴空。气机何尝一毫凝滞③? 太虚何尝一毫障蔽④? 人之心体,亦当如是。

【注释】

①霁(jì)日:晴天。霁,泛指风霜雨雪停止,天气晴好。

②倏:忽然。

③气机:谓天地有规律运行的自然机能。凝滞:停留不动,不灵活。

④太虚:原指天、天空。此泛称天地。太虚是中国哲学史上的重要范畴,指宇宙的原始实体——气。一些哲学家把太虚看作万物的始基和根源,如《庄子·知北游》:"若是者,外不观乎宇宙,内不知乎大初,是以不过乎昆仑,不游乎太虚。"障蔽:遮蔽,遮挡。

【译文】

晴空万里的天气,忽然间变得电闪雷鸣;狂风暴雨的天气,忽然间变为月明天晴。天地间的自然运行何尝有丝毫的停滞? 广阔无垠的天空何尝有丝毫的遮蔽? 人的精神和形体,也应该如此运转。

【点评】

《道德经》曰:"故道大,天大,地大,人亦大。域中有四大,而人居其一焉。人法地,地法天,天法道,道法自然。"天、地、人按照宇宙法则生成、演变,虽各有其规律,但又相互交融、相互联系。天人合一,"万物与我为一",是古人追求的至高精神境界。

天道变化多端,但是在电闪雷鸣、狂风骤雨之后,就会雨后天晴,其间的转换毫无停滞,遵循着自然界的法则。人心亦仿佛一个小宇宙,其间的喜怒哀乐,就像天道的运行一样,在客观条件影响下,起伏不定。但是,面对自身的诸般变化,我们需要借助强大的精神力量去化解狂躁不安的状态,让喜怒哀乐的情绪最终归于祥和安宁。

二八六

　　胜私制欲之功^①,有曰识不早力不易者^②,有曰识得破忍不过者。盖识是一颗照魔的明珠,力是一把斩魔的慧剑^③,两不可少也。

【注释】

①胜私制欲:战胜私心控制私欲。

②识不早力不易:未能及早意识到问题,待其发展后无力去改变。易,改变。语出宋代周敦颐《通书·势第二十七章》:"天下,势而已矣。势,轻重也。极重不可反。识其重而亟反之,可也。反之,力也。识不早,力不易也。"

③慧剑:佛教语。指能斩断一切烦恼的智慧。《维摩经·菩萨行品》:"以智慧剑,破烦恼贼。"

【译文】

　　在战胜私欲这个问题上,有人说是未能及早意识到问题,待其发展后没有能力去改变它;有人说意识到了私欲的危害,却无法忍受私欲的诱惑。因此可以说,识是照亮恶魔的明珠,力是斩断妖魔的利剑,二者不可或缺。

【点评】

　　节制人性的自私与贪欲,既要依靠人的思想意识,又要依赖超强的行为力,两者缺一不可。

　　识,就是辨别是非的意识,可以果断消除思想上的蒙昧不清,及早认识到自身执着名利的贪婪之心、鄙俗之念,并能清醒地意识到这种私欲对人格和品行的戕害。力,就是挽救一切的能力,竭心尽力寻找解决方法,就可以快速有效地制止贪念的蔓延和不良影响。识与力相辅相成,就能从源头上斩断人性中的私欲,清除道德品质上的瑕疵,遏制思想行为的恶化,进一步提升道德意识,从而达到意识与实践的高度统一。

二八七

横逆困穷,是锻炼豪杰的一副炉锤,能受其锻炼者,则身心交益①,不受其锻炼,则身心交损②。

【注释】

①交益:一齐受到好处。

②交损:一齐受到损害。

【译文】

人世间的逆境、困窘、贫穷是磨练英雄豪杰心性的炉灶,能接受它的锤炼磨砺,则身心都会受到好处,无法经受这种锤炼磨砺,则身心一齐受到损害。

【点评】

松下幸之助曾说:"困难带来阅历,阅历给人智慧,逆境——这是天赋其人的可贵考验,在逆境中受过锻炼而走过来的人,可谓坚韧不拔。"人生经历挫折与磨砺,反而会激发勇气,磨练意志,积累经验,铸就智慧,从而不断超越自我。一个能在逆境中承受人生熊熊烈火锻造的人,必然勇敢无畏,一身浩然正气,他可以凭借顽强的意志,成为在黑暗中慨然前行的勇士。那些面对艰难险阻,无力前行的懦弱之人,终日渴望稳定安逸、衣食无忧,仿佛生活在象牙塔中,经受不起任何狂风暴雨的洗礼。他们即使渴望建立一番功业,也无力面对艰难困苦的人生考验,一生终将在碌碌无为中度过。

二八八

"害人之心不可有,防人之心不可无",此戒疏于虑者①;"宁受人之欺,毋逆人之诈"②,此警伤于察者。二语并存,精明浑厚矣。

【注释】

①戒:防备,警戒。

②逆人之诈:即逆诈,指事先即猜疑别人存心欺诈。

【译文】

"伤害他人的心不能有,防备他人的心不能没有",这句话是警戒那些在与人交往中疏忽大意,不谨慎思考的人;"宁愿忍受他人的欺骗,也不要事先猜疑他人存心欺诈",这是用来警戒那些过于苛察之人。如果在与人交往中将这两句话并用,那才是既精明又厚道啊。

【点评】

在复杂的社会生活中,人们需要处理各种类型的人际关系。儒家虽然宣扬"仁者爱人"的人性本善思想,但是人生百态,各人的习性不同,自然就没有至善至美的人际关系。在人际交往中,我们既要坚持道德底线,不做伤害他人的事情,又要防范小人、恶人,全身远害是重要的原则。思虑周全之人,即便事先察觉到他人的虚伪狡诈,也要看破而不说破,知世故而不世故,以暂时的退让和吃亏,换取长久的平顺安宁。如果在人际交往中能具备防范意识,又能做到宽和忍让,做人外圆内方,就可以精明通达,又具有宽厚淳朴的风骨。

二八九

毋因群疑而阻独见①,毋任己意而废人言,毋私小惠而伤大体②，毋借公论以快私情③。

【注释】

①群疑：即"众难群疑"，众人心中都有疑难。诸葛亮《后出师表》："群疑满腹，众难塞胸。"独见：独到的发现，独特的见解。

②大体：重要的义理，有关大局的道理。此指整体利益。

③公论：公正或公众的评论。快：高兴，适意。

【译文】

不要因为多数人的质疑就放弃自己的独特见解，不要固执己见而拒绝他人的忠言益语，不要因为小恩小惠就伤害整体的利益，不要假借公众舆论来满足私心。

【点评】

独见与群疑，己意与人言，小惠与大体，私情与公论，这些相互对立的范畴，都属于处理个体与群体关系时需要慎重对待的。洪应明主张个人要坚持自己独特的见解，不要在群众的质疑声中销声匿迹。尤其面对艰难的政治环境与风雨飘摇的社会局势时，更要主动发声，以微薄之力来抗衡群体的责难，就像黑暗中的呐喊，虽败犹荣。不过，坚持己见，不是固执己见，不是排斥他人，也不是禁止其他声音，百花争艳，百鸟争鸣才是春，社会发展需要来自不同渠道的民众的声音。

个人在保持独立性的同时，面对家国大义，民族精神，集体利益，要识大体、顾大局，不能因一己私利而背弃公众利益，更不能假借公众舆论满足私心。

二九〇

善人未能急亲，不宜预扬①，恐来谗谮之奸②；恶人未能轻去，不宜先发，恐招媒蘖之祸③。

【注释】

①预扬：预先宣扬。

②谗谮（zèn）：恶言中伤。谮，谗毁，诬陷。

③媒蘖：亦作"媒糵"，酒母。蘖，通"糵"，酒曲。酿酒用的发酵剂。比喻借端诬罔构陷，酿成其罪。

【译文】

如果未能与善良的人立刻亲近，就不要事先到处宣扬，是怕招致奸邪小人的恶意诽谤；如果未能轻易离开奸邪之人，就不要事先揭发其恶行，是怕招致奸邪之人的诬陷报复。

【点评】

北宋欧阳修《朋党论》云："大凡君子与君子以同道为朋，小人与小人以同利为朋，此自然之理也。"君子品性如芝似兰，馨香满室，吸引人们与之交往。但是，与良善之人交往，是个循序渐进的过程，彼此在相同意趣的基础上，逐渐形成相互欣赏、相互信任、相互理解的朋友关系。同时，在交往过程中，不要预先过分宣扬与君子间的交往，避免引起一些小人的嫉恨，从而恶言中伤，诬陷良善之人，使本来和睦的交往出现不必要的波折。

结交朋友要善于识别，有些人面上一团和气，却在肚子里做文章。唐代孟郊《择友》云："面结口头交，肚里生荆棘。……恶人巧诡多，非义苟且得。"尤其是本性恶劣之人，行事不择手段，令人防不胜防。对于这类人，要提高防范意识，谨慎小心，切勿与之推心置腹。如果无法干脆利落地远离他们，要在保全个人利益和安全的基础上，逐渐疏远他们，以避免一系列恶意报复。

二九一

青天白日的节义①，自暗室漏屋中培来；旋乾转坤的经纶②,自临深履薄中操出③。

【注释】

①青天白日:指大白天,也比喻明显的事情或高洁的品德。

②旋乾转坤:即"旋转乾坤",扭转天地。比喻从根本上改变社会面貌或已成的局面。也指人魄力极大。经纶:此指治理国家的抱负和才能。

③临深履薄:面临深渊,脚踩薄冰。比喻小心谨慎,唯恐有失。出自《诗经·小雅·小旻》:"战战兢兢,如临深渊,如履薄冰。"深,深渊。履,踩踏。薄,薄冰。

【译文】

一个人具有的光明磊落的节操和义举,都是从暗室漏屋这样艰苦的环境中培养出来的;一个人所拥有的旋转乾坤般的治世韬略,都是从面临危险时的小心谨慎中磨练出来的。

【点评】

《后汉书·马援传》载:"丈夫为志,穷当益坚,老当益壮。"初唐四杰的王勃在《滕王阁序》中也写道:"穷且益坚,不坠青云之志。"表达了越是处境艰难,就越要坚强不屈,越要志存高远。艰难困苦的境况,挫折崎岖的人生,是人类意志的磨刀石,在与命运的抗争中,在千锤百炼的磨砺中,才能铸就百折不挠的意志,勇往直前的精神,璀璨夺目的品德和气节,济世治邦的才华。

二九二

父慈子孝、兄友弟恭,纵做到极处,俱是合当如是①,著不得一毫感激的念头②。如施者任德③,受者怀恩④,便是路人,便成市道矣⑤。

【注释】

①合当:犹应当、应该。

②著不得:用不着。

③任德:负载恩德。

④怀恩:感念恩德。

⑤市道:市场买卖。

【译文】

父慈子孝,兄友弟恭,即使对待家人用尽心意、做到极致,也都是为人子女应尽的责任和义务,用不着有丝毫感激的念头。如果施与关爱的人认为此举是恩德,接受关爱的人心怀感恩,那么亲人就变成了路人,孝悌友爱就成为可以标价交易的东西了。

【点评】

中国传统文化提倡"孝为百行首""以孝治天下",父慈子孝、兄友弟恭的人伦天理是必须遵守的道德准则之一。成书于秦汉之际的《孝经》也指出孝是诸德之本,对于平常人来说,孝道即"用天之道,分地之利,谨身节用,以养父母"。

除《孝经》中有关孝的理论外,民间影响深远的还有二十四孝的故事,经元代郭守正辑录成书,王克孝绘成《二十四孝图》而流传世间。当然其中的一些事例,如"郭巨埋儿"等,包含愚孝的成分,也违反人伦道德,需要我们甄别。我们弘扬孝道,弘扬传统文化习俗,肯定父母对子女的慈爱,子女对父母的孝敬,兄友弟恭,这是家庭和睦的基础,对维系社会整体秩序的和谐安定,也非常有益。如果因为施行孝道而要求回报,或者挟恩自重,那就违背了孝的本义,反而使骨肉亲情成了陌路。

二九三

炎凉之态①，富贵更甚于贫贱；妒忌之心，骨肉尤狠于外人。此处若不当以冷肠②，御以平气③，鲜不日坐烦恼障中矣④。

【注释】

①炎凉之态：此指炎凉世态、人情冷暖。

②冷肠：心肠冷漠。

③御：控制，约束。平气：平和之气。

④鲜：非常少。烦恼障：佛教语。指坚持我执，丛生贪嗔，而为解脱之阻碍者。与所知障相对。隋智𫖮《六妙法门》："烦恼障，即三毒、十使等诸烦恼也。"三毒，佛教称贪、嗔、痴为三毒。十使，佛教以贪、嗔、痴、慢、疑为五钝使，身见、边见、邪见、见取见、戒禁取见为五利使，统称"十使"，又称十大惑或十根本烦恼。

【译文】

炎凉世态、人情冷暖，富贵之家比贫贱之家更明显；嫉贤妒能的心理，骨肉至亲之间比陌生人更加厉害。假如在这种场合中不能以冷静态度面对，以理智平和的心态控制情绪，那就很可能终日笼罩在烦恼困惑中了。

【点评】

中国历代皇室争权夺势而导致手足相残的事例，随处可见。发生在明景泰八年（1457）的"夺门之变"，就是明英宗朱祁镇与明景帝朱祁钰兄弟俩之间一次赤裸裸的皇权争夺。土木堡之变后，英宗朱祁镇被瓦剌首领也先俘虏，沦为阶下囚。为保大明王朝的基业，大臣们拥立明景帝朱祁钰登基。景帝励志图新，任用于谦等人，获得北京保卫战的胜利，明王朝渐有中兴之势。也先为扰乱明王朝秩序，答应朱祁镇归朝。朱祁镇回到明朝，就被朱祁钰软禁在南宫，尊为太上皇，并派锦衣卫严密监视。

朱祁钰还废掉太子朱见深,立自己的儿子朱见济为太子,不给朱祁镇留下任何复位的机会。后来朱见济身亡,朱祁钰病重,让心怀私欲的大臣们看到了希望。大将石亨、太监曹吉祥和大臣徐有贞一起发动政变,攻入南宫,拥立朱祁镇复辟。"夺门之变"后,朱祁镇处死了兵部尚书于谦和大学士王文,贬朱祁钰为郕王。不久,朱祁钰病重而逝。朱祁镇掌控下的明王朝政权混乱,政治腐败,对有拥立之功的大臣赏赐无度,并默许他们肆意打击排斥异己分子。朱祁镇的妄杀加重了大明王朝的统治危机。皇室王权已是权势的顶峰,这样富贵显达的家庭,却为了权力强争豪夺,视骨肉亲情于不顾,反不如贫寒人家,不会因为一些蝇头小利而分崩离析。

人在社会中生存成长,要面对各种挫折与磨练,家庭是慰藉心灵、获得温暖与帮助的所在。如果家庭成员间怨恨嫉妒,那么骨肉至亲间的伤害比外人还要深重。洪应明提醒我们,要以冷静态度面对家庭纷争,不要让嫉妒、愤恨等负面情绪,使自己每天身处烦恼忧患之中。

二九四

功过不宜少混,混则人怀惰隳之心①;恩仇不可太明,明则人起携贰之志②。

【注释】

①惰隳(huī):懈怠。隳,通"惰",懈怠。

②携贰:离心,有二心。

【译文】

对于一个人的功劳与过失不容许有丝毫的模糊不清,模糊不清就容易使人心灰意冷,失去上进心;对于一个人的恩惠与仇恨不应该表现得太明显,太过明显就容易引起猜疑与背叛。

【点评】

《史记·范雎蔡泽列传》载,范雎曾上书曰:"臣闻明主立政,有功者不得不赏,有能者不得不官,劳大者其禄厚,功多者其爵尊,能治众者其官大。故无能者不敢当职焉,有能者亦不得蔽隐。"范雎作为战国秦昭王的国相,劝诫国君对有功劳的人要给予奖赏,对有能力的人要授与官职,出力多的人要给予丰厚的俸禄,功勋卓著的人要晋封爵位,才能杰出的人要颁赐高官。因此,无能者不敢贸然当官,而能者居其位。昏庸的君主不按照功劳奖赏,而是按照个人好恶;英明的君主则奖惩分明,有功之人一定加以奖赏,有罪之人一定给予惩罚。

合理利用赏罚制度,严格公正地处理事情,有功则赏,有过则罚,才能安抚人心,吸引人才,挖掘人才的潜力,充分调动人们的积极性,从而提高社会运行的效率。

二九五

恶忌阴①,善忌阳②,故恶之显者祸浅,而隐者祸深;善之显者功小,而隐者功大。

【注释】

①恶:罪恶。忌:忌讳。阴:隐藏的,不露在外面的。
②阳:外露,显露。此指宣扬。

【译文】

做坏事最忌讳隐藏,做好事最忌讳到处宣扬,所以说容易暴露出来的罪恶招致的灾祸比较少,而隐藏较深的罪恶招致的灾祸比较严重;到处宣扬善举的人功德会小,而隐匿善举不为人知的人功德大。

【点评】

此处强调了隐善扬恶的重要性。善事善行无须到处宣扬,恶事恶行还是曝光在民众面前比较好,因为隐藏的罪恶对社会的危害更大。被视为"口蜜腹剑"的李林甫,担任宰相十九年,对唐玄宗诌媚逢迎,使之受到蒙蔽,多次对政事做出错误的判断。李林甫对朝臣表面善意结交,背后则阴谋陷害,打击报复。其擅权专政,令官宦士流忌惮,成为影响唐朝由盛转衰的关键人物之一。

我们批判隐藏的罪恶,也要警惕为了名利不断宣扬为善之举的行为。明代方孝孺《豫让论》云:"钓名沽誉,眩世骇俗,由君子观之,皆所不取也。"做人做事,行善立德,目的要纯粹,行事要正派,姿态要谦和,而不是哗众取宠,通过鼓吹宣扬以获取名利和声望,从而偏离行善的本质。

二九六

德者才之主,才者德之奴。有才无德,如家无主而奴用事矣[1],几何不魍魉猖狂[2]。

【注释】

①用事:当权,执政,行事。

②魍魉(wǎng liǎng):古代传说中的山川精怪,鬼怪。

【译文】

品德是才干的主人,而才干只不过是品德的奴仆。如果一个人只有才干而没有好的品德,就好似一个家庭没有主人而由奴仆当家,哪能不群魔乱舞、鬼怪当道呢?

【点评】

人的基本素质包括才与德。司马光认为:"才德全尽谓之圣人,才德兼亡谓之愚人,德胜才谓之君子,才胜德谓之小人。"又说:"才者,德之资也;德者,才之帅也。"阐明在才与德的关系中,德发挥着主导作用。高尚的品德可以使才造福社会,卑劣的品德则会使才成为危害社会的工具。

在历史发展中,逐渐形成了"德才兼备,以德为先"的客观、全面、科学的德才观。才与德互相制约,不可分割,对立统一。唯有在德的引导下,使人具备正确的价值观、世界观,拥有积极的精神动力,才能推动社会的进步;没有才能的辅佐,空谈道德,也是空洞无意义的,是无法开展富有实效的行动的。

二九七

　　锄奸杜幸①,要放他一条去路。若使之一无所容,便如塞鼠穴者,一切去路都塞尽,则一切好物都咬破矣。

【注释】

①锄奸:铲除奸诈的坏人或通敌的奸细。杜幸:杜绝佞幸小人。幸,亲幸,宠爱。

【译文】

如果要铲除与杜绝奸诈佞幸之小人,就要放他一条改过自新的生路。若使他到了走投无路的境地,就仿佛堵塞老鼠洞穴,当所有洞口都被堵死,那么被困其中的老鼠就会把一切好东西都撕扯咬破了。

【点评】

《孙子兵法·军争》曰:"归师勿遏,围师必阙,穷寇勿追。"指出归心似箭的军队不要拦截,因为他们都急切企盼回到家乡,可以不顾一切地去战斗;包围敌人的时候一定要留一个缺口,使之有后路可逃;已经无路可走的流寇就不要再追赶了,否则会激起其破釜沉舟背水一战的孤勇。无论比对手强大多少,在特定情况下,都不要将其逼到绝境,否则最终会两败俱伤。

西汉神爵元年(前61),赵充国在平西羌之战中,率先领军到达先零地区。羌人由于屯兵已久,戒备松懈。忽见汉军大兵来临,慌忙抛弃车马辎重,渡湟水撤退。赵充国并不紧追严防,而是强调"穷寇勿迫",命所部缓慢追击,给羌军放出逃生通道,以防他们走投无路而死战到底。最终,羌军掉入河中溺死者数百人,投降及被杀五百余人,汉军收缴战利品牲畜十万余头,车四千余辆。此次作战重创羌军,为西汉取得平定西羌战役的最终胜利奠定了基础。

二九八

士君子,贫不能济物者[①],遇人痴迷处出一言提醒之,遇人急难处出一言解救之,亦是无量功德矣[②]。

【注释】

①济物:犹济人,帮助他人,用金钱物资救助人。

②无量功德:即功德无量。原为佛教语,后亦用以称颂人的功劳、恩德或做大有益于人的事情。

【译文】

高风亮节的读书人,虽然贫困无法以财物救助他人,但是可以在他人遇到困惑时,说句话来指点迷津,可以在他人遇到急难时,说句话来解救他,这也是给予他人的无量功德。

【点评】

解惑释疑,是古代知识分子承担的社会责任。通过拥有的知识与智慧,可以教化帮助世人,解答他们诸如功名显荣的诱惑、世情凡尘的困扰、对天理道义的不解等种种人生困惑。凡此种种,都是命运对人的考验和磨砺。如果士人学子在此关键时刻,能够提点指教世人,恰如当头棒喝,可以使他们抛弃虚妄的念头,使人生逐渐回归正途。而当世人陷入危急境地时,能够指点迷津,帮助他们脱离险境,这也是施恩于人、造福社会的福德,是价值的体现。

二九九

处己者①，触事皆成药石②；尤人者③，动念即是戈矛④。一以辟众善之路，一以浚诸恶之源⑤，相去霄壤矣⑥。

【注释】

①处己：此指能反省和严格要求自己。处，对待。

②触事：犹遇事。药石：药剂和砭石。此指规诫、教训。

③尤人：责怪、抱怨别人。《论语·宪问》："子曰：不怨天，不尤人，下学而上达，知我者其天乎？"此指将不如意的事一味归咎于客观。

④动念：犹动心。戈矛：戈和矛。此指伤人的武器。

⑤浚（jùn）：疏浚，深挖。

⑥霄壤：天和地。比喻相去极远，差别很大。《抱朴子内篇·论仙》："趋舍所尚，耳目所欲，其为不同，已有天壤之觉，冰炭之乖矣。"

【译文】

一个经常反省自己的人，能从遇到的每件事情中总结经验教训，从而不断修身进德；一个经常怨天尤人的人，无论萌发什么念头，最终都变成伤害他人的戈矛。由此可见，反省自身开辟了向善之路，怨天尤人则是引发奸邪恶行的源泉，二者之间真是天壤之别啊。

【点评】

《论语·里仁》曰："见贤思齐焉，见不贤而内自省也。"指出要学习他人长处以补己之短，借鉴他人的过失以避免重蹈覆辙。此为儒家修身养德的座右铭，也具有普适性。

因为人生阅历、思想境界的不同，人们在思考和处理事情时，就会有方式的差别，对待善恶、是非的标准也会有所偏差。我们时时反省自身，将身边发生的事情作为个人言行的借鉴和训诫，就能一步步奔赴向善、行善的道路。反之，整天怨天尤人，认为自己凡事都是正确的，过错全是别人的,不去反省自己,终日对他人的事情妄加猜测评议,这样的所思所为终究害人害己。

常思己过,善修自身,可以通往众善之门。善与恶的差别,有时只在于是反省自身还是怨天尤人这一念之间。

三〇〇

事业文章随身销毁,而精神万古如新^①;功名富贵逐世转移,而气节千载一时^②。君子信不以彼易此也。

【注释】

①万古如新:永远是新的。指某种好的精神或品德永远存在。万古,千秋万代,永远。

②千载一时:一千年才有这么一个时机。形容机会极其难得。

【译文】

事业文章会随着人身体的逝去而消失毁灭,但是人的精神却万世长存、永远如新;功名富贵会随着时代变迁而发生转移,但是人的气节却千年不朽。有才德的读书人要明确不用事业文章、功名富贵去交换千载万世都存在的精神和气节。

【点评】

《左传·襄公二十四年》载,范宣子问鲁国大夫叔孙豹什么是"死而不朽"? 叔孙豹回答说:"太上有立德,其次有立功,其次有立言,虽久不废,此之谓不朽。"叔孙豹认为做人的最高境界是树立德行,其次是树立功业,再次是树立言论。一个人无论在德、功、言的任何领域有所建树,流传后世,都会虽死犹生,永远被世人敬仰,才是真正的不朽。后来"三不朽"逐渐成为中国古代知识分子的人生理想。洪应明则认为,在"三不朽"中,一个人的功名事业和经纶文章,无论多么宏大高远、隽永深刻,随着生命的消失、朝代的更替，终被历史浪潮席卷而去，真正流传于世、光耀千古的，只有不朽的品德和气节。

东汉张衡在《应间》中主张："君子不患位之不尊，而患德之不崇；不耻禄之不夥，而耻智之不博。"但是，千古以来，在德行不显的情况下，人们追求文章功名也无可厚非。杜甫《偶题》中也说："文章千古事，得失寸心知。"但是，在追求事业文章、功名富贵的过程中，切不可放弃立德树人的精神追求，唯有气节更能彰显一个人的价值。南宋初年洪皓出使金国，被羁留十五年，面对敌人的威胁利诱，坚贞不屈，死守大宋使节印符，不辱朝廷使命，历尽艰辛，终于全节而归，宋高宗称誉其"忠贯日月，志不忘君，虽苏武不能过"。"洪公气节"，彰显的是一种民族大义。

三〇一

鱼网之设，鸿则罹其中^①；螳螂之贪，雀又乘其后^②。机里藏机，变外生变，智巧何足恃哉。

【注释】

①鱼网之设，鸿则罹（lí）其中：渔网本是用来捕鱼的，然而天上飞的鸿鹄却不幸遭到了网罗之祸。后用以比喻遭受无妄之灾。罹，遭受。《诗经·邶风·新台》："鱼网之设，鸿则离之。"郑玄笺："设鱼网者，宜得鱼，鸿乃鸟也，反离焉。"

②螳螂之贪，雀又乘其后：螳螂一心捉蝉，不知黄雀在后正打算吃它。比喻目光短浅，只顾眼前利益而不顾后患。

【译文】

本来设置渔网是为了捕获鱼类，却让鸿雁意外碰触而死于网中；螳螂贪婪地想要捕捉鸣蝉，却不知黄雀又在其后打算吃掉它。玄机里还藏着玄机，变故之外还存在变故，智谋与巧诈哪能够依仗呢！

【点评】

黄庭坚《牧童》云："多少长安名利客，机关用尽不如君。"仕途宦海中免不了争名夺利，尔虞我诈，既有枉费心机、迷失本性的人，也有纯真朴实、处世恬淡的人。类似鸿雁贪心而自投罗网，"螳螂捕蝉，黄雀在后"的算计，大多因为只关注眼前利益，抵制不了诱惑反而遭受惩罚。世上之事有因就有果，一个洁身自好、懂得趋利避害且谨言慎行的人，很难因为贪欲而落入一环又一环的陷害设计之中。因此，我们需要节制对名利的奢望，善于洞察形势变化，这样行事方能进退得宜。

《太平御览·器物部》记载子贡在由楚返晋途中，路遇一位老人抱着瓮一次次汲水浇菜。子贡建议他用桔槔汲水，老人以有巧诈之心必然无法保持纯粹自然的心灵为由，拒绝了子贡的提议。《淮南子·人间训》中也有类似语言："事有所至，而巧不若拙。"守拙的人生，是脱去名利枷锁，归于平淡自然的拙而不愚的人生。

三○二

作人无一点真恳的念头①，便成个花子②，事事皆虚；涉世无一段圆活的机趣③，便是个木人④，处处有碍。

【注释】

①真恳：真诚恳切。

②花子：此指骗子。

③圆活：圆滑。指处世变通灵活。机趣：巧妙自然的风致。

④木人：指冷酷无情或痴呆不慧的人。

【译文】

做人如果没有一点真实诚恳的想法，那就成了骗子，做每件事都透着虚假；在俗世立足如果没有一点灵活变通的意趣，那就成了木头人，走到任何地方都会遇到障碍。

【点评】

此条强调为人处世需要真诚的态度，灵活的方式。

《论语·子路》曰："言必信，行必果，硁硁然小人哉。"待人诚恳，言行一致，是为人处世的原则之一。失去诚信，做事虚伪造作，就像弄虚作假的骗子，轻则被世人唾弃，重则一事无成。

汉桓宽《盐铁论·世务》言："故虽有诚信之心，不知权变，危亡之道也。"诚信固然重要，但也不能缺少圆通灵活的手段和策略来处理与其他人的关系与利益，否则一味固执己见，仿佛木头人一样呆板，难免被人嫌弃和厌恶，做事也会处处碰壁。我们常说做人既要遵守原则，又要懂得灵活处事，尤其处于紧急状况或尴尬境地时，富有人情味或幽默感的处理方式，往往会化解矛盾，令事情得以圆满解决。《南史·张邵传》载：南朝张绍、张敷父子小名分别是梨和楂。一次，宋文帝刘义隆拿他们的小名和张敷开玩笑问："楂何如梨？"张敷回答说："梨是百果之宗。"机敏而稳妥的回答，维护了父亲的尊严，也令人会心一笑。

三〇三

有一念而犯鬼神之禁，一言而伤天地之和，一事而酿子孙之祸者，最宜切戒。

【译文】

千万不要产生触犯鬼神禁忌的念头，千万不要说出损伤天地和气的话语，千万不要去做酿成子孙之祸的事情，这些是最应该牢记并引以为戒的。

【点评】

立身处世，要谨言慎行，明辨是非，心存敬畏，不犯鬼神禁忌，不言伤天害理之事,行善积德,多为子孙后代的福泽考虑。否则,贪图荣华显贵、名利权势,为了获取不当利益,做违背仁义之事,一失足成千古恨,必将受到法律惩罚和道义的谴责。所以,面对复杂的世情,为了自己的前程和子孙后代,一定要铭记慎思慎行,细致筹谋,不要肆意妄为引来灾祸,导致身败名裂,甚至破坏家庭的和睦与社会的稳定。

三〇四

事有急之不白者,宽之或自明①,毋躁急以速其忿②;人有切之不从者③,纵之或自化④,毋操切以益其顽⑤。

【注释】

①自明:不需证明,不言而喻。

②躁急:急躁。速其忿:加速他人的怨恨。速,加速,加快。忿,愤怒,怨恨。

③切:切磋。指学行上切磋相正。

④自化:自然化育。出自《老子》:"法令滋彰,盗贼多有,故圣人云:我无为而民自化。"

⑤操切:办事过于急躁。操,通"躁"。益:增加。

【译文】

有些事情比较紧迫却一时之间无法搞清楚,如果宽限一些时间,事情或许就会不证自明了,因此,不要用急躁的方式加速其不满;有些人被劝诫却不愿服从,如果换个缓和的方式或许他们会自我醒悟,不要操之过急加重他们的顽劣不化。

【点评】

处世之道及其行为方式是人类社会文化和思想长期沉淀的产物,也是日常生活的重要内容,不同民族有其各具特色的处事原则、观念意识和行为方式。中华民族长期受儒释道思想影响，提倡处事以德为先、以和为贵的社会传统。

《小窗幽记·集醒篇》载："处事最当熟思缓处。熟思则得其情，缓处则得其当。"明代吕坤《呻吟语》曰："君子处事，主之以镇静有主之心，运之以圆活不拘之用，养之以从容敦大之度，循之以推行有渐之序，待之以序尽必至之效。又未尝有心勤效远之悔。"又言："缓前急后，应事之贼也；躁心浮气，畜德之贼也；疾言厉色，处众之贼也。"为人处事虽然要讲求效率，但是更要心气平和，做事圆融。遇到事情不能操之过急，步步紧逼，要给他人留有足够的回旋余地，以此触发他悔改的念头，而不是用严厉的措施使其失去心性，反而加剧其顽劣不堪的一面，导致事情的恶化。

三〇五

节义傲青云①，文章高白雪②，若不以德性陶镕之③，终为血气之私④，技能之末。

【注释】

①节义：节操，气节。青云：借指高空。比喻远大的抱负和志向。

②文章：学识学问。白雪：即"阳春白雪"。是战国时楚国的歌曲名称，属于雅乐，多为上层士大夫阶层所欣赏。后以"阳春白雪"比喻高雅的文艺作品。

③陶镕：比喻浸润、影响。

④血气：感情，勇气，血性。

【译文】

节操义气直追青云之志，学识比阳春白雪还要高雅，如果不以品德操行浸润，终究只是自己的情感私心，末流的机巧而已。

【点评】

不论个人品性，还是伟大的作品，离开了道德的辅助，只能流于技巧。北宋琴家成玉磵《琴论》称《文王操》："其声古雅，世俗罕闻。"明代琴谱《杏庄太音补遗》则云："鼓此曲令人荡涤邪秽，消融渣滓。"而苏轼听完其父弹奏《文王操》，更是发出了"江空月出人响绝，夜阑更请弹《文王》"的感慨。

世人推崇《文王操》，不仅仅因为它是千古难觅的神曲，更是从中体会到《文王操》的高雅，对世人情操的陶冶和灵魂的净化。这就是伟大的作品和高尚的品德相结合对人的感化和治愈，它反映的不是普通平庸的事理，而是文王高大完美的品德和恢宏远大的志向，以及对构建理想世界的思考。

三〇六

谢事当谢于正盛之时①，居身宜居于独后之地②，谨德须谨于至微之事③，施恩务施于不报之人。

【注释】

①谢事：辞职，免除俗事。
②居身：犹安身、立身处世。
③谨德：慎德。指戒慎小心，无失德之行。

【译文】

辞职当在事业最鼎盛的时候，立身处世宜居于人后，在事情还很细微的时候就注意谨德慎行，施恩惠一定要给那些不能给予回报的人们。

【点评】

此条洪应明从谢事、居身、谨德、施恩四个方面对为人处世、立身行事提出建议。

身退在盛时，当声名显赫，鲜花与赞美环绕时，也是考虑功成名就，潇洒而去的时机。若被名利羁留,等年老力衰,狼狈不堪时,则徒留寂寥落寞的背影。为人处世方面,谦虚退让,甘于人后可避免名利场的算计,也避免了人际关系中的紧张和交恶。品德修养方面,需要谨言慎行,"勿以恶小而为之,勿以善小而不为"。而施恩图报,非君子所为,将恩惠给予那些无力回报的人,才是真正的善。

三〇七

德者事业之基①,未有基不固而栋宇坚久者②;心者修裔之根③,未有根不植而枝叶荣茂者。

【注释】

①基:根本,基础。

②栋宇:房屋的正中和四垂。指房屋。《易·系辞下》:"上古穴居而野处,后世圣人易之以宫室,上栋下宇,以待风雨。"

③裔:后代。

【译文】

品德是人们建功立业的基础,没有基础不牢固而房屋坚固持久的;善心是孕育后代繁茂昌盛的根本,没有根基不发达而枝繁叶茂的。

【点评】

中国古代尊道贵德,早在商朝的甲骨文中就已经出现"德"字。古代思想家们对"德"的内涵理解不同,儒家将"德"理解为对人道的遵循,而人道包括"仁义礼智信"等等,而道家将"德"理解为对道(主要是指天道自然)本身的遵循。更为重要的是,他们都认为人是宇宙的高贵者,应该识道、得道、行道,使自己成为有德(得)之人,而要做到这一点就要尊崇道,珍视德。由此形成了中华民族道德至上的价值取向与文化精神。万丈高楼平地起,必须夯实基础才能盖起广厦华屋,一个人的成长也如此，必须夯实的基础唯"德"而已。只有具备崇高的道德情操，躬行道德规范的人，才能担负起社会的道德理想和经世济民的重任。

善是天道在人性上的反映，孔孟之道，以仁者爱人表达"善"的本质；荀子及汉代儒学家则以"礼"释"善"，讲求养人之欲又有所克制；宋明理学家视"天道阴阳"为"善"，强调阴阳平衡；明清启蒙思想家释"善"为"中节"，认为节制欲望而不超越一定的限度便是"善"。"善"的含义随着时代的发展以及多重建构，虽然有所差别，但始终追求天道与自我的和谐统一。持心守正，积德行善之人，拥有善心、善言、善行，履行道义，造福乡里，泽被后代。《格言联璧·悖凶类》云："为善则父母爱之，兄弟悦之，子孙荣之，宗族乡党敬信之，何苦而不为善？"拥有善良的心灵，宛如树木拥有强大的根基，孕育出枝繁叶茂的欣欣向荣之色，繁衍出子孙昌盛的繁华盛景。

三〇八

　　道是一件公众的物事①，当随人而接引②；学是一个寻常的家饭③，当随事而警惕④。

【注释】

①道：法则，规律，天理。物事：事情。

②接引：引进，推荐。

③寻常：平常。家饭：家常便饭。

④警惕：保持警觉，小心戒备。

【译文】

道义是一件公众的事情，应当随着人们的不同性情加以引导推荐；学问是一道普通的家常便饭，应当根据事情的发展变化而保持警觉。

【点评】

　　道，并非高不可攀，人人都可以学习分享。所以，才会"有教无类"，强调每个人都有平等地追求道义的权利，并非特权阶层才能拥有。而教育的方式则根据个人的性格、天赋、思想、意识而有所区别。同样，学问也并非专指读书写字、吟诗绘画、道德文章，而是像家常便饭一样，存在于生活的方方面面，蕴藏于平凡之中，一切的为人处事之道都可谓为学问。因此世人常说："世事洞明皆学问，人情练达即文章。"

三〇九

　　念头宽厚的，如春风煦育①，万物遭之而生；念头忌克的，如朔雪阴凝②，万物遭之而死。

【注释】

　　①煦（xù）育：抚育，养育。
　　②朔雪：北方的雪。阴凝：阴气始凝结而为霜，渐积聚乃成坚冰。《易·坤》："履霜坚冰，阴始凝也。"

【译文】

　　心思宽厚的人，仿佛和暖的春风孕育万物一般，遭遇它的一切事物都会生机蓬勃；心思忌妒苛刻的人，宛如北方大雪凝结成冰一般，遭遇它的一切事物都会面临死亡。

【点评】

　　《孟子·尽心上》曰："君子之所以教者五：有如时雨化之者，有成德者，有达财者，有答问者，有私淑艾者。"心胸广大、情深义重之人，如同春风时雨一般，熏化万物，以自己的善良宽厚、至臻德行教化感悟周边之人。北宋朱光庭曾在程颢那里学习，归去后向人赞叹程颢谆谆教诲时温暖可亲的态度，使他如沐春风，沉浸其中，受益匪浅。

反之，性情残忍、苛刻多疑之人，如同严霜酷雪，寒意萧瑟，草木遇之枯萎凋零，怎能有人愿意靠近？待人接物应当如明媚春风般温暖和煦，而不像风刀霜剑般寒气逼人，斩杀生机，使人难以靠近。

三一〇

勤者敏于德义①，而世人借勤以济其贪；俭者淡于货利②，而世人假俭以饰其吝③。君子持身之符④，反为小人营私之具矣⑤，惜哉！

【注释】

①德义：道德信义。

②货利：货物财利。

③假：借用，利用。吝：当用的财物舍不得用，过分爱惜。

④符：法度，法则。

⑤营私：图谋私利。

【译文】

勤奋的人孜孜以求的是道德信义，而世俗之人则假借勤奋之名来满足自己的贪欲；节俭的人漠视货物财利，而世俗之人则假借节俭来掩饰自己的吝啬。君子立身修行的法则，反而成为市井小人图谋私利的工具了，可惜啊！

【点评】

中国传统文化重视勤俭节约的美德，《新唐书·柳玭传》言："夫名门右族，莫不由祖考忠孝勤俭以成立之，莫不由子孙顽率奢傲以覆坠之。"不论圣人、高门大姓抑或平常人家，勤俭都是个人道德修养、家族延续发展必不可少的要素之一。但是，有些人误解了勤俭的含义，以为伪装出勤奋努力的样子，就可以遮掩他们追逐名利的行为，或者把勤俭作为他们刻薄吝啬的借口。殊不知克勤克俭本来是君子培养道德情操的准则之一,若是处于不同的立场和目的,施用的方式不同,则会成为小人谋取私利的工具,就会产生截然不同的效果。

三一一

人之过误宜恕,而在己则不可恕;己之困辱宜忍^①,而在人则不可忍。

【注释】

①困辱:困窘和侮辱。

【译文】

别人犯下的过错和失误应该宽恕,自己犯下的过错和失误则不可宽恕;自己遭受的困窘侮辱应该忍受,别人遭受的困窘侮辱则不忍心袖手旁观。

【点评】

《论语·颜渊》曰:“己所不欲,勿施于人。”儒家提倡宽恕之道,主张推己及人,自己不愿意的,就不要强加给别人;凡事不可以自我为中心,设身处地为别人着想;别人的过错要尽量宽恕谅解,自身的错误则要多方反思,深刻醒悟。当然,宽恕不是毫无原则,而是有界限的,《格言联璧·齐家类》记载了一些不可饶恕的情形:“奴仆得罪于我者尚可恕,得罪于人者不可恕。子孙得罪于人者尚可恕,得罪于天者不可恕。”只有设置了宽恕的边界,才能体现宽恕的本质。

谦和忍让的美德,使我们面对困窘和屈辱时,能够顾全大局,忍耐暂时的压力和难堪,做出适当的让步。但是遇到其他人处于屈辱之中,需要援助时,则要果断地施以援手,帮助他们走出困境,消除忧患,展现良好的道德修为。

三一二

恩宜自淡而浓，先浓后淡者，人忘其惠；威宜自严而宽①，先宽后严者，人怨其酷。

【注释】

①威：威信，威严。

【译文】

布施恩惠，要先淡后浓，假如先浓后淡，别人就会很快忘记你的恩惠；树立威信，要先严后宽，假如先宽后严，别人就会抱怨你的冷酷。

【点评】

《太上感应篇》云："施恩不求报，与人不追悔。"真正的施恩虽不求回报，但要根据实际情况，实施"先淡后浓"的原则，循序渐进地给予恩惠，而不是一下子满足被救助者所有的需求，这样会无形中提高他们的心理预期。俗语常言"升米恩，斗米仇"，就是施恩反结仇恨的典型事例。施与援手，救助他人，要有限度，否则恩惠反招致仇恨。

树立权威形象，坚持"先严后宽"的原则。如果宽容带来的只是对权威的冒犯与亵渎，不若最初就威严自重，令人心生敬畏。不过，威严的建立也要宽猛并济，过度严厉而不讲宽恕之道，则显得冷酷无情。《颜氏家训·教子》云："父母威严而有慈，则子女畏慎而生孝矣。"所以，恩威并济，宽严有度，才能使上下之间做到有法可循，有情可依。

三一三

士君子处权门要路①，操履要严明②，心气要和易，毋少随而近腥膻之党③，亦毋过激而犯蜂虿之毒④。

【注释】

①权门要路：权贵豪门与显要的地位。

②操履：操守，品行。

③腥膻（shān）之党：此指奸邪之人。腥膻，难闻的腥味。比喻人间丑恶、污浊的现象。葛洪《抱朴子·明本》云："山林之中非有道也，而为道者必入山林，诚欲远彼腥膻，而即此清净也。"

④蜂虿（chài）之毒：此指恶毒之人。蜂虿，蜂和虿。都是有毒刺的螯虫。比喻恶人或敌人。

【译文】

有才德的人身处权贵豪门与显要地位，操守要严正清明，心气要和顺平易，不要有丝毫放任去接近奸邪之人，也不要言行过激触犯阴狠毒辣的小人。

【点评】

才德之士，身处朝堂之上，或者权贵显要之处，要想处理好复杂的人际关系，就需牢记做事端正清明，心气平和，兢兢业业，以修齐治平为己任，既不结交性劣志卑之徒，也不以过激的方式刺激阴险毒辣的小人。做事恭谨严明，才能避免为自己的前途埋下潜在的祸患，减少遭受小人的排挤、倾轧和陷害的被动情形。

三一四

　　遇欺诈的人，以诚心感动之；遇暴戾的人①，以和气薰蒸之②；遇倾邪私曲的人③，以名义气节激砺之④，天下无不入我陶镕中矣⑤。

【注释】

①暴戾：粗暴乖张，残暴狠戾。

②薰蒸：熏陶。

③倾邪：指为人邪僻不正。私曲：谓偏私阿曲，不公正。

④激砺：同"激励"。

⑤陶镕：亦作"陶熔"，陶铸熔炼。比喻培育、造就。

【译文】

遇到欺瞒诈伪的人，用真心实意感动他；遇到暴虐狠戾的人，用温柔和气熏陶他；遇到邪僻不正、偏私阿曲之人，用道义气节激励磨练他，这样天下百姓都会被我陶冶教化了。

【点评】

《潜夫论·德化》云："人君之治，莫大于道，莫盛于德，莫美于教，莫神于化。"《贞观政要》亦载：通过人君的道德教化使"民有性、有情、有化、有俗"。自古以来，君王之道讲究以德教化民众，使其具备淳厚的本性、情感、行为与风俗。而富有社会责任感的有识之士，对于秉性不同，性情千差万别的狡邪、残暴、偏私之徒，也承担着教育感化的责任。

针对不同性情的人，要分别以诚待人，以德服人，以爱感人，通过高风峻节、德行道义砥砺磨练他们，所谓"精诚所至，金石为开"，即便最顽冥不化的人，也能被熏陶感化，成为具备德行之人。

三一五

一念慈祥，可以酝酿两间和气①；寸心洁白②，可以昭垂百代清芬③。

【注释】

①酝酿：造酒的发酵过程，亦借指造酒。此指调和。两间：谓天地之间。

②寸心：指心。旧时认为心的大小在方寸之间，故名。

③昭垂：昭示，垂示。清芬：清香，比喻高洁的德行。

【译文】

一点慈祥和善的念头，可以调和天地之间的和气；纯净洁白的方寸之心，可以昭示千秋百代的美德。

【点评】

慈悲仁爱是维系天地和气的重要力量，清白心地可以昭示美德、流传千古。中国的德行文化提倡仁爱的理念，践行仁爱不仅体现在孝悌、忠信、恕等方面，尤其需要通过对人性的自省与教诲来实现道德的升华，达到至善至臻的境界。人人追求仁爱善良，营造和谐温暖的社会氛围，这样的道德追求，必然会使天地祥和，使人间处处充满大爱。

如果一个人方寸之心清正洁白，纯净莹彻，不被物欲所蒙蔽，它所昭示的美好道德品质，展现的超凡人格魅力，同样可以传颂千代，流芳万古，成为后人学习的典范。

三一六

阴谋怪习，异行奇能①，俱是涉世的祸胎②。只一个庸德庸行③，便可以完混沌而召和平④。

【注释】

①异行奇能：怪异的行为举止，特殊的才能。

②祸胎：犹祸根。

③庸德庸行：平常的道德规范和行为举止。庸，平常。

④混沌：古代传说中指世界开辟前元气未分、模糊一团的状态。和平：和谐，和睦。

【译文】

阴谋怪习，异举奇能，这些都是涉身处世的祸根。只要保持平常的道德和行为准则，就可以具有纯粹的自然天性，从而告别混沌，带来平顺和谐的生活。

【点评】

晚明时期，心学影响深远，人们崇尚个性，追求心灵自由，对传统思想和礼制发起挑战。惊世骇俗的奇言异行、奇谈怪论，比比皆是。个性解放的思潮虽与封建思想有剧烈的冲突，但还无力完全突破旧制度的压制。许多文人找不到思想上的出路，只能在妄谈个性解放的背景下，纵情声色，追求奢华浮躁的生活，欲学山林泉石的隐逸风范而不得，反使晚明世风日渐颓废奢靡，社会面临着前所未有的危机。

对于追求中庸的洪应明而言，放荡不羁的言行举止，违背基本道德准则，不应提倡。"庸德之行，庸言之谨，有所不足，不敢不勉"（《中庸·第十三章》），努力践行中庸之道，在平常的德行中努力实践，平常的言谈尽量谨慎。保持平常的状态才能维系天性，明哲保身，保证生活和谐安乐。

三一七

语云："登山耐险路，踏雪耐危桥①。"一"耐"字极有意味。如倾险之人情②，坎坷之世道，若不得一"耐"字撑持过去，几何不堕入榛莽坑堑哉③？

【注释】

①登山耐险路，踏雪耐危桥：攀山越岭时要耐心应对艰难的道路，踏雪行走时要耐心应对危险的桥梁。比喻只要耐心踏实，就能摆脱险境，达到目的。

②倾险：指用心邪僻险恶。

③几何：犹若干、多少。榛（zhēn）莽：杂乱丛生的草木。坑堑（qiàn）：

沟壑,山谷。

【译文】

俗话说:"攀山越岭时要耐心应对艰难的道路,踏雪行走时要耐心应对危险的桥梁。"一个"耐"字道出了不少意趣韵味。如同邪僻险恶的人情世故,坎坎坷坷的人间道路,如果不是一个"耐"字支持,应该有不少人会坠落到草木杂乱丛生的沟壑山谷吧?

【点评】

生活中充满了艰难世情,涉足其中,若要安然度过,必须具备足够的耐性。据《旧唐书·孝友传·张公艺》载,郓州寿张人张公艺,九代同居一处。唐高宗泰山封禅时,路过郓州亲临张宅,询问其家族和睦的缘由。张公艺请人拿出纸笔,在纸上书写了百余个"忍"字,道出了为维护家庭和睦所付出的巨大代价,也说明了在人与人的交往中,忍耐的可贵。

我们在生活中常会遇到各种困难状况,诸如困顿的生活境遇,停滞不前的事业,挫折不顺的情感,困惑不解的学业等,面对这些前进道路上的考验,我们不能因气馁而放弃,而是要沉下心来,在默默忍耐中振奋精神,增长阅历,修养心性,寻求解决的办法。通过人生磨砺而造就的顽强意志,会帮助我们跨越一个个人生的障碍。

三一八

夸逞功业①,炫耀文章,皆是靠外物做人②。不知心体莹然③,本来不失④,即无寸功只字⑤,亦自有堂堂正正做人处。

【注释】

①夸逞:夸耀,显示。

②外物:指外界的人或事物。

③莹然:光洁的样子。

④本来:指人本有的心性。

⑤寸功:微小的功劳。只字:极少的几个字。

【译文】

夸耀功勋业绩,炫耀美文华章,这些都是依靠外在的事物彰显做人的荣耀。却不知如果精神和身体都清莹纯净,也没有丧失人的本性,即使没有丝毫功劳和留下片言只字,也自然具备堂堂正正做人的条件。

【点评】

人生在世,有人创立了赫赫功绩,有人留下了千古绝唱,生命似乎因此显得更加流光溢彩,富有价值和意义。实际上,荣华富贵、权势声望只是身外物而已,并非生命的本质。《史记·日者列传》言:"道高益安,势高益危,居赫赫之势,失身且有日矣。"唐戴叔伦《暮春感怀二首》云:"悠悠往事杯中物,赫赫时名扇外尘。"在浩浩荡荡的历史潮流中,赫赫功名、滔天权柄都可能消散。只有保持纯粹清澈的本性,清清白白做人,就可以因为品德高尚而立于不败之地,在历史上留下堂堂正正的一笔。例如汉朝杨震清正廉洁,为世人称颂。他不治私财,认为只要后世把杨家子孙看做"清白吏"的后代,就是留给子孙最宝贵的财富,也是对他清正守节的认可。

三一九

不昧己心①,不拂人情,不竭物力,三者可以为天地立心,为生民立命②,为子孙造福。

【注释】

①昧:违背。

②为天地立心,为生民立命:为天地树立养育万物之心,为人民树立准则。立命,谓树立修身养性以待天命的思想信念。出自北宋张

载《横渠语录》："为天地立心，为生民立命，为往圣继绝学，为万
世开太平。"

【译文】

不违背自己良心，不违逆人之常情，不浪费物力财力，做到这三件事
就可以为天地万物树立恻隐之心，使天下百姓安身立命，为子孙后代创
造幸福生活。

【点评】

北宋张载，世称横渠先生，他认为人生在世，就要遵循天道，立天、立
地、立人，做到诚意、正心、格物、致知、明理、修身、齐家、治国、平天下，努
力达到圣贤境界。张载由此抒发心意，书写了"为天地立心，为生民立
命，为往圣继绝学，为万世开太平"的精妙语句，希望构建社会的道德体
系和价值观念，赋予黎民百姓生命的意义，承继光大先贤失传的学问，为
千秋万代开辟盛世太平的基业。此四句立意宏远，愿景广阔，表现了对
国家、对社会、对黎民百姓的责任和使命，成为知识分子的精神准则，一
直以来传颂不衰，被当代哲学家冯友兰赞誉为"横渠四句"。

三二〇

居官有二语曰："惟公则生明①，惟廉则生威。"居家有
二语曰："惟恕则平情②，惟俭则用足③。"

【注释】

①惟公则生明：公正便能明察事理。出自《荀子·不苟》："公生明，
偏生暗。"后以"公生明"三字作为官场箴规。清俞樾《茶香室丛
钞·公生明坊旧是立石》载：古代府州县衙门大堂前面正中竖立
一石，向南刻"公生明"三字，北面刻"尔俸尔禄，民膏民脂，下民
易虐，上天难欺"十六字。后因出入不便，改为牌坊。

②平情：公允而不偏于感情。

③惟俭则用足：以厉行节俭来满足财用。《诗经·鲁颂·駉》序言："《駉》，颂僖公也。僖公能遵伯禽之法，俭以足用，宽以爱民，务农重谷。"

【译文】

作为官员要牢记两句话："只有公正才能政治清明，只有廉洁才能树立威信。"居家生活要牢记两句话："只有宽容才能公允而不感情用事，只有勤俭才能财资充足。"

【点评】

公正廉洁是成为清正开明的官员的法则之一，宽恕节俭是生活和顺富足的准则之一。

宋代吕本中《官箴》开篇即云："当官之法，唯有三事：曰清、曰慎、曰勤。"他认为清正廉明是做官首先需要遵守的。明王士禛《古夫于亭杂录》曰："上尝御书'清慎勤'三大字，刻石赐内外诸臣。……按此三字本吕本中《官箴》中语也。""清慎勤"三字官箴在数百年后，仍然被明代皇帝采择其说，训示百官，可见此箴言对为官处事非常有益。明代无极县知县郭允礼为官清廉，曾于嘉靖三年（1524）十月在任所题书"居官座右铭"一则，镌刻于石，传之后代，为世人欣赏和仰慕。其所书文曰："吏不畏吾严而畏吾廉，民不服吾能而服吾公。廉则吏不敢慢，公则民不敢欺。公生明，廉生威。"道出了为官所须遵循的法则。

我国古代是传统的小农社会，家庭作为社会的基础单位，如果不对财富进行合理统筹，势必会影响家庭的正常运行，导致贫穷滋生，生活困顿。治家理财首要的是勤俭节约，开源节流，以满足家庭的物质需求。南宋倪思在《经锄堂杂志》中说："富家有富家计，贫家有贫家计，量入为出，则不至乏用矣。"在我国，节俭不仅是一种生活态度，理财的手段，更是品德的映射。

三二一

处富贵之地，要知贫贱的痛痒①；当少壮之时，须念衰老的辛酸。

【注释】

①痛痒：比喻疾苦。

【译文】

身居富裕显贵的境地，要能了解贫苦低贱生活的疾苦；身处年轻力壮的时候，要能体谅年老力竭的凄苦。

【点评】

唐代杜甫的"朱门酒肉臭，路有冻死骨"，反映了权贵阶层与社会底层百姓之间不可调和的矛盾，富贵与贫穷之间无法消弭的巨大差异，控诉了高门权贵对百姓疾苦的漠视。如果放任这种现象，社会秩序将会遭到破坏。《周礼·地官·大司徒》曰："以保息六养万民：一曰慈幼，二曰养老，三曰振穷，四曰恤贫，五曰宽疾，六曰安富。"君主要想做到政治清明，天下安定，就要懂得安富恤贫，使富有者安定，贫困者得到救助，才能各得其所，社会才能生生不息。

年老力衰，是每个人都要面对的生命自然衰老的过程。当这一天来临时，有人哀叹年华逝去，有人壮志未酬，有人老而弥坚。风华正茂的青春少年，意气风发，少年壮志不言愁，因人生阅历所限，还无法体会年老力竭的困境。但是，老人的学识、见识、人生智慧，是年轻人学习借鉴的榜样，因此，要理解和尊重老人，不仅要保证他们生活平安顺遂，更要在精神层面给予关爱，他们也曾"春风得意马蹄疾，一日看遍长安花"。理解他们面对生命衰老的种种无奈，并且创造机会，使他们丰富的人生经验得以传承，使他们能够贡献余力，老有所为，做历史的积极参与者，而不是时代的弃儿。

三二二

持身不可太皎洁①，一切污辱垢秽②，要茹纳的③；与人不可太分明，一切善恶贤愚，要包容的。

【注释】

①皎洁：清白，光明磊落。

②垢秽（gòu huì）：污秽、肮脏的东西。

③茹（rú）纳：忍受，容纳。

【译文】

立身处世不可太过清高磊落，要能忍受容纳一切的污蔑、耻辱、诟病、污秽；和他人交往不要过于分明，要能包容一切的善意、恶毒、贤明、愚拙。

【点评】

宋朱熹《宋名臣言行录·吕蒙正》载："小人情伪，在君子岂不知之？盖以大度容之，则庶事俱济。"明朱衮《观微子》亦云："君子忍人所不能忍，容人所不能容，处人所不能处。"君子追求高洁的志向，端正的品行，但是面对社会现实，有时不得不做出妥协，以宽广的胸襟拥抱并不完美的世界。

兼容并包在人际交往中很重要。社会是复杂的，并不是简单的非黑即白，人性也如此，善与恶并存。如果一味要求社会清平正义，人性光明磊落，这是不可能的。我们需要具备宽容忍耐的心态，勇敢面对世界的美好与丑恶，坦然接受千变万化的人性。

三二三

休与小人仇雠①，小人自有对头；休向君子谄媚②，君子原无私惠③。

【注释】

①仇雠（chóu）：仇人，冤家对头。雠，仇恨，仇怨。

②谄（chǎn）媚：奉承，讨好。

③私惠：私人的恩惠。

【译文】

千万不要与小人结为仇敌，小人自然有他的仇家对头；千万不要阿谀奉承君子，君子原本就不注重私人的恩惠。

【点评】

《庄子·山木》曰："君子之交淡若水，小人之交甘若醴；君子淡以亲，小人甘以绝。"君子之交，以道义为重，淡泊如水却能真挚长久；小人之交，以利益为主，甘甜如醴酒，一旦名利相争则分崩离析。因此，古代家训中一直强调人际交往要"亲君子，远小人"，尤其忌讳与小人结仇。人们应谨慎处理与小人之间的交往关系，避免与其因利益而产生矛盾，遭其报复。因为小人心术不端，恣意行事，为谋利益而不顾道义，所以当形势变化，利益瓦解时，处事手段更为卑鄙恶毒。世间自有克制小人的方法和途径，他们必会因人品德行、行事手段，为自己招致对手而被降服。

君子交友为了道德切磋，文章高义，心灵相知等，选择的朋友也大多具备孝悌、忠诚、守信、正直、宽容、博学多闻等品质。前恭后倨、阿谀奉承、圆滑世故的行径，与君子的道德追求相去甚远。君子远离、摒弃谄媚佞幸之人，杜绝小恩小惠的贿赂，厌恶徇私舞弊，行事间正直磊落，公正清明。

三二四

磨砺当如百炼之金①，急就者非邃养②；施为宜似千钧之弩③,轻发者无宏功④。

【注释】

①磨砺:磨练。百炼之金:比喻纯洁完美的人或事物要久经锻炼
而成。唐冯宿《兰溪县灵隐寺东峰新亭记》:"精金百炼,良骥千
里。"

②急就:速成,匆促而成。邃(suì)养:精深的学养。

③千钧之弩(nǔ):千钧重的弓弩,形容力量之大。钧,古代重量单
位,三十斤为一钧,千钧即三万斤。常用来形容器物之重或力量
之大。弩,一种用机械力量射箭的弓,泛指弓。

④轻发:轻率行动。

【译文】

磨练自己应当像久经锤炼的金属那样,仓促而成的人不会具备精深
的学养;行为举止应当像千钧重的弓弩,行为轻率的人不会建立宏大的
功业。

【点评】

此处借用邵雍"施为欲似千钧弩,磨砺当如百炼金"诗句之意。做
事要像用全力拉开千钧之弩一样,竭尽全力,绝不能轻率从事,这样才能
命中目标。而磨练品行则要像百炼成钢一样,千锤百炼,才能锻造出刚
强的品格和意志。凡事欲速则不达,人的一生,修养身心,磨练意志,寻
求真知,都需要循序渐进,勤学苦练,方能见效。

张载《李慎同治九年本张子全书序》言:"因文山而获见倭艮峰先
生,得读所著为学大旨,始知圣人之道如日用饮食之不可一日或离,而从
事之久,则趣益深,理益明,又不容以一蹴而至也。"对学习不能抱着投
机速成的心态,刚触碰到一点门道,就渴望修成内圣外王之道,那真是痴
心梦想。学问的研习讲求日深月久的功夫,日日学习参悟才能精进。

三二五

建功立业者，多虚圆之士①；偾事失机者②，必执拗之人③。

【注释】

①虚圆：谦虚圆通。

②偾（fèn）事：败事。《礼记·大学》："一家仁，一国兴仁；一家让，一国兴让；一人贪戾，一国作乱，其机如此。此谓一言偾事，一人定国。"失机：亦作"失几"。错过时机，误了事机。

③执拗（niù）：坚持己见，固执任性。

【译文】

建立功勋成就事业的人，大多是谦虚圆通的人；事业失败错失机会的人，必然是固执任性的人。

【点评】

成大事者，具备大度、宽容、坚毅、谦虚、谨慎等优良品格，有其坚持的处世之道。刚则易折，处事之时适度的圆顺通达，可以维护自己的利益和争取他人的支持，是取得成功的必要手段。至于那些错失良机、事业失败之人，往往固执己见，缺乏依据形势变化而调整策略的灵活性。古今中外，成大功、立大业的圣贤豪杰，例如唐太宗李世民，虚心听取魏徵的建议，重视民意，懂得以史为鉴、以人为鉴的重要性，最终为盛唐的建立打下了坚实的基础。他礼贤下士，虚怀若谷，终成就一代霸业。反之，篡权改制的王莽，是一位在历史上备受争议的人物。他性情狂躁，不切实际，一味慕古，刚愎自用，这些性格特征使他在改制中既不能根据实际情况灵活调整政策，又不能建立一个高效率、有威信的推行新政的政治团队，因此改革注定要失败。

三二六

俭,美德也,过则为悭吝^①,为鄙啬^②,反伤雅道^③;让,懿行也^④,过则为足恭^⑤,为曲礼^⑥,多出机心。

【注释】

①悭吝 (qiān lìn):吝啬。

②鄙啬:小气,吝啬。

③雅道:正道,忠厚之道。

④懿(yì)行:善行。

⑤足恭:亦作"足共"。过度谦敬,以取悦于人。《论语·公冶长》:"巧言、令色、足恭,左丘明耻之,丘亦耻之。"

⑥曲礼:委屈心意去讨好别人。

【译文】

节俭,是种美好的品德,但是过于节俭就是吝啬了,行为鄙陋吝啬,反而是对正道的伤害;谦让,是种美好的行为,但是过于谦让就是讨好取悦他人了,行为逢迎谄媚,大多是为了机巧功利的目的。

【点评】

俭与谦是中华民族的传统美德,人人遵循,社会就会富足和谐。但是凡事都要适宜,过度节俭可能是对人对物的吝啬苛刻。杨朱采取"为我"的主张,尽管只需拔去一根毫毛就能使天下得利,他也不干,这样偏执的做法只会损害仁义之道。《世说新语·俭啬》载:江州刺史卫展为了驱赶来投奔的故旧,竟用中药"王不留行"暗示其赶快离开,连他外甥知道了都评价说他这种行为刻薄。

过分的谦虚则会显得虚伪、奸诈、谄媚。王莽在篡汉之前,身为公侯权贵之后,却谦逊礼下,恭谨待人,以骗取社会声誉。随着爵位越高,表现越谦恭,由此名声大振。而王莽之谦,貌似谦恭,却心怀狡诈,为世人所不齿。"君子之中庸也，君子而时中"，君子选择执中从事，就要随时做到适中，无过无不及，即便是谦恭虚己也要恰如其分，真实可信。

三二七

毋忧拂意①，毋喜快心，毋恃久安②，毋惮初难③。

【注释】

①拂意：违背他人心意。

②恃：凭借。

③惮（dàn）：畏难，怕麻烦。

【译文】

不要因为不如意而忧虑，不要因为心情舒畅而欣喜，不要因为长久的安闲舒适而有恃无恐，不要因为事情开始时比较困难就有所畏惧。

【点评】

东汉仲长统诗云："百虑何为，至要在我。寄愁天上，埋忧地下。"指出一切忧愁烦恼的根源都在于"我"。若能沉着冷静应对生活中的种种失意，将忧虑统统抛掉，就可以意志坚定，豁达洒脱。人生有不如意，也有狂喜快乐，若沉溺于放纵恣意中，放松警惕，会为一时的狂放付出代价。因此，人生不能处于长久的快意纵情或安稳平顺中，这样都可能会消磨人的意志，导致思想松懈，行动急惰。人一旦丧失斗志，做事就会畏手畏脚，若连最初的困难都难以战胜，更何谈战胜千难万险，成就自我呢。

三二八

饮宴之乐多①，不是个好人家；声华之习胜②，不是个好士子③；名位之念重④，不是个好臣工⑤。

【注释】

①饮宴：亦作"饮燕"，聚在一起饮酒吃饭。

②声华：犹言声誉荣耀。

③士子：学子，读书人。

④名位：官职与品位，名誉与地位。

⑤臣工：群臣百官。

【译文】

举办宴会，举杯畅饮，其中的快乐虽然很多，但是这样的家庭不是一个好的家庭；爱慕荣誉和声望的想法过于强烈，这样的人不是一个好的读书人；过于贪念、看重利禄地位，这样的官员不是一个好的官员。

【点评】

此处强调了宴饮作乐对家庭的不良影响，贪慕声名对学子的伤害，看重名利对官员的妨碍。

中晚明之际，江南士子之间宴饮频繁，日日大宴宾客，纵情歌舞酒色，规制也逐渐奢华，甚至一席耗费千金。一些士子由于无力承担大笔的宴饮交际费用而家道衰落，甚至破产。明钱谦益《列朝诗集小传》记载徐于王家道破落后，依然"花晨月夕，诗坛酒社，宾朋谈宴，声妓歊集，典衣鬻珥，供张治具，惟恐繁华富人或得而先之也"。文人士子以及平民百姓纵情酒色，社交方式奢侈铺张，《苏州府志》记载"小小宴集即耗中人终岁之资，逞欲片时，果腹有限，徒博豪侈之名，重造暴殄之孽"，这是对社会财富的极大浪费，也是豪奢放纵的社会陋俗。

学子、官员在晚明道德沦丧、良知泯灭、人格沉沦的社会现实中，需要把持心性，坚守儒家传统，加强德行修养，摆脱对权势地位、功名利禄的过度追求，承担起社会责任和道义。

三二九

仁人心地宽舒^①，便福厚而庆长，事事成个宽舒气象；鄙夫念头迫促^②，便禄薄而泽短，事事成个迫促规模。

【注释】

①宽舒：宽厚平和。

②鄙夫：庸俗浅陋的人，也就是鄙陋之人。迫促：急促，急迫。此指见识浅薄狭隘。

【译文】

仁义之人心胸宽厚平和，就会福泽厚实而绵长，每件事都会呈现出宽厚平和的气象；庸俗浅陋的人想法浅薄而狭隘，就会钱财短缺而福气稀少，使每件事都成个狭隘仓促的局面。

【点评】

待人宽容是人际关系的重要内容，也是仁爱思想的表现之一。孔子赋予"仁"很多含义，"泛爱众而亲仁""恭、宽、信、敏、惠"，其中都包含有宽厚待人的内容。明代吕坤也认为宽容是为人处世的第一法则，作为处事原则强调宽则"容众"，拥有海纳百川的胸怀。宽以待人，行事仁义，将会赢得更多的朋友和拥戴，建立广泛良好的人际关系，为自己积累善行和福报，家庭、事业、前景也显示出和顺的局面。

见识浅陋、鄙薄之人，心胸狭小，做事局促，行事不择手段，往往落个福薄、窘迫的结果。因为善者人善之，不善者人人鄙之。失去人心，缺乏善心和善行，为了利益而不择手段，这种丧失仁爱宽和的人，常常会受到命运的惩罚。

三三〇

用人不宜刻①,刻则思效者去;交友不宜滥②,滥则贡谀者来③。

【注释】

①刻:刻薄,苛刻。

②滥:不加选择,不加节制。

③贡谀(yú):献媚。

【译文】

任用他人做事不应当过于刻薄,太苛刻则本来愿意效力的人就会离开;结交朋友不宜过于随便,太随意谄媚者就会随之而来。

【点评】

执掌权力者对臣属如果刻薄猜忌,则疑虑丛生,信任崩塌,无法维系良好的人际关系。《新唐书·德宗顺宗宪宗》载:"德宗猜忌刻薄,以强明自任,耻见屈于正论,而忘受欺于奸谀。"唐德宗对大臣猜疑刻薄,却信任奸佞的小人,大臣陆贽反复劝解他,反被他猜忌疏远;裴延龄、韦渠牟、李齐运等狡狯谄媚,反被他视为心腹重臣。德宗一朝,人事变动频繁,偶尔出现的令人鼓舞的兴国治平的新气象,也因人事纷争,呈现昙花一现的局面。德宗在奉天之难后,宠信宦官及佞臣,将神策军交给宦官,开启了宦官掌管军事的先河。从此开始,唐朝的宦官手握重兵,不断用军权挟持皇帝,皇权受到了极大的威胁。此后的皇帝废立,基本被宦官把持。

南宋洪迈云:"天下之达道五,君臣、父子、兄弟、夫妇而至朋友之交。"朋友被视为五伦之一,成为人际交往中重要的一环。古人交友以诚信为主,朋友的作用主要是"辅仁"。很多家训中,都严格规定交友须谨慎,更不能滥交。若不加选择地滥交朋友,其中阿谀奉承者,定会巧言令色,圆滑世故,受其影响,很容易误入歧途。因此,古人常言"保家莫如择友",要想保全自己和家庭,交友一定要慎重,从孝悌、忠信、直、谅、多闻五个方面,认真辨识益友和损友,避免因交友不慎而陷入人生困境。

三三一

大人不可不畏①,畏大人则无放逸之心;小民亦不可不畏②,畏小民则无豪横之名③。

【注释】

①大人:德行高尚、志趣高远的人。在官场中则是下属对上司的习惯称呼。

②小民:指一般老百姓。

③豪横:强暴蛮横。

【译文】

对于身处官位的人必须心存敬畏,如果敬畏有官位的人,就不会有放肆安逸的心态;对于一般百姓也必须心存敬畏,如果敬畏平民百姓,就不会有粗暴横虐的坏名声。

【点评】

《易经》云:"夫'大人'者,与天地合其德,与日月合其明,与四时合其序,与鬼神合其吉凶。先天而天弗违,后天而奉天时,天且弗违,而况于人乎!"所谓大人,既拥有与天地相匹配的德行,又拥有与日月相媲美的光明,遵循四季时序变化,赏罚与鬼神占卜的吉凶一致。他依天道而行事,上天尚且不背弃他,更何况人呢? 孔子亦云:"君子有三畏:畏天命,畏大人,畏圣人之言。"君子敬畏天命,敬畏地位高贵的人,敬畏圣人的话。在封建礼教下,对权宦高门心怀敬畏,才能维系上下尊卑的权力秩序,勤勉恭谨地做事,从而使社会有序运转。

东汉民谣云："发如韭，剪复生；头如鸡，割复鸣。吏不必可畏，小民从来不可轻。"清陈宏谋《学仕遗规》言："仕乎位，则畏法令，畏小民，畏公议。"畏小民就是敬畏黎民百姓，对他们存有宽容仁爱之心，而不是粗暴骄横地压迫他们。历史上不重视民意，随意盘剥压榨百姓的人，都很难建立宏图伟业。孟子说："民为贵，君为轻。"处理国家政事时应充分考虑民意，人民的力量是国家发展的基础。只有敬畏人民，爱护人民而不是欺压人民，才能保证政权长治久安，才能避免残暴专制之名。

三三二

事稍拂逆①，便思不如我的人，则怨尤自消②；心稍怠荒，便思胜似我的人，则精神自奋。

【注释】

①拂逆：违背，违反。

②怨尤：埋怨责怪。《论语·宪问》："不怨天，不尤人。"

【译文】

事业稍有不如意的时候，就思考一下那些不如自己的人，这样埋怨责怪的想法就会自然消除；心思稍微有些懒怠放纵的时候，就考虑一下那些胜过自己的人，这样精神就会自然振奋。

【点评】

古语云："顺境能节制，逆境方坚韧；智者不以境役心，要以心制境。"逆境或顺境，都是对人生的考验，需要积极健康的心态去应对。

身处逆境时，要有百折不挠的精神，积极乐观的心态，全力以赴，坚毅忍耐。通过与那些生活更加不如意的人比较，获得心理上的满足与平衡，不再埋怨命运给予的不公平和挫折考验。《荀子·荣辱》曰："自知者不怨人，知命者不怨天；怨人者穷，怨天者无志。"人有自知之明则不会抱怨别人，掌握了命运的人不会抱怨天命；抱怨别人的人穷困潦倒，抱怨上天的人缺乏雄心壮志。

　　身处顺境时，虽然更容易取得成就，一旦沾沾自喜，懈怠放纵，就会停滞不前，遭受失败。社会发展日新月异，优秀的人才比比皆是，不能与时代共同进步的人，势必会被时代浪潮淘汰。五岁就能作诗的宋朝神童方仲永，一度成为传奇，但十二岁时却变得"泯然众人矣"，大概顺遂的环境泯灭了他的天赋。因此，顺境中要有警惕心理。通过反思那些建立功业，比自己更加成功的人们，戒骄戒躁，努力追赶他们前进的步伐，才不至于被时代抛弃。

三三三

　　不可乘喜而轻诺[①]，不可因醉而生瞋[②]，不可乘快而多事，不可因倦而鲜终[③]。

【注释】

①轻诺：轻许诺言。

②生瞋（chēn）：同"生嗔"，生气，发怒。

③鲜（xiǎn）终：很少有终结。鲜，少。

【译文】

　　不可趁着高兴而轻易许下诺言，不可因醉酒而大发雷霆，不可因快乐畅意而滋生事端，不可因厌倦懈怠而少有善终。

【点评】

　　情绪管理，也是日常修为的一部分。《礼记·中庸》曰："故君子慎其独也，喜怒哀乐之未发谓之中，发而皆中节谓之和。"中庸之道主张君子情绪的表达必须端正，合乎法度，以符合"中和"的标准。欣喜、愤怒、哀伤、快乐，种种情绪，都应控制在一个合理的范围内。千万不能高兴了就轻许诺言,醉酒了就胡言乱语,快乐了就胡作非为,厌倦了就不再努力做事,不能因情绪失控而恣意妄为,以至于失德。待人行事应该有信誉,有节制,有忍耐,有恒心,这才是君子应有的为人处事的原则。

三三四

钓水①,逸事也,尚持生杀之柄②;弈棋③,清戏也④,且动战争之心。可见喜事不如省事之为适,多能不如无能之全真。

【注释】

①钓水:指钓鱼。

②生杀之柄:即杀生之柄,掌管生死大权。

③弈棋:下棋。

④清戏:此指清静的游戏。

【译文】

水边垂钓,本是悠闲清逸的事情,尚且执掌着水中鱼儿的生死之权力;对弈下棋,本来是潜心静气的游戏,尚且能够鼓动双方争夺输赢的心理。所以,喜欢生事不如减少事情更合适,具备多种才能还不如没有才能,这样才可以保全人的本性。

【点评】

邵雍《何事吟寄三城富相公》诗云:"钓水误持生杀柄,著棋闲动战争心。一杯美酒聊康济,林下时时或自斟。"垂钓、下棋,本是生活中的闲情逸致,然而手握鱼竿,既掌控着生杀鱼虾的权柄,又怀抱着钓上大鱼的念头,这是把垂钓当作竞争追逐的游戏。下棋的时候,在一招一式之间计算得失,争夺输赢,相互博弈对杀,难分难解之时,清雅的游戏仿佛如战争一般充满了权谋杀戮。

从垂钓、对弈这些平常的闲适活动中,生出诸般争强好胜之心,已失去了怡情养性、执守宁静的初心,违背了修身养性的宗旨。因此,人生更应该做减法,减少对胜负之欲的执着,减少权谋算计,减少生杀予夺,从而在待人处事时,保持朴素自然的原则,回归纯真的本性,收敛才华,淡泊无为,才能意蕴高雅清逸,行止悠然自得。

三三五

听静夜之钟声,唤醒梦中之梦^①;观澄潭之月影,窥见身外之身^②。

【注释】

①梦中之梦:比喻幻境,极言虚幻。《庄子·齐物论》:"方其梦也,不知其梦也。梦之中又占其梦焉,觉而后知其梦也。"

②身外之身:佛教语,指由正身变化产生出来的身体。

【译文】

倾听静寂深夜传来的隐隐钟声,就会唤醒人们虚幻的梦中之梦;观看澄净潭水中隐约的月影,就会窥探到人们似有似无的身外之身。

【点评】

宋释祖钦《偈颂一百二十三首》:"澄潭月影,静夜钟声。不留而照,不待而鸣。而亦离闻绝见,非色非声。"佛家认为澄潭月影,静夜钟声,都是可以启发心灵的意象。万籁俱寂时,悠远的钟声传来,似醍醐灌顶,敲醒深陷梦中梦的人,正如黄庭坚从轮回的梦中醒来后发出的感慨:"似僧有发,似俗无尘,作梦中梦,见身外身。"分清现实与梦境,重新思考人生的本质,使内心豁然开朗,不再为一时的荣辱得失、功名利禄而患得患失。

澄净的潭水,倒映着天上的月影,月亮高悬天空,也可延伸出不同的幻影。我们的身体通过修炼,也会呈现不同的自我,从而窥见身外之身。

正如明王世贞所言:"炼得身外身,此身亦刍狗。"看清真实的自己,消除对虚相与幻身的执着,这样才能心机澄澈,神通意达。

三三六

鸟语虫声,总是传心之诀①;花英草色,无非见道之文②。学者要天机清彻,胸次玲珑③,触物皆有会心处。

【注释】

①传心:佛教禅宗指传法。初祖达摩来华,不立文字,直指人心,谓法即是心,故以心传心,心心相印。

②见道:洞彻真理,明白道理。

③玲珑:灵活的样子。

【译文】

鸟的啼叫虫的鸣声,都是它们彼此传达心意的诀窍;花的美丽草的色泽,无非是洞彻真理的装饰。读书人要具有清澈通透的灵性,灵活的心胸,这样接触世间万物就会心领神会。

【点评】

人间万物都有可能是顿悟的缘起。

宋代有一位比丘尼,苦苦寻觅禅法却一直没有收获。一日,外出寻觅春天未得,谁知归来看到梅花,终于豁然开朗:春天就在眼前,而道法就在心间。于是写下了《悟道诗》:"尽日寻春不见春,芒鞋蹓遍陇头云。归来笑拈梅花嗅,春在枝头已十分。"

黄庭坚《渔家傲·三十年来无孔窍》云:"三十年来无孔窍,几回得眼还迷照。一见桃花参学了。呈法要,无弦琴上单于调。摘叶寻枝虚半老,拈花特地重年少。今后水云人欲晓。非玄妙,灵云合被桃花笑。"讲述了灵云和尚"桃花悟道"的故事。灵云三十年迷茫混沌,在顿悟与蒙昧间几番反复，直到看见桃花，终于参悟。

　　水月镜天，落花流水，雁飞潭静……世间种种细微之物，都会触动人的内心，使他们在瞬间开悟，心境通达，意念流畅，见花是花，见花不是花，透过人间万象，体会到自然奥妙。

三三七

　　人解读有字书，不解读无字书；知弹有弦琴，不知弹无弦琴①。以迹用不以神用②，何以得琴书佳趣？

【注释】

①无弦琴：没有弦的琴。南朝梁萧统《陶靖节传》："渊明不解音律，而蓄无弦琴一张，每酒适，辄抚弄以寄其意。"后用以为典，有闲适归隐之意。

②神用：精神的功能。

【译文】

　　人们只能读懂有文字的书，却读不懂没有文字的书；人们只知道弹奏有弦的琴，却不知道如何弹奏没有弦的琴。只会使用有形的东西却不懂无形功用的神妙，怎能体会无弦琴、无字书的雅致意趣呢？

【点评】

　　人生滋味，意在言外，用心体悟，方得真解。

　　世界是一系列具象的组合，形象而具体的事物，触动着每个人的心弦，对它们的解读，因每个人的学识、审美、人生体验的不同，而被赋予不同的含义。那些超越具象的感悟，构筑着属于自我的抽象、含蓄、隽永的意境，体现一种意在言外的效果。正如弹奏无弦琴的陶渊明，"但识琴中趣，何劳弦上声？"对他而言，能够领悟弹琴的美好意趣，又何必在意一曲一声呢？

人生也像一部巨大的无弦琴、无字书，如何弹奏，如何解读，全在于自我选择。只有一步步践行其中，使万物与自己的心合而为一，才能于日月星辰、万里山河、花开花落、鸟鸣鱼跃等形象中，探索自然的奥妙，感悟生命的瞬间与永恒，体会宇宙的真理至道。

三三八

山河大地已属微尘①，而况尘中之尘！血肉身驱且归泡影②，而况影外之影！非上上智③，无了了心④。

【注释】

①微尘：佛教语。色体的极小者称为极尘，七倍极尘谓之"微尘"。常用以指极细小的物质。

②泡影：佛教用以比喻事物的虚幻不实，生灭无常。后比喻落空的事情或希望。《金刚经·应化非真分》："一切有为法，如梦幻泡影。"

③上上智：最上等的智慧。

④了了：了然，清楚。

【译文】

宏伟的山川河流、广袤的土地都属于微小尘埃，更何况尘埃中更微小的尘埃呢！鲜活的血肉之躯都终将化为泡影，更何况泡影之外的泡影呢！若非具备最上等的智慧，必然不会拥有最透彻了然的心灵。

【点评】

佛教认为大千世界全在微尘之中，而宇宙的万事万物也不是永恒不灭的。山河大地是微尘，我们的血肉躯体与之相比更为渺小，且会消失在时间的长河里，更何况属于身外之物的功名利禄？李商隐《北青萝》云："世界微尘里，吾宁爱与憎。"大千世界都是微尘，如何再谈爱与恨？

只有以超脱俗世的智慧，面对现实人生，面对生死荣辱，不再纠缠于红尘俗世的爱恨情愁，才能深刻领悟人生的真实与虚幻，追求心灵的纯净恬淡。所以说，"非上上智，无了了心"。

三三九

石火光中①，争长竞短②，几何光阴？蜗牛角上，较雌论雄③，许大世界④？

【注释】

①石火光：以石敲击迸发出的火花。此处极言时间之短促。

②争长竞短：计较细小出入，争竞谁上谁下。

③蜗牛角上，较雌论雄：比喻与人争虚名，夺微利。较雌论雄，比较争论胜负、强弱、高下。雌雄，雌性和雄性。比喻胜负、强弱、高下。此典来自《庄子·则阳》中"魏莹与田侯牟约"这个寓言故事，魏惠王因田侯牟背约，一怒之下要派人去刺杀他。故事中分别描绘了作为好战者、反战者的态度，借悟道者戴晋人之口，叙述了蜗角之战的虚妄。

④许大：多大。指实际并不大。

【译文】

在电光石火般短暂的时间里竞争长短，又能争得多少时光？在蜗牛触角般狭小的空间里争论输赢强弱，又能争来多大的世界？

【点评】

白居易《对酒五首》其二云："蜗牛角上争何事，石火光中寄此身。随富随贫且欢乐，不开口笑是痴人。"人生仿佛一个巨大的名利场，为生存、为功名、为荣耀，栖身其中，通过不懈的努力，获取属于自己的那份成功，本无可厚非。因为每个人的奋进汇聚成巨大的能量，才能推动历史的进步。但是,争取成功的过程中,格局和胸襟要宏大,要抛弃短视的行为,不要为了蝇头小利而争得头破血流。保持恬淡的心态,坚持正义与善良的行径,才能在悠悠千古中,占据几许光华。

三四〇

有浮云富贵之风①,而不必岩栖穴处②;无膏肓泉石之癖③,而常自醉酒耽诗。竞逐听人而不嫌尽醉,恬澹适己而不夸独醒④,此释氏所谓不为法缠⑤,不为空缠⑥,身心两自在者。

【注释】

①浮云富贵:指变化无常、不足为重的富贵利禄。语出《论语·述而》:"不义而富且贵,于我如浮云。"

②岩栖穴处:指隐居深山洞穴之中。

③膏肓(huāng)泉石:形容热爱山林泉石已成为很难改变的癖好,如病入膏肓。此指隐居不愿做官。膏肓,古代医学以心尖脂肪为膏,心脏与膈膜之间为肓。胸膈之间,比喻难治的病症。

④恬澹:同"恬淡",清静淡泊。适己:犹自得。独醒:此指屈原事,见《楚辞·渔父》:"屈原既放,游于江潭,行吟泽畔,颜色憔悴,形容枯槁。渔父见而问之曰:'子非三闾大夫欤?何故至于斯?'屈原曰:'举世皆浊我独清,众人皆醉我独醒,是以见放。'"

⑤释氏:佛姓释迦的略称。亦指佛或佛教。法:佛教语。梵语意译,指事物及其现象。

⑥空:佛教语。谓万物从因缘生,没有固定,虚幻不实。

【译文】

具有对待富贵如浮云般高尚的风范,就不必隐居、栖息在深山洞穴中;没有对清泉山石深入膏肓般疯狂的热爱,就会经常沉醉在饮酒赋诗中。任凭他人竞争逐利,而不嫌弃他们全都沉溺于利欲之中;清净淡泊,顺应本性,而不夸耀独自保持清醒的状态,这就是佛家所说的不被世俗事务所困惑,不被虚幻玄影所蒙蔽,身心都能舒畅自在的人。

【点评】

洪应明为了警示世人,经常将他认为相互对立的事物放在一起比较优劣,以彰显美德。此处,他不赞同把隐逸于深山洞穴之间的行为,作为表现淡泊富贵名利风范的唯一佐证,以避免"泉石膏肓,烟霞痼疾"等病态的逃世、遁世之举。尽管看透世俗百态,但洪应明认为对于他人沉迷于争名夺利的俗世之举,并不需要表现出过度的厌弃,而是固守清净淡泊的本性,在"众人皆醉我独醒"中,谦虚内敛,不自矜夸,不与人情事理相抗衡。这也就是佛家所说的不被俗世情理所蒙蔽,不被妄念虚幻所迷惑,如此处世,才能自在畅意,潇洒自得。

三四一

延促由于一念①,宽窄系之寸心②。故机闲者一日遥于千古③,意宽者斗室广于两间④。

【注释】

①延促:长短。延,长。促,短。此就时间而言。
②宽窄:面积、范围大小的程度。此就空间而言。
③千古:久远的年代。
④两间:谓天地之间。

【译文】

因为一念之间的想法感受到时间的长短,因为方寸之间的思虑感受到空间的宽窄。所以,闲适恬淡的人度过的每一天比千秋万代还悠长深远,意念宽广的人居住的斗室比天地之间还要广阔高远。

【点评】

由于心境不同,人们对时间、空间、距离都会产生不同的感受。心胸宽广之人,所看到的天地广阔无限,对于时间的感受适意而愉悦。至于李白所谓的"白日何短短,百年苦易满",更是描写出了对时间的珍惜与慨叹,年华极易流逝,百年何足道哉。而《诗经》中"彼采萧兮,一日不见如三秋兮",则说明当情感浓郁时,时间的心理感受要比实际流失的要长得多。俗语说:"房子永远少一间,衣服永远少一件。"房子的大小与多少,只在于是否知足,不知足即使拥有整个世界也会失意,知足即便身处斗室也觉得心境宽广。唐刘禹锡《陋室铭》中"山不在高,有仙则名;水不在深,有龙则灵",说的就是这个道理。

三四二

都来眼前事①,知足者仙境,不知足者凡境;总出世上因②,善用者生机,不善用者杀机。

【注释】

①都来:统统,完全。

②因:佛教指产生一切结果的直接原因以及促成这种结果的条件。

【译文】

人们需要面对的眼前的事物,对于知足者而言就是快乐的神仙世界,对于不知足者而言就是平庸的凡俗世界;人们需要面对的世间的因缘和机遇,对于善于把握机会的人来说,到处充满生机,对于不善于把握机会的人来说,到处都是危机重重。

【点评】

唐魏徵《谏太宗十思疏》载:"君人者,诚能见可欲则思知足以自戒。"即使作为最高统治者,要想成为仁君,也不能随心所欲,需要对喜爱的东西加以克制。而俗语更是教导人们"知足者常乐"。知足是发自内心地对物欲的自我约束,是心灵的自我抚慰,经过这样的心理暗示,使人们能够对所处的环境满足且充满幸福感。反之,不知足的人,即便处在极乐仙境,心中也会因部分缺失而感到痛苦。

人活于世,不仅要知足常乐,还要善于利用眼前的机会。《易·系辞下》曰:"君子见几而作,不俟终日。"君子通过细微观察,抓住事物发生变化的先机,迅速行动。不要等待时机丧失,才发出"日月逝矣,岁不我与"的感慨,这时已是追悔莫及。

三四三

趋炎附势之祸①,甚惨亦甚速;栖恬守逸之味②,最淡亦最长。

【注释】

①趋炎附势:趋奉阿附于得势当权者。趋,奔走。炎,热,比喻权势。
②栖恬守逸:栖身安静,坚守安逸,形容安于恬淡安逸的生活。

【译文】

攀附阿谀有权有势的人带来的灾祸,甚是惨烈也极快;栖身恬淡坚守安逸的生活带来的意趣,最为淡然也最为长久。

【点评】

明熹宗朱由校即位后,任命魏忠贤为司礼监秉笔太监,后又兼掌东厂。魏忠贤勾结熹宗乳母客氏,专擅朝政,大兴党禁,凡不附己者一概斥为东林党人。海内争相阿附、献媚。魏忠贤自称九千岁,下有五虎、五彪、十狗、十孩儿、四十孙等爪牙,从内阁六部至四方督抚,遍置党羽,以致人们"只知有忠贤,而不知有皇上"。崇祯皇帝继位后,打击惩治阉党,治魏忠贤十大罪,后将其肢解,悬头于河间府。客氏被鞭死于浣衣局,阉党余孽逐步被肃清。依附于有权有势者,虽然得了一时的富贵名利,但当权势倾塌时,遭受灾祸也是必然的。

反之,那些淡泊名利远离权势的人,每天过着自由恬淡的生活,如隐士法真,多次拒绝朝廷征召,隐居不仕,不慕荣华,不贪声望,真正做到了"淡泊以明志,宁静以致远"。

三四四

色欲火炽①,而一念及病时,便兴似寒灰;名利饴甘②,而一想到死地,便味如嚼蜡③。故人常忧死虑病,亦可消幻业而长道心④。

【注释】

①火炽(chì):火势炽盛。

②饴(yí)甘:用麦芽制成的糖,比喻像糖一样甘甜。饴,饴糖。

③味如嚼蜡:像吃蜡一样,没有一点儿味道。形容语言或文章枯燥无味。《楞严经》第八卷:"我无欲心,应汝行事,于横陈时,味如嚼蜡。"

④幻业:为佛家术语,本指造作。凡造作的行为,不论善恶皆称业,但是一般都以恶因为业。道心:佛教语。菩提心,悟道之心。

【译文】

情爱的欲望如燃烧的烈火般炽热,然而一旦思虑到疾病的时候,兴致就仿佛冷却的灰烬般冰冷;名利宛如饴糖般甘甜,然而一想到死亡的到来,生活就仿佛咀嚼蜡烛一样没有滋味。所以人们常常忧虑死亡与疾病,这样也可以消除空幻的业障而增长悟道之心。

【点评】

《北齐书》记载,北齐武成帝高湛整日精神恍惚,不时出现幻觉,于是召名医徐之才诊断。徐之才认为武成帝"色欲多,大虚所致",于是使用滋补的汤药,帮助皇上保养身体。治疗一段时间后,武成帝的幻觉逐渐消失,病情开始稳定。但是武成帝身体一旦有所恢复,就又被美色吸引,导致病情反复发作,因身体消耗过甚,最终不治而亡。汤药虽能暂时疗愈身体的病痛,如果内心不放下执念,陷入权力与色欲的诱惑中,忘却死亡的威胁与健康的可贵,收获的终究是一场空。因此,洪应明认为,远离欲望,戒除妄念与恶业,才能修心悟道。

三四五

争先的径路窄[①],退后一步自宽平一步;浓艳的滋味短,清淡一分自悠长一分。

【注释】

①径路:泛指道路。

【译文】

争抢时道路显得很狭窄,如果退让一步,道路自然会宽敞平坦一些;浓艳的滋味短暂,如果清淡一些,自然会悠长一些。

【点评】

我国历来提倡和为贵、谦为先的文化传统,教导百姓在为人处世中,以宽广的胸怀宽容礼让他人。谦和、宽厚、礼让是化解人际矛盾的主要手段。《道德经》云:"夫唯不争,故天下莫能与之争。"《增广贤文》亦云:"退一步天高地阔,让三分心平气和。"反映了中华传统文化中谦虚礼让、和谐共处的精神。

自魏晋以来,中国文人持续了对自然、朴素、平淡风格的追求。浓艳与清淡,作为审美选择,曾引起古代文坛的多次争论。宋仁宗时期,以范仲淹、苏舜钦、梅尧臣、欧阳修、苏氏父子、王安石和曾巩等为主导,开展的轰轰烈烈的北宋诗文革新运动，就旗帜鲜明地提出了反对西昆派的浮艳诗风，反对以辞藻华丽为胜，反对模仿古代和雕琢文字，提倡改革文风，认为文章要以理为胜，要求语言朴素自然，风格平淡清新。其中，欧阳修作为文学革新的领袖，提倡文章"其道易知""其言易明"，他的诗文呈现出平实自然的风格。此次古文革新运动，结束了自南北朝以来骈文在中国文坛长达六百年的统治地位，为元明清的文学发展提供了一种更加易于明理状物、抒情感怀的新型古文形制。

三四六

　　隐逸林中无荣辱①，道义路上泯炎凉②。进步处便思退步，庶免触藩之祸③；着手时先图放手④，才脱骑虎之危⑤。

【注释】

①隐逸：隐居，隐遁。

②道义：道德和正义。

③庶：但愿，或许。触藩之祸：公羊角钩在篱笆上，比喻进退两难。《易·大壮》云："羝羊触藩，不能退，不能遂。"

④着手：动手，开始做。

⑤骑虎之危：形势已成骑虎难下的局面，比喻处于进退两难的境地。出自《晋书·温峤传》。东晋时，历阳太守苏峻起兵谋反，中书令温峤推举大将军陶侃为盟主，组织联军前去讨伐。陶侃中途想退兵罢战，温峤严厉地说："今之事势，义无旋踵，骑猛兽，安可中下哉！"

【译文】

　　悠然隐居在山林之中，就不会面临荣华和耻辱；凛然行走在道义的大路上，就会消除世态炎凉。人生在向前行进时就要考虑如何后退，这样或许就可以避免陷入进退两难的境地；做事情时要经常考虑如何放手,才能摆脱骑虎难下的危局。

【点评】

　　洪应明多次谈及远离尘世隐逸山林,抛弃物欲与情欲,做个清清白白、坦坦荡荡、悠然淡泊的归隐之士。在他的认知中,只有归隐,才能避免遭受宦海风波、人间荣辱与世情冷暖的考验。

　　至于处事之道,《战国策·魏策一》云:"前虑不定,后有大患,将奈之何?"事前思虑周全,不要一味冒进,陷入进退两难的尴尬境地。尤其要考虑中途放弃的可能性,尽量做好预案,以从容应对紧急状况,使事情进退得宜,圆满解决。

三四七

　　贪得者,分金恨不得玉,封公怨不授侯,权豪自甘乞丐①;知足者,藜羹旨于膏粱②,布袍暖于狐貉③,编民不让王公④。

【注释】

①权豪:权贵豪强。

②藜羹(lí gēng):用藜菜做的羹,泛指粗劣的食物。《庄子·让王》曰:"孔子穷于陈、蔡之间,七日不火食,藜羹不糁。"成玄英疏:"藜菜之羹,不加米糁。"膏粱:泛指肥美的食物。

③狐貉:指狐、貉的毛皮制成的皮衣。《论语·子罕》云:"衣敝缊袍,与衣狐貉者立而不耻者,其由也与?"朱熹集注:"以狐貉之皮为裘,衣之贵者。"

④编民:编入户籍的平民。王公:天子与诸侯,亦泛指达官贵人。

【译文】

　　贪求富贵利禄的人,分到了金银还会悔恨没有分到玉石,授封了公爵还会埋怨没有授封侯爵,虽然身为权贵富豪却让自己活成了乞丐一样；容易满足的人，则认为粗淡的食物比肥美的食物还要美味，简陋的布袍比华美的皮衣还要温暖，虽然只是编户小民但并不比达官贵人逊色。

【点评】

佛家说"贪、嗔、痴"是人生的三种根本烦恼，与生俱来，根植于人性之中，唯有修心了悟，才能斩断烦恼。而此条中的"贪"，则指欲望过度，沉溺其中，无法自拔。

贾谊《鵩鸟赋》云："贪夫殉财兮，烈士殉名。"民间也有"人心不足蛇吞象，世事到头螳捕蝉"的劝世警句，告诫世人对于财富和权势，切勿贪得无厌，不知餍足地攫取，这样反而会戕害自身。与贪心不足的人相比，那些满足现状者，虽粗茶淡饭、布衣加身，却比吃着山珍海味、穿着锦衣华袍的王孙贵族还要舒坦自在。正如《论语·述而》所云："饭疏食饮水，曲肱而枕之，乐亦在其中矣。"

追求适度的名利无可厚非，一旦欲望过度膨胀，使人成为物质的附庸，尽管拥有了财富与地位，却活得像乞丐一样可怜，又有什么快乐可言？因此，《老子》云："知足者富，强行者有志，不失其所者久。"懂得知足常乐，才是精神富有的人。

三四八

矜名不如逃名趣①，练事何如省事闲②。孤云出岫③，去留一无所系；朗镜悬空④，静躁两不相干⑤。

【注释】

①矜（jīn）名：崇尚名声。

②练事：熟谙世事。

③孤云出岫（xiù）：比喻无心出来做官。孤云，单独飘浮的云朵，比喻贫寒或客居的人。出岫，出山。岫，山洞，峰峦。晋陶潜《归去

来兮辞》云:"云无心以出岫,鸟倦飞而知还。"

④朗镜:即明镜,比喻月亮。

⑤静躁:静和动。

【译文】

与崇尚名声相比,逃避名声更为有趣;与熟谙世事相比,减省俗事使人更加悠闲。孤单的浮云从峰峦中出没,无论离开或停留都没有任何牵挂;一轮明月高悬夜空,是动是静二者都不再有关系。

【点评】

自魏晋以来,隐逸之风盛行。文人雅士为了远离政治,逃避现实,挣脱世俗名利而隐逸山野。一生"以梅为妻,以鹤为子"的林逋,隐居杭州西湖,结庐孤山,并自谓:"然吾志之所适,非室家也,非功名富贵也,只觉青山绿水与我情相宜。"他虽逃避世俗名望,但是因品节高洁,才华出众,被宋仁宗赐谥号"和靖"。反之,一些沽名钓誉之徒,隐居则只是其回归官场的敲门砖。

"云无心以出岫,鸟倦飞而知还"的陶渊明,厌倦了官场生活,选择"结庐在人境,而无车马喧"的生活。于他而言,从出走官场的那一刻起,权力、声望等种种现实烦恼,就无法再触动他的内心了。"采菊东篱下,悠然见南山",是回归田园的悠闲惬意。在自然恬淡的隐居中,陶渊明找寻到了生命的意义和人生的价值。

三四九

山林是胜地①,一营恋便成市朝②;书画是雅事,一贪痴便成商贾。盖心无染著,欲境是仙都③;心有系牵④,乐境成悲地。

【注释】

①山林：借指隐居。胜地：著名的风景优美的地方。

②营恋：迷惑留恋。营，迷惑。恋，留恋。市朝：市集，泛指争名逐利之所。

③仙都：神话中仙人居住的地方。

④系牵：牵挂依恋，恋恋不舍。

【译文】

山林是隐居的好地方，一有私心杂念，山林也会变成沾染尘嚣之处；书画本是雅致的事情，一旦贪恋痴迷，就与追逐名利的商人无甚区别。如果内心没有被世俗欲念沾染，就是身处欲望横流中，也仿佛身在仙境之中；如果内心有所牵挂依恋，就是身处快乐之中，也会变得悲伤凄楚。

【点评】

儒家提倡积极入世的人生哲学，追求修齐治平的政治理想，但是当王道不存，仕途不达，宦海崎岖时，顺势而为隐居山林，不啻为人生的另外一种选择。孔子曾说："邦有道则仕，邦无道则可卷而怀之。"柳宗元《溪居》亦云："久为簪组累，幸此南夷谪。闲依农圃邻，偶似山林客。晓耕翻露草，夜榜响溪石。来往不逢人，长歌楚天碧。"归隐幽居，在自然的熏陶下宁心静思，追求自由洒脱的天性，探究生命的意义，是归隐的目的所在。

不过，为追求高雅而陷入对高雅的狂热与痴迷，其实已经背离了高雅的本质。雅与俗本是对立的，在一定条件下又可转换。在远山幽林中追求快意人生，本为雅事，但是沉溺于对隐居的形式追求，最终反而心为物累，使隐居林泉的风雅之事变得面目全非，成为市井之俗事，又有几分雅致可言？沉迷于琴棋书画本为雅事，但是不知克制，追求至臻至善的境界，不达目的决不罢休，那么，贪痴就会演化为无限扩张的妄念，又何谈"风雅"二字？宋代无门慧开禅师有诗云："春有百花秋有月，夏有凉风冬有雪。若无闲事挂心头，便是人间好时节。"劝谕尘世中的人们勿被"闲事"扰心,修己最重要的是清心,保持清静超俗的心境,远离物欲情欲的牵绊,才能获得真正的解悟。

三五○

时当喧杂①,则平日所记忆者皆漫然忘去②;境在清宁③,则夙昔所遗忘者又恍尔现前④。可见静躁稍分,昏明顿异也⑤。

【注释】

①喧杂:喧闹嘈杂。

②漫然:浑然,全然。

③清宁:清明宁静。出自《老子》:"昔之得一者,天得一以清,地得一以宁。"

④夙(sù)昔:前夜。泛指昔时、往日。恍尔:用同"恍如",好似,仿佛。

⑤昏明:愚昧和明智。

【译文】

在周围环境喧闹嘈杂的时候,那些平时刻印在脑海中的事物都会模糊地遗忘;在周围环境清明宁静的时候,那些往日被遗忘的事物又会依稀出现在面前。可见环境安静和嘈杂稍有区别,就会使人顿时处于清明或昏聩的不同状态。

【点评】

人是环境的产物,这个环境既指自然环境,也指人文环境。人和环境之间会相互作用,相互影响。就像在喧嚣热闹的场合,歌舞宴乐,杯盏交替,人被躁动裹挟,今朝有酒今朝醉,哪管过往的记忆?而清幽宁静的夜色,往往会抚平羁旅之人躁动不安的心绪,遥望天际明月,往日不曾涌现的思乡之情，突然扑面而至，使静静的夜晚有了无法言说的幽思。

明陈献章《湖山雅趣赋》云："境与心融，时与意会。"安静或嘈杂的环境，会影响人的情绪，既可使人神志昏庸，也可使人心智清明。人们要想消除环境的干扰，就需要通过提升个人修养，通过增加学识、磨练心性等方式，不断超越环境因素的限制，保持心性纯正恬静。万物清静，内心澄明，则杂念顿失。没有了杂念，精神会更加平静专注，对外部世界的感悟也会更加清晰深刻，并逐步挣脱物质世界的束缚，到达无我无执的状态，不再因为客观环境的改变而改变。

三五一

芦花被下卧雪眠云[1]，保全得一窝夜气[2]；竹叶杯中吟风弄月[3]，躲离了万丈红尘[4]。

【注释】

[1]芦花被：用芦苇花絮做的被子。元仁宗时期，著名散曲作家贯云石辞官南游，在秋季途径山东东平梁山泊，看到当地一位渔翁用芦花絮成被子，洁白清香。于是特意用绸缎去换取芦花被，渔翁却坚持让贯云石用诗来交换。贯云石随即吟出了《芦花被》一诗："采得芦花不浣尘，绿莎聊复藉为裀。西风刮梦秋无际，夜月生香雪满身。毛骨已随天地老，声名不让古今贫。青绫莫为鸳鸯妒，欸乃声中别有春。"表达了远离富贵名利的高雅情操。渔翁听了此诗，非常爽快地和贯云石交换了芦花被。此后，贯云石干脆取了"芦花道人"的别号。卧雪：《后汉书·袁安传》李贤注引晋周斐《汝南先贤传》云："时大雪积地丈余。洛阳令身出案行，见人家皆除雪出，有乞食者。至袁安门，无有行路，谓安已死。令人除雪入户，见安僵卧。问何以不出。安曰：'大雪人皆饿，不宜

干人。'令以为贤，举为孝廉。"又三国魏焦先亦有"卧雪"故事。晋皇甫谧《高士传·焦先》载："后野火烧其庐，先因露寝，遭冬雪大至，先袒卧不移，人以为死，就视如故。"后遂以"卧雪"为安贫清高的典实。眠云：比喻山居生活。

②夜气：夜间的清凉之气。儒家也将晚上静思所产生的良知善念称为夜气。此处两种解释皆通。

③吟风弄月：谓以风花雪月等自然景物为题材作诗词。今多贬称作品只谈风月而逃避现实。

④万丈红尘：佛教指人世间。

【译文】

躺在芦花被中，如在雪花与云朵中安眠，能将夜间的清凉之气保全；举着竹叶美酒，吟诵风月美景，可以远离红尘俗世的繁华喧闹。

【点评】

芦花被、卧雪眠云、清凉夜气、竹叶美酒、吟风弄月，这些意象符号代表了清正、风雅、安贫、乐道、洒脱不羁的人生追求，大概也是很多气清节高的有志之士渴望的理想生活状态。

自称为"芦花道人"的贯云石是元代著名的散曲作家、诗人，号酸斋，因换取芦花被的事迹被世人广为传颂。他虽出身贵族家庭，但是同情社会底层百姓，不愿与上层统治者同流合污，渴望社会变革。后因无力改变现状，决意弃官归隐，远离名利场。为了彻底脱离红尘俗世的束缚，贯云石隐姓埋名，定居在钱塘（今杭州）正阳门外，靠卖药为生。他闲暇时或与友人相伴唱和悠游，或与禅师妙语论道，或探寻古寺名刹。隐居闲适的生活，使他创作了大量优秀的散曲，其中《殿前欢·畅幽哉》云："畅幽哉，春风无处不楼台。一时怀抱俱无奈，总对天开。就渊明归去来，怕鹤怨山禽怪，问甚功名在？酸斋是我，我是酸斋。"表达了归隐山林，脱离尘俗的生活追求。

三五二

　　出世之道①,即在涉世中②,不必绝人以逃世;了心之功③,即在尽心内④,不必绝欲以灰心⑤。

【注释】

①出世:宗教徒以人间世为俗世,脱离人世的束缚,称出世。

②涉世:经历世事。

③了心:即"了悟"。释家以明心见性为了悟。

④尽心:竭尽心力。

⑤灰心:谓悟道之心,不为外界所动,枯寂如死灰。语本《庄子·齐物论》:"形固可使如槁木,而心固可使如死灰乎?"

【译文】

　　从人世间解脱的方法,就在经历世事的过程中,不必通过断绝与人的交往而逃离俗世;明心见性的功夫,就在竭尽心力去体悟,不必通过灭绝欲念的方式使心如死灰。

【点评】

　　世间是个内涵丰富的概念,包括了整个宇宙万物。尽管世间充满了生老病死的烦恼,但是要脱离人世间,绝非简单地逃避到山林田园、古寺深刹,与人世隔绝,断绝一切物欲与情欲。这样的出世只是凡夫俗子的做法,虽注重形式却忽略了出世入世的本质。

　　所谓出世,并不是简单地改变生存形式,远离红尘浊世,孤独此生,而是抱着"达则兼济天下,穷则独善其身"的人生理想,坚持修养品行,探究世间情理,继而投身于复杂多变的社会生活中,在充分体验人间苦乐的基础上,远离现实社会中黑暗罪恶的事实,重新铸造善良纯净的精神世界。出世不是对人生意义的否定,而是积极主动地建立与人类社会的联系,在修德养性的内省中,超脱七情六欲的诱惑,"犹莲之植根淤泥,乃有所吸收滋养也",莲花比拟出世的人生,只有在淤泥(人间)的滋养下,才能开出圣洁的花朵。出世的至高境界就是入世,明知人间仿佛炼狱的火一般炽烈,还能毅然决然投入其中,改善人间社会,这才是真正的出世之道。

　　儒家认为仁义礼智根植于人心,道家坚持悟道成仙,明心见性,佛教则认为心性本净,只因被尘埃沾染,才会产生烦恼。上述这些观点都认为构筑道德体系或超越世界的源头,都根植于人的内心之中。因此,个人的修养或修持的重点显然应该是求诸内心,自醒自觉。内在超越,必然是个人的事情,依靠自我的努力才能实现。求诸内心的过程,是层层递进的过程,是突破障碍、感悟人生、重塑精神的过程,它并不需要特定的方式,尤其是断绝一切欲望的枯寂的方式,只要此时顿悟,那就时时可以超越自我,升华人生。

三五三

　　此身常放在闲处,荣辱得失谁能差遣我①;此心常安在静中,是非利害谁能瞒昧我②。

【注释】

①差遣:派遣。此指受荣辱得失所驱使而奔波。

②瞒昧:隐瞒欺骗。

【译文】

　　常常身处悠闲的环境中,荣与辱,得与失,又有哪个可以左右我;心灵常常沉浸在清静的环境中,是与非,利与害,又有哪个可以欺瞒我。

【点评】

　　身心处于悠闲安定之中,就会避免名利得失与欺瞒伤害。

　　儒家文化中,君子的基本修养之一就是"心定"。曾子在《大学》中提出关于封建伦理道德完整的政治哲学体系，其中告诉人们修养心性须从"定"字着手。因为志向坚定才能够保持情绪镇静，情绪镇静才能够保持心绪安定，心绪安定才能够思虑周全，思虑周全才能够有所得。"定、静、安、虑、得"，成为修身养性的一个循环过程。故凡人与圣人的差别，在于能否认清世间万物的本质，掌握其发展变化的规律。君子在反复思考的过程中，获知世界发展变化的规律，不再为人间万象、复杂世事所困扰，身心常处于悠闲宁静之中，思辨万物，面临变故也不会惊慌窘迫，而是洒脱从容，笑对人生。

三五四

我不希荣①，何忧乎利禄之香饵②？我不竞进③，何畏乎仕宦之危机④？

【注释】

①荣：荣华，富贵。

②香饵：渔猎所用之诱饵。比喻引诱人上圈套的事物。

③竞进：争进。

④仕宦：出仕，为官。引申为仕途、官场。

【译文】

我不贪慕荣华，为何忧虑财货利禄的诱惑？我不争名夺利，为何畏惧官场仕途的危机？

【点评】

苏轼有诗云："浮世功劳食与眠，季鹰真得水中仙。不须更说知机早，直为鲈鱼也自贤。"诗中所赞季鹰者即西晋文学家张翰，他出身名门世宦，为留侯张良后裔，吴国大鸿胪张俨之子。他恃才傲世，行事做派很像曹魏时狂傲不羁的阮籍。阮籍曾经担任过步兵校尉,世人称其为"阮步兵",张翰因而被称为"江东步兵"。齐王司马冏掌权时期,张翰官至大司马东曹掾。当时西晋朝局混乱,纷争不断,齐王司马冏专权擅势。张翰并不留恋权势,于是萌生退意,并劝告同僚顾荣:天下动荡,灾祸不断,很多享有天下盛名的人被卷入功名利禄的争斗,希望顾荣能小心谨慎行事。他托言想念家乡菰菜、莼羹、鲈鱼脍,觉得人生在世,贵在随心适意,怎能为了求取功名显爵而离家千里被官位束缚呢?于是驾车绝尘而去。

张翰任心自适,留下一个不贪慕权势的潇洒身姿,令后世歆羡。

三五五

多藏厚亡^①,故知富不如贫之无虑;高步疾颠^②,故知贵不如贱之常安。

【注释】

①多藏厚亡:指积聚很多财物而不能周济别人,引起众人的怨恨,最后会损失更大。厚,大。亡,损失。出自《老子》:"是故甚爱必大费,多藏必厚亡。"

②高步:一作"高位"。超群出众。疾颠:急速颠覆、失败。

【译文】

财富积累得越多,损失也必然会越大,所以知道富贵者不如清贫之人过得那样无忧无虑;身份地位越显赫,失败和颠覆就会越迅速,所以知道权贵之人不如平民百姓那样可以常常保持平安。

【点评】

南宋辛弃疾《行香子博山戏呈赵昌甫、韩仲止》云:"少日尝闻,富不如贫,贵不如贱者长存。由来至乐,总属闲人。"指出富者并没有比贫者更快乐。

积累财富需要德行相辅，"仁者以财发身，不仁者以身发财"。"以财发身"的人，财产之于他只是身外之物，所以能慷慨解囊、博施济众，从而修炼自身的品德，达到至善的道德境界；"以身发财"的人，唯利是图、锱铢必较，奉行"人不为己，天诛地灭"的原则，往往以生命为代价去获取名利和高官显爵，或贪赃舞弊，徇私枉法，或孤注一掷，贪得无厌，都是"富之余，贵也余，望将后代儿孙护，富贵不依公道取。儿，也受苦；孙，也受苦"（元代陈草庵《中吕·山坡羊》）。所以，人要拥有高远的胸襟情怀，虽处富贵之中却要常思贫贱之乐，明白富贵的危险，懂得贫贱的乐趣，才能做到"富如何？贵如何？闲中自有闲中乐，天地一壶宽又阔！东，也在我；西，也在我"（元代陈草庵《中吕·山坡羊》）。

遥想山林清泉，秋水朗月，风疏云淡，连争名夺利之心都会逐渐淡薄，只留下安于平静生活的梦想。

三五六

世人只缘认得"我"字太真[1]，故多种种嗜好、种种烦恼。前人云："不复知有我，安知物为贵[2]？"又云："知身不是我，烦恼更何侵[3]？"真破的之言也[4]。

【注释】

①缘：因为，由于。

②不复知有我，安知物为贵：不再意识到有自我的存在，又如何意识到物质为贵呢？出自陶渊明《饮酒二十首》其十四："故人赏我趣，挈壶相与至。班荆坐松下，数斟已复醉。父老杂乱言，觞酌失行次。不觉知有我，安知物为贵。悠悠迷所留，酒中有深味！"

③知身不是我，烦恼更何侵：既然知道连身体都不是我能占有的，

那么在这个世界还有什么可值得烦恼的呢？北宋晁迥《法藏碎金录诗话辑录》载："古人有作《普示道俗用心偈》云：'莫认纷纷境，唯观了了心。知身不是我，烦恼更何侵。'"

④破的：箭射中靶子。比喻发言正中要害。

【译文】

世俗之人只是因为把"我"字看得太认真，因此多了各种各样的嗜好和烦恼。前人曾说："不再知道有'我'存在，又怎么得知外物的宝贵？"又说："知道身体不属于我，烦恼又怎能侵入我呢？"真是切中要点啊。

【点评】

佛家认为，生、老、病、死、爱别离、怨憎会、求不得、五蕴炽盛无不给人带来无尽的烦恼和痛苦，世人之所以无法修行得道，根本原因在于执着于我，眼中心中只见到"我"，被"我"困扰，患得患失惶惶终日。《五灯会元》载：

僧问（惟宽禅师）："道在何处？"

师曰："只在目前。"

曰："我何不见？"

师曰："汝有我故。所以不见！"

曰："我有我故，即不见。和尚还见否？"

师曰："有汝有我，展转不见！"

曰："无我无汝，还见否？"

师曰："无汝无我，阿谁求见？"

破除"我执"，其实就是放下自我。

人们在立身处世的过程中，要保持淡定自如，就必须知道凡事不可过于执着自我。把"我"看得太重，就会产生种种贪念和私欲；欲望得不到满足，又会带来种种烦恼。只有把自我抛开的时候，才能挣脱物欲的牵绊；只有忘却我就是我的时候，才能消除烦恼忧愁。

三五七

人情世态①,倏忽万端②,不宜认得太真。尧夫云③:"昔日所云我,今朝却是伊,不知今日我,又属后来谁④?"人常作是观,便可解却胸中罥矣⑤。

【注释】

①人情世态:人世间的情态,多指人与人之间的交往情分。

②倏忽万端:很短时间发生许多变化。倏忽,顷刻,指极短的时间。万端,形容方法、头绪、形态等极多而纷繁。

③尧夫:即邵雍(1011—1077),字尧夫。

④"昔日所云我"几句:出自邵雍《寄曹州李审言龙图》:"向日所云是,如今却是非。安知今日是,不起后来疑?向日所云我,如今却是伊。不知今日我,又是后来谁?"

⑤罥(juàn):捕取鸟兽的网。

【译文】

人情世态,忽然间就会变化万千,因此别把它看得过于认真。尧夫曾说:"往日所说的我,现在却成了他,不知道今天的我,未来又变成谁?"人们如果经常持有这种观点,就可以解开困扰牵绊心灵的禁锢了。

【点评】

人情世态无常,要保持平常心。

《汉书·张冯汲郑传》载:汉代翟公任廷尉时,拜访的人很多,每日门庭若市。被免官后,家门外冷清到可设雀罗,朋友们都不再来往。等到翟公官复原职后,这些人又想来投靠。经历此番沉浮后,翟公对人情世态已经有了深刻的认识,便在自家门上写了几行大字:"一死一生,乃知交情;一贫一富,乃知交态;一贵一贱,交情乃见。"在充斥着利益和算计的现实面前,人们透过世情冷暖,分辨真正的朋友,领悟名利的实质,摆脱物欲的束缚。

没有永恒不变的世界,如果以发展辩证的眼光看待社会的变化,面对物是人非的世事变迁,就会坦然接受。如此才能明白人生充满了荣耀与屈辱、通达与困窘的对立与转化。

三五八

有一乐境界,就有一不乐的相对待①;有一好光景,就有一不好的相乘除②。只是寻常家饭,素位风光③,才是个安乐窝巢④。

【注释】

①对待:对立,对抗。

②乘除:抵消。

③素位:谓现在所处之地位。出自《礼记·中庸》:"君子素其位而行,不愿乎其外。"朱熹注:"素,犹见在也,言君子但因见在所居之位,而为其所当为,无慕乎其外之心也。"孔颖达疏:"素,乡也。乡其所居之位而行其所行之事,不愿行在位外之事。"

④安乐窝巢:邵雍自号"安乐先生",名其居为"安乐窝"。后用"安乐窝"泛指安静舒适的住处。

【译文】

世间有一个快乐的境地,就有一个令人不快的境地与之相对;有一个美好的境况,就有一个悲惨的境况与之相抵消。只有粗茶淡饭的普通生活,安分守己的境况,才是安逸快乐的安身之处。

【点评】

事物具有两面性,快乐与悲伤,成功与失败,善良与邪恶,黑暗与光明，沉溺与超脱等，既相互对立，也在一定条件下相互转化。看透人情世故，就是过着最寻常的平淡生活，也是赏心悦事，不自悲苦。宋代黄庭坚《四休居士诗序》记载了他与孙君昉做邻居的轶事。孙君昉原为太医，大度豁达，不慕名利，致仕后在家乡过着简朴的生活。平时闲暇，便在自家院落以看花赏鱼作为消遣，并自称为"四休居士"。黄庭坚问他缘由，他笑而答曰："粗茶淡饭，饱即休，补破遮寒，暖即休；三平两满，过即休；不贪不妒，老即休。"走出名利困扰后，即使简朴自然的寻常生活中，也可领悟到快乐幸福的含义。

三五九

知成之必败，则求成之心不必太坚①；知生之必死，则保生之道不必过劳②。

【注释】

①求成：希求成功。

②保生：保护并使其生存繁衍。

【译文】

知道世上之事成功后必然走向失败，那么追求成功的心志就不必过于执着；知道世上之人活着必然走向死亡，那么在养生之路上就不必过于劳心劳力。

【点评】

生命注定会终结，权势财富也会随之消失，难道因为人人必有一死，就消极度过一生？洪应明在此提出对待成败和生死不应太执着，这有一定道理，不过，衡量生命价值的维度是多元的，用成败和生死来衡量，只是一个方面。无论生命长短，都需要厚度，过程的精彩和生活的质量也值得考量，为获得成功而竭尽全力的奋斗过程同样值得肯定。

尽管我国古代有"胜者王，败者寇"的成见，但对于那些在复杂历史环境中，以满腔热忱致力于为民谋福祉者，是不能以成败而论的。就如文天祥所说："千年成败俱尘土，消得人间说丈夫。"对于成败，我们既不能因为有成功必然有失败的消极想法，就放弃努力；也不能为了成功不择手段，损害他人利益，这样的成功违背了仁义道德。

有生就有死，这是自然规律，无法抗拒。因为必然一死而漠视身体健康，罔顾生活质量，所谓的顺其自然，是对生命的不负责。当然，古人为求长生不老之药，炼丹求仙，以期永生的疯狂做法，也是不值得提倡的。《荀子·修身》云："扁善之度，以治气养生，则后彭祖；以修身自名，则配尧禹。"涵养精神，保养身体，加以合理的饮食，才是科学地对待生命的态度。

三六〇

眼看西晋之荆榛①，犹矜白刃②；身属北邙之狐兔③，尚惜黄金。语云："猛兽易伏，人心难降；溪壑易填④，人心难满。"信哉！

【注释】

①荆榛（zhēn）：泛指丛生灌木，多用以形容荒芜情景。

②矜（jīn）：自夸，夸耀。

③北邙（máng）之狐兔：东汉、魏、晋的王侯公卿多葬北邙山，而狐与兔常以坟墓为穴。此处借用北邙山的典故，比喻身之将死。唐沈佺期《邙山》诗："北邙山上列坟茔，万古千秋对洛城。"

④溪壑（hè）：溪谷。亦借喻难以满足的贪欲。

【译文】

眼看着西晋即将灭亡，湮没在丛生的灌木之中，可是有人还在炫耀武力；眼看着自己即将死去，到北邙山上与狐狸、兔子为伍，却还在吝惜黄金。俗语说："猛兽容易制伏，人心却难降服；溪谷容易填平，人心却难满足。"这句话太准确了！

【点评】

国家面临危难，黎民生灵涂炭，权贵显宦还在争权夺利，枉顾家国道义；生死存亡之际，仍对荣华富贵迟迟无法放手。此贪婪人性，比之洪水猛兽，还难以驯服，比之深谷，更难以填满。《庄子·列御寇》曰："凡人心险于山川，难于知天。"感叹人心比山川还险恶，难以相知。元李道纯《人心惟危》云："可叹世人太执迷，随声逐色转倾危。若能返理穷诸己，性定身安神自怡。"权势富贵迷人眼、惑人心，但是贪心不足，沉迷不醒，就会把人生投入欲望的深渊，反而带来危机。若能提升自身道德修养，探究天理，精研妙法，挣脱名利的枷锁，就会心神安定，精神愉悦。

三六一

心地上无风涛①，随在皆青山绿树②；性天中有化育③，触处都鱼跃鸢飞④。

【注释】

①心地：佛教认为三界唯心，心如滋生万物的大地，能随缘生一切诸法，故称。

②随在：随处，随地。

③性天中有化育：本性中接受教化培育。性天，犹天性。谓人得之于自然的本性。语本《礼记·中庸》："天命之谓性。"化育，教化

　　培育。《礼记·中庸》:"能尽物之性则可以赞天地之化育,可以赞
　　天地之化育则可以与天地参矣。"

④鱼跃鸢(yuān)飞:鱼游水里,鸟飞空中,指世间生物任性而动,自
　　得其乐。出自《诗经·大雅·旱麓》:"鸢飞戾天,鱼跃于渊。"

【译文】

　　心中宁静无风浪,随处可见都是青山绿树的美好风光;本性中接受
了教化培育,随处可见都是鱼游鸟飞自得其乐的景象。

【点评】

　　邵雍《心安吟》云:"心安身自安,身安室自宽。心与身俱安,何事能
相干。谁谓一身小,其安若泰山。谁谓一室小,宽如天地间。"内心保持
安静,身体就会随之安宁;身心都能保持平静安定,世间的生老病死、悲
喜苦乐就无法撼动自己。触手所及,触目所见,皆是平静祥和。同样地,
内心若泰山般安稳,即使身处再狭窄的空间,都会有广阔天地般的感触。
此诗浅显易懂,却蕴含哲理,是说当人的心性安定充盈,身体自然安定,
对外界的感受也会随之发生改变。

　　邵雍深受宋代理学心性修养的影响,认为内省自身,才能与自我、与
社会、与自然和谐相处,整个世界呈现出一派安详美好,人生会变得宽广
豁达。

三六二

　　狐眠败砌①,兔走荒台,尽是当年歌舞之地;露冷黄
花②,烟迷衰草,悉属旧时争战之场。盛衰何常?强弱安
在③?念此令人心灰!

【注释】

①砌：台阶。

②黄花：亦作"黄华"，黄色的花，菊花。李清照《醉花阴·重阳》
　载："莫道不销魂，帘卷西风，人比黄花瘦。"

③安：哪里，何处。

【译文】

　　狐狸睡在败落的台阶上，野兔奔走在荒凉的楼台上，这些地方可都
是当年歌舞升平的繁华之地；露水凝结在黄色的花朵上，烟雾笼罩着荒
草地，这些地方以前可都是你争我夺的战场。兴盛和衰落，哪里能长久
不变？强大和弱小的，如今又去哪里了？想到这些，不禁使人心灰意冷。

【点评】

　　《宋史·李全传》载："狐死兔泣，李氏灭，夏氏宁独存？"元赵善庆
《山坡羊·长安怀古》云："狐兔悲，草木秋；秦宫隋苑徒遗臭，唐阙汉陵
何处有？山，空自愁；河，空自流。"狐兔之悲在历代文学记载中，大都具
有感时伤怀、兴衰败落之意。

　　黄花衰草在古代诗词中，作为烘托环境、心绪、情感的意象，常营造
出一种冷寂、凄凉、荒芜的意境。宋张孝祥《水调歌头·和庞佑父》云：
"赤壁矶头落照，肥水桥边衰草，渺渺唤人愁。"宋刘克庄《忆秦娥·梅谢
了》言："炊烟少。宣和宫殿，冷烟衰草。"在黄花憔悴、冷烟衰草中，曾
经赫赫有名的战场、宫殿都已破败荒凉，凭吊之余，不禁让人生出时乖运
舛、家国兴亡的悲凄之感。

　　世间盛衰，自有其规律，要以辩证的眼光看待它们。即便看透世情
变化，认为人生不过是一场转瞬即醒的南柯之梦，奋勇拼搏换来的都是
一场空，也不能陷入历史虚无主义，只有加强对历史变化规律的认识，才
能在时代发展的洪流中有所为，有所不为。

三六三

宠辱不惊^①，闲看庭前花开花落；去留无意，漫随天外云卷云舒。

【注释】

①宠辱不惊：受宠受辱都不在乎，指不因个人得失而动心。宠，宠爱。

【译文】

不论受宠还是受辱都不会担惊受怕，只是悠闲地欣赏庭院中的花朵盛开败落；不论离开或者停留都不甚在意，只是随意自如地伴着天边卷曲舒展的云朵。

【点评】

此处寥寥数语，勾勒出一番看尽天下繁华，悲喜自度，恬淡自若的风度和情怀。世间之事，有喜就有悲，有得就有失，有荣宠就有冷落，能达到宠辱不惊，去留无意，不以物喜，不以己悲的境界，已是超脱了俗世名利与欲念的束缚。只有历经千帆看透世情后，仍然豁达乐观的人，才能在历史长河中，留下如此飘逸洒脱的文字和淡泊从容的处世之道。

三六四

晴空朗月，何天不可翱翔^①，而飞蛾独投夜烛^②；清泉绿竹，何物不可饮啄^③，而鸱鸮偏嗜腐鼠^④。噫^⑤！世之不为飞蛾、鸱鸮者，几何人哉！

【注释】

①翱（áo）翔：回旋飞翔。

②飞蛾独投夜烛：飞蛾偏偏投向夜里点燃着的蜡烛。比喻自寻死

路、自取灭亡。蛾，像蝴蝶似的昆虫。明汪廷讷《狮吼记·住锡》："只因迷宿本，似飞蛾投焰，自取焚身。"

③饮啄：饮水啄食。语本《庄子·养生主》："泽雉十步一啄，百步一饮，不蕲畜乎樊中。"成玄英疏："饮啄自在，放旷逍遥，岂欲入樊笼而求服养！譬养生之人，萧然嘉遁，唯适情于林籁，岂企羡于荣华！"

④鸱鸮（chī xiāo）：亦作"鸱枭"。鸟名，俗称猫头鹰。常用以比喻贪恶之人。《诗经·豳风·鸱鸮》："鸱鸮鸱鸮，既取我子，无毁我室。"

⑤噫：表示感慨、悲痛、叹息的叹词。

【译文】

晴朗天空明月高悬，何处不能展翅高飞，而飞蛾偏偏要投向夜晚燃烧的烛火；泉水清澈翠竹碧绿，哪样不能去饮用充饥，而鸱鸮偏偏爱吃腐烂的老鼠。唉！这世上不像飞蛾、鸱鸮那样做事的，又有几人呢？

【点评】

晋支昙谛《赴火蛾赋》云："悉达有言曰：'愚人忘身，如蛾投火。'诚哉斯言，信而有征也……烛耀庭宇，灯朗幽房，纷纷群飞，翩翩来翔，赴飞焰而体燋，投煎膏而身亡。"这篇赋形象地刻画出炎热的夏季，天光暗淡，烛火通明之时，灯蛾恍恍惚惚无处安身，聚集在灯火之间翩然飞舞，最终落得投火焚身而亡的下场。作者以此譬喻《十诵律》中所说的愚人，论述比丘若不守戒，尽管诵经修行，如同扑火的飞蛾，无法修得圆满。"飞蛾扑火"也用来譬喻全力以赴、不考虑后果的悲壮行为。

《庄子·秋水篇》曰："夫鹓鶵发于南海，而飞于北海；非梧桐不止，非练实不食，非醴泉不饮。于是鸱得腐鼠，鹓鶵过之，仰而视之曰：'吓！'"鹓鶵，即传说中的凤凰，习性高洁，只喝甘甜的泉水，而鸱鸮则食腐烂的老鼠，与之形成鲜明的对比。庄子借凤凰和鸱鸮譬喻高洁之人和贪婪邪恶之人。此后在中国文学作品中，两者经常对比出现。

选择不同的人生道路是每个人的权利，是品行高洁，志存高远，还是行事低俗，不计手段，贪图功名？是快意人生，还是蝇营狗苟？不同的选择,代表着高尚或卑劣的人生方向。

三六五

权贵龙骧①,英雄虎战②,以冷眼视之,如蝇聚膻③,如蚁竞血④;是非蜂起⑤,得失猬兴⑥,以冷情当之,如冶化金,如汤消雪。

【注释】

①龙骧(xiāng):亦作"龙襄",昂举腾跃的样子。骧,奔驰,腾跃。

②虎战:即"虎斗",为"龙争虎斗"的缩略语,比喻势均力敌的各方之间斗争或竞赛十分激烈。

③如蝇聚膻(shān):像苍蝇趋附腥膻之味,比喻追逐私利或趋炎附势的行为。膻,像羊肉的气味,亦泛指腥臊之气。

④如蚁竞血:像蚂蚁一样竞相吸血,比喻竞逐名利。

⑤蜂起:如群蜂飞舞一般。旧指人民反抗斗争蜂拥而起。

⑥猬兴:指猬毛竖起,后比喻纷然而起。西汉贾谊《新书·益壤》:"高皇帝瓜分天下,以王功臣,反者如猬毛而起。"

【译文】

权臣显贵像飞龙般腾跃昂举,英雄豪杰像猛虎般激烈征战,以旁观者冷眼来看,这些举动就似苍蝇聚在腥膻的食物上,蚂蚁追逐着血腥;是非曲直如同群蜂般蜂拥而至,利弊得失如猬毛般纷然而起,以旁观者冷静之心面对,就似火炉中熔化金属,沸水消融雪花。

【点评】

我国历史上豪杰辈出,他们为了建功立业,征伐不断。但是,在政权更迭、党同伐异的纷争中,多少豪杰陨落。权势和财富,就是最赤裸裸的诱惑,令无数人折腰,其中就有胸怀大略的帝王,满腹经纶的贤士,机智多谋的将领，阴险狡诈的佞臣，在折戟名利场后，只留下一声叹息。

总结经验，不是在洞察历史的兴盛衰亡后变得心灰意冷，熄灭治国兴邦的理想，而是要把握时代脉搏，辨别名利的本质，修炼高尚的品德，具备知识和才能，成为社会需要的人，才是对生命更负责任的积极做法。

三六六

真空不空①，执相非真②，破相亦非真③，问世情如何发付？在世出世，徇欲是苦，绝欲亦是苦，听吾侪善自修持④！

【注释】

①真空：佛教语。一般谓超出一切色相意识界限的境界。空：空虚，内无所有。

②执相：执着于形相。明李贽《金刚经说》云："盖（朱子）见世人执相求佛，不知即心是佛，卒以毁形易服，遗弃君亲之恩而自畔于教，故发此语。"真：本性，本原。

③破相：佛教语，谓破除一切妄相而直显性体。

④吾侪（chái）：我辈。修持：持戒修行。

【译文】

真空并非杜绝一切事物，执着于外在形象不是真空，勘破一切外在虚妄的形象也不是真空，请问如何处理世俗之情？活在尘世却想要超脱其中，遵循欲念的困扰是痛苦，断绝世间俗念也是痛苦，只能依仗我们各自好好持戒修行。

【点评】

佛教讲四大皆空，五蕴皆空，劝解世人不要执着于万物的形相，而不是完全否定真实世界的存在。如果否认形相坠入虚无的偏空，则是错误的认知。真空从来都是在"有"的基础上顿悟的"空"。人们即使皈依佛法，追求完全的解脱，但是精神永远无法彻底摆脱肉体而存在，不可能摆脱"有"的存在。只要和存在的物质世界有所联系，就必然牵绊于俗世情理。"在世而超世"，就是佛教开给世人的一剂良药。

没有真空的世界，只有充斥着名利的现实。人们在其中挣扎，有些人渴望斩断尘世情缘，有些人则贪慕世间荣华，两种不同的人生修行，都是历练。通过不断地内心修持，认清自我，探究生命的意义，方能寻找到解决人生疑惑的方法。

三六七

烈士让千乘①，贪夫争一文，人品星渊也②，而好名不殊好利③；天子营家国，乞人号饔飧④，位分霄壤也⑤，而焦思何异焦声⑥。

【注释】

①烈士：有节气、有壮志的人。千乘：兵车千辆。古以一车四马为一乘。战国时期诸侯国小者称千乘，大者称万乘。

②星渊：犹天渊。喻差别很大。

③不殊：没有区别，一样。

④饔飧（yōng sūn）：泛指食物。饔，早餐。飧，晚餐。

⑤位分霄壤：身份、地位如同天地之间相差很大。霄壤，天与地。喻二者之间差别极大。

⑥焦思：焦灼思虑。焦声：此指乞者沿街焦急呼号之乞讨声。

【译文】

壮志凌云的义士连千乘之国都可以拱手相让，贪婪的人却为一文的蝇头小利而争执，二者品德虽然有天壤之别，但是前者喜好功名，后者喜好利益，在本质上并没有高下之分；天子治理国家，乞丐沿街呼号乞讨，二者虽然身份地位有天壤之别，但是前者为国家大事焦灼思虑，后者为乞得食物焦急呼号，二者也并无什么差异。

【点评】

世人虽有身份、地位的差别，但都有属于自己的烦恼和困惑。君王担忧是否国泰民安，权臣担忧名利荣宠，学子担忧会试登科，百姓担忧一日三餐。既有"长太息以掩涕兮，哀民生之多艰""小楼昨夜又东风，故国不堪回首月明中"的感慨，又有"且祈麦熟得饱饭，敢说谷贱复伤农""无田似我犹欣舞，何况田间望岁心"的民生之愿。家国伤痛和饱腹之愿，没有高低贵贱之分，本质都是相同的。这从另一层面说明，人的痛苦忧虑各不相同，但是人的存在都是平等的。富贵与贫贱，伟大与平凡，无非是人生追求的结果。消弭差异，追求平等，世间就会多一些公平正义，少一些是非纠葛。

三六八

性天澄澈①，即饥餐渴饮②，无非康济身心③；心地沉迷，纵演偈谈禅④，总是播弄精魄⑤。

【注释】

① 性天：指天性。古人多认为性由天赋，故曰"性天"。澄澈：清澈，明白。

② 饥餐渴饮：饿了吃饭，渴了喝水。形容生活必需。

③ 康济：保养。

④ 演偈（jì）：阐发、演绎偈语。演，推演，阐发。偈，梵语"偈佗"的简称，即佛经中的唱颂词，通常以四句为一偈。谈禅：谈论佛教教义。

⑤ 播弄：操纵，摆布。精魄：精神魂魄。

【译文】

人的本性如果澄净清澈，即使饿了就吃饭，渴了就喝水，也能保养好身心；人的内心如果沉沦迷惑，即使每天演绎佛理，谈论禅意，也不过是浪费精神，无益于修身养性。

【点评】

韩愈《原道》云："帝之与王，其号虽殊，其所以为圣一也。夏葛而冬裘，渴饮而饥食，其事虽殊，其所以为智一也。"三皇五帝，虽是圣人，但是他们和平常百姓一样，夏天穿葛衣，冬天穿皮衣，渴了要喝水，饿了要吃饭，这些生活中平凡的小事各不相同，但所反映出来的是一样的人类智慧，在延续生命的本质上是一样的。

如果内心私欲妄念丛生，即使天天虔诚礼佛，讲经说道，最终也是形式上的念经修禅，而不是心灵上的真正彻悟，纯属浪费精力，于事无补。修养心性首要的就是消除内心杂念，时时拂拭俗世尘埃，灵台清净，保持纯粹清净的思想境界，使善行遍及众生。

三六九

人心有真境，非丝非竹而自恬愉①，不烟不茗而自清芬②。须念净境空，虑忘形释③，才得以游衍其中④。

【注释】

①丝、竹：弦乐器与竹管乐器之总称。亦泛指音乐。《礼记·乐记》："德者，性之端也，乐者，德之华也，金石丝竹，乐之器也。"

②茗：泛指茶。

③虑忘形释：指精神极为专注，忘记了自己身体的存在。

④游衍：谓从容自如，不受拘束。

【译文】

每个人内心深处都有属于自己的真境，即便没有音乐可以怡情养性，也能使心情恬然愉悦；即便没有青烟茗茶，也能感受清香芬芳。只要内心意念清净灵台空明，精神专注忘记身体的存在，才能够在大千世界里恣意优游、从容自在。

【点评】

世人追求的理想生活境界，不论高雅清幽，还是旷达洒脱，都不应局限在形式上的丝竹歌舞，或者青烟茗茶相伴。恬淡自得的境界，是由内心的感悟所得。《三国志·魏书·王基传》云："志正则众邪不生，心静则众事不躁。"白居易的《船夜援琴》亦载："心静即声淡，其间无古今。"虽然讲的是诗人凝神静思，聆听琴声，宁静淡雅的声音浸入心海，仿佛世界都已静止，永恒而美丽，竟然让人忘却身在何处，身在何时。但是这种澄静的意境，只要身处其中，很容易令内心空灵虚静，超脱具象的世界，忘却一切忧虑与愁绪，挣脱名利和物欲，使心神不再执着于形体的负累，从而遨游于清澈静美的玄幻妙境。

三七〇

天地中万物，人伦中万情①，世界中万事，以俗眼观②，纷纷各异；以道眼观③，种种是常。何须分别？何须取舍？

【注释】

①人伦：封建礼教所规定的人与人之间的关系。特指尊卑、长幼之间的等级关系。

②俗眼：尘世中人的眼睛，借指凡夫俗子。

③道眼：佛教语，指能洞察一切，辨别真妄的眼力。

【译文】

天地间的万物,人世间的万种情感,大千世界的万事,如果用世俗眼光去观察,纷乱复杂各不相同;若以超越世俗的眼光去观察,所有事物本质相同。对于一切事物何必要区别对待?何必要有所取舍?

【点评】

宋罗公升《入书室东垣有神光自几案出三首》载:"若以俗眼观,荣枯几翻手。若以法眼观,穷达竟何有。"如果人们被凡尘俗世束缚,身心皆为名利所困,以世俗之心面对荣华富贵、成功失意、兴盛衰败、生死存亡,因看不透事物的本质,会在纷乱复杂的现实面前痛苦不堪。但若以超越世俗的眼光来审视,则天地间的一切事物本质都是相同的,所有一切都是平等的,无所谓高下贵贱,无所谓富贵贫穷,无所谓生死轮回,都是平常的存在,也就不必用世俗的标准去区别对待,去爱憎取舍。

三七一

缠脱只在自心①,心了则屠肆糟糠②,居然净土③。不然,纵一琴一鹤④,一花一卉,嗜好虽清,魔障终在⑤。语云:"能休尘境为真境,未了僧家是俗家⑥。"

【注释】

①缠脱:佛教语,指摆脱烦恼业障的系缚而复归自在。缠,缠扰。脱,解脱。

②屠肆:屠宰场,肉市。

③净土:佛教认为佛、菩萨等居住的世界,没有尘世的污染,所以叫净土。泛指没有受污染的干净地方。

④一琴一鹤:古人常以琴鹤相随,表示清高、廉洁。

⑤魔障:佛教语,泛指成事的障碍、磨难。

⑥能休尘境为真境，未了僧家是俗家：出自宋邵雍《十三日游上寺在县北及黄涧在县西》："能休尘境为真境，未了僧家是俗家。不向此中寻洞府，更于何处觅城花。堪嗟五伯争周烬，可笑三分拾汉余。何似不才闲处坐，平时云水绕衣裾。"

【译文】

世间的烦恼纠缠、解脱超越只存在自己的内心，如果心中明了无挂碍，就是住在屠宰场，吃糠咽菜，生活也是一方净土。反之，纵然是抚琴吟诵，仙鹤陪伴，鲜花团绕，爱好虽然清雅，但是心内的障碍终究存在。邵雍说："能够把凡尘俗世修炼为真正的仙境，但是不能超越凡俗的僧侣仍是世俗之人。"

【点评】

清幽雅致的生活源自内心的安宁和解悟。

邵雍与周敦颐、张载、程颢、程颐并称"北宋五子"，是两宋理学奠基人之一，师从大儒李之才学习《河图》《洛书》及象数之学，对大自然的变化规律以及世事变迁，有着较为科学理性的认识。邵雍更为人称道的是终身畅游学海，远离仕途。当他晚年迁居洛阳时，司马光、富弼、吕公著、程颢等都以与他相交为荣，并集资为其购买宅院，邵雍将其命名为"安乐窝"，并自号"安乐先生"。在这座"安乐窝"里，他"旦则焚香燕坐，晡时酌酒三四瓯，微醺即止，常不及醉也，兴至辄哦诗自咏。春秋时出游城中，风雨常不出，出则乘小车，一人挽之，惟意所适。"（《宋史·邵雍传》）仁宗嘉祐及神宗熙宁初，邵雍也曾两度被举荐，但都被他婉拒。他赋诗明志："愿同巢许称臣日，甘老唐虞比屋时。""自有林泉安素志，况无才业动丹墀。"这种真正隐居不仕、传道授业的精神，体现了一名学者始终忠诚于道德和理想的追求与抱负。

洪应明作为一名深受儒学影响的文人雅士，在本书中多次提及邵雍，既是对其学识的肯定，更是对其始终追求内在的心性涵养，构建完善的人格理想，具备清正明澈的精神世界的尊崇。无论身处何种境地，我们都要构筑属于自己的精神家园,寻求真正的心灵净土,以此超脱俗世尘嚣。

三七二

以我转物者①,得固不喜,失亦不忧,天地尽属逍遥②;以物役我者,逆固生憎,顺亦生爱,一毫便生缠缚③。

【注释】

①以我转物:意指做物之主宰。

②逍遥:优游自得,安闲自在。

③一毫:喻细小、轻微的事物。缠缚:缠绕,束缚。

【译文】

能主宰万物者,得到了固然不必高兴,失去了也不忧愁,逍遥自在地优游于天地之间;受外物役使者,遇到违背自己意志的事情时就会产生憎恨之心,遇到顺从自己意志的事情时则会产生喜爱之情,一点微小之事就会产生困扰。

【点评】

北周时,隐士韦夐淡泊名利,“前后十见征辟,皆不应命”,因高尚的品格获得明帝赏识,赐其号为逍遥公。因其超越世俗之外,不受名利物欲役使,生活自然潇洒从容。

相反,人们若为物质所困,过度追逐富贵荣华,容易被功名利禄囚禁,难以解脱。甚至,最微小的事情、最微薄的利益,都会成为压垮身心的最后一根稻草。当执迷于富贵功名时,也容易患得患失,徒增遗憾悔恨。正如唐杜牧《不寝》所云:“世路应难尽,营生卒未休。莫言名与利,名利是身仇。”

三七三

试思未生之前有何象貌，又思既死之后有何景色？则万念灰冷①，一性寂然②，自可超物外而游象先③。

【注释】

①万念灰冷：即"万念俱灰"。所有的想法和打算都破灭了，形容极度灰心失望的心情。

②一性寂然：唯独本性寂然犹存。

③超物外：即"超然物外"，超出世俗生活之外，引申为置身事外。超，高超脱俗。物外，世外。出自宋苏轼《超然台记》："予弟子由适在济南，闻而赋之，且名其台曰'超然'。以见予之无所往而不乐者，盖游于物之外也。"游象先：指超越各种形象。

【译文】

试想在你没有出生之前是何种形象，再想想死后又会出现什么景象？这样一来原先的万种念头自会冷却，心性会变得平静，自然可以超脱物外，遨游于天地之间。

【点评】

生与死是人必须要面对的问题。中国传统文化对生死本源的认知是"死生有命"，认为人的生死本就是自然规律，适时而来，顺时而去，不可逆转。《荀子·礼论》曰："生，人之始也；死，人之终也。终始俱善，人道毕矣。"荀子认为生死是生命发展的自然过程，只要做到遵循天理、修德尊道、善始善终，人生就会充满价值。汉代以后，佛教传入的生死轮回说成为影响民间的重要观念，它创造了过去、现在、未来三个世界，告诫普罗大众在现世要积德行善，才能在彼岸世界获得生命的升华，否则因果报应，就会坠入生命轮回的深渊。

无论哪种生死观，都尊重生命的价值，希望通过自我的修养，高尚的道德气节超脱生死的局限,超脱对生前所拥有的财富、地位、名誉、亲情、欢乐等的眷恋和羁绊。不过对物质世界的贪恋,以及对命运的难以预测,生前死后的诸般景象,人生为空的顿悟,会使人炽热的物欲逐步淡薄,心性逐渐静寂,超脱于物质之外,遵循天道,顺应自然,保持人性中的纯真恬淡,精神遨游于天地之间。

三七四

优人傅粉调朱①,效妍丑于毫端②,俄而歌残场罢③,妍丑何存?奕者争先竞后④,较雌雄于着手⑤,俄而局尽子收⑥,雌雄安在?

【注释】

①优人:古代指以乐舞、戏谑为业的艺人。傅粉调朱:调弄、涂抹脂粉,比喻刻意修饰。朱,"朱砂"的简称。

②效:显示,呈现。妍丑:美和丑。毫端:细毛的末端。比喻极细微。

③俄而:也作"俄尔",形容短暂的时间。

④奕者:下棋者。奕,通"弈"。

⑤着手:下棋落子。

⑥局尽子收:棋局结束棋子收起来。局,下棋或其他比赛一次胜负叫一局。

【译文】

倡优伶人涂脂抹粉刻意装扮,在细微之处呈现着美丑,不久歌舞结束人潮散尽,美丑还会存在吗?对弈的人在棋盘上争先恐后,在下棋落子间一较高下,顷刻间棋局结束棋子收起,输赢又在何处?

【点评】

人生落幕,曾经的繁华丽景消散;棋局结束,输赢算计转眼成空。

陆游《长安道》云:"人生易尽朝露曦,世事无常坏陂复。士师分鹿真是梦,塞翁失马犹为福。"苏轼也感慨:"世事一场大梦,人生几度秋凉?"人生不过弹指一瞬而已,光阴如朝露般转瞬即逝,其中的荣辱恩宠,失意败落都是短暂的。很多时候,人生仿佛一场戏剧,令人分不清虚实。人们在其中扮演着形形色色的人物,不论美丑,不论功成名就还是困窘失意,当歌舞落幕,人潮散尽,舞台上了无痕迹。曾经鲜活的生命,在时光流逝中会留下什么?

对弈的棋局千变万化,人们深陷其中为最终的胜利而摩拳擦掌,机关算尽。杜甫《秋兴八首》诗曰:"闻道长安似弈棋,百年世事不胜悲。"南宋姜夔亦云:"当时事如对弈,此亦天乎。"棋局中的千变万化,映射着世间的变化无常,一时的胜负输赢并非真正的得失。

三七五

把握未定,宜绝迹尘嚣①,使此心不见可欲而不乱②,以澄吾静体③;操持即坚④,又当混迹风尘⑤,使此心见可欲而亦不乱,以养吾圆机。

【注释】

①尘嚣:世间的纷扰、喧嚣。
②可欲:指足以引起欲念的事物。
③澄:使清明。静体:洁净之体,佛教指投身转世后的圣洁之体。
④操持:操守,立身处世的原则。
⑤风尘:尘世,纷扰的现实生活。

【译文】

当不能把持世间俗念时,应当远离尘世喧嚣,使这颗心不见会引起欲望的事情,从而不乱心神,以使本性清明;操守即已坚定,又当进入尘俗之中,使这颗心见到能引起欲望的事情也不会心乱神迷,以培养超脱物累的圆通机变。

【点评】

　　人在不同的成长阶段,可以根据思想与行为成熟稳定的程度,来决定接触外界的深度和广度,孟母三迁居所,只为了年幼的孟子能够安心学习。充满物质诱惑与情欲冲击的世界,对每个人的成长而言都是一个巨大的修炼场,只有品德高尚,意志坚定,自尊自律,心智成熟的人,才能抵挡一切物欲情欲的引诱和困扰,不会迷失在纸醉金迷,繁华盛景中。他们通过不断地加强自身修养,适应各种环境的考验和磨练,从而成长为真正有原则、有变通、机智灵活的人。

三七六

　　喜寂厌喧者,往往避人以求静①,不知意在无人便成我相②。心着于静便是动根③,如何到得人我一空、动静两忘的境界。

【注释】

　　①避人:指避世。

　　②我相:佛教语。为我相、人相、众生相、寿者相四相之一,指把轮回六道的自体当作真实存在的观点。《金刚经·大乘正宗分》云:"若菩萨有我相、人相、众生相、寿者相,即非菩萨。"相,即形相或状态。对性质本体而言,指诸法的形象状态;对人的意识而言,就是"想",即人的意识对事物的某种反映,也是人的意识对某种程度的相状摹写。我相,指执着于"实我"的外在相状;人相,指把轮回六道的自体当作真实存在的外在相状;众生相,指把依五蕴(色、受、想、行、识)而生的众生之体当作真实存在;寿者相,指把

假相的生命存在的时限（即寿命）当作真实存在的相状。佛教认为四相为烦恼之源。

③动根：动乱之根源。

【译文】

喜欢寂静讨厌喧嚣的人，往往逃避众人以求取宁静，不知道心中有无人的念头就已成"我相"。内心执着于寂静就会产生动的念头，这样怎么能到达将人与我看空、动与静两忘的境界呢？

【点评】

真正的平静不在于形式，而在于内心安静，不执着于外物。

隐居于山林泉石之间，求得一隅的安静，似乎是逃避尘世的喧嚣，追寻宁静恬淡生活的方式。其实，形式上的隐居并非隔绝了俗世烟火，真正的宁静只根植于内心的淡泊致远。一旦存有远离人群就能获得安宁的执念，就说明心绪已被扰乱，沾染了尘世俗念。因为并非现实生活的嘈杂烦琐，带来了烦扰，而是对物欲、情欲的贪婪，扰乱了内心的一池春水，让它涟漪不断，无法获得平静。

要想获得心灵的宁静平和，需要依靠自我的修为，而非依赖外在的环境。何况执着于形式上的离群索居，就表示内心还无法做到自在从容，被"我相""我执"所困，对一切有形或无形的事物执着，这是人世痛苦、忧愁、烦恼的根源。只有消除了"我相""我执"，才能成为有大智慧的人，获得真正的宁静。

三七七

人生祸区福境，皆念想造成，故释氏云①："利欲炽然，即是火坑；贪爱沉溺，便为苦海；一念清净，烈焰成池；一念警觉，航登彼岸②。"念头稍异，境界顿殊，可不慎哉。

【注释】

①释氏：释迦牟尼姓释迦氏，故称为"释氏"。后亦指佛教。

②"利欲炽（chì）然"几句：《文献通考·经籍考》载："昔唐李文公问药山禅师曰：'如何是恶风吹船，飘入鬼国？'师曰：'李翱小子，问此何为？'文公怫然，怒形于色。师笑曰：'发此瞋恚心，便是黑风吹船，飘落鬼国也。'吁，药山可谓善启发人矣。以是推之，则知利欲炽然，即是火坑；贪爱沉溺，便是苦海；一念清净，烈焰成池；一念警觉，船到彼岸。"炽然，猛烈貌，强烈貌。贪爱，贪恋，迷恋。

【译文】

人的一生是遭遇灾祸还是处于幸福境地，都是念头想法造成的，所以佛教认为："强烈的利欲就是火坑，过于沉溺贪痴爱恨就是苦海，如果内心清明纯净则燃烧的火焰会变为宁静的水池，如果内心警戒觉悟则会到达无生无死的涅槃境界。"人之所思所想稍有差异，则生活的境界即刻会显得悬殊，因此不得不慎重啊！

【点评】

《五灯会元》载：李翱在朗州（今湖南常德）任刺史时，因仰慕药山禅师的道高德重，特地到药山造访，希望从禅师处得到启发。两人初次见面充满了冲突和戏剧性，药山禅师于轻描淡写间透彻地阐述了哲理。大师对道的理解"云在青天水在瓶"，使李翱意识到"道"无法用语言具体描述，但它如白云在青天，清水在净瓶一样，无处不在，真实自然，自性不变。禅宗强调"自性本自具足"，通过"顿悟自性"的追求，人人都可以具备净心，人人都可以具备佛性，若想成佛，不必求助外界的力量，从自身寻找就可以。

深受儒家响的李翱因药山禅师点化而感悟，于是赋诗一首："练得身体似鹤形，千株松下两函经。我来问道无余说，云在青天水在瓶。"此后李翱《复性书》从"众生平等，人人皆可成佛"的天"性"的角度出发，认为提高人们素质的办法就是"复性"教育。通过这种教育可以使人摆脱功名利禄和尘世俗情的诱惑,返还清明宁静的本性。

　　人的本性,决定人的行为、情感以及诸多选择,而人的行为和选择则会决定一生是幸福还是不幸。摒弃掉内心对物欲和情欲的贪婪和沉溺,就会到达幸福的彼岸,也就是所谓的"一念天堂,一念地狱"。

三七八

　　绳锯木断,水滴石穿①,学道者须要努索;水到渠成②,瓜熟蒂落③,得道者一任天机④。

【注释】

①绳锯木断,水滴石穿:绳能锯断木头,水能滴穿石头。比喻力量虽然单薄,但只要坚持不懈,再艰巨的事情也能完成。也比喻小问题日积月累,也会酿成大问题。

②水到渠成:水流到的地方自然形成一条水道。比喻条件成熟,事情自然会成功。

③瓜熟蒂落:瓜熟了,瓜蒂自然脱落。指时机一旦成熟,事情自然成功。蒂,花或瓜果跟枝茎相连的部分。

④天机:天意,天性。

【译文】

　　绳索可以锯断木头,水珠可以滴穿石头,学道之人必须加倍努力去求索;水流到处水渠自成,瓜果成熟瓜蒂掉落,得道之人一切任凭天赋悟性。

【点评】

　　天赋与才华带有一定的偶然性,对于大多资质平平之人来说,持之以恒的努力,才是获得成功必不可少的因素。历代功成名就之士,大多通过持之以恒、孜孜不倦的学习,才取得辉煌的成就,曾国藩就是其中的一位。

　　曾国藩早年读书的天赋并不高,有时翻来覆去一晚上也背诵不了一篇文章,但他并未因此而放弃学习,反而更加努力。当知识积累到一定程度时,量变发生质变,曾国藩的学识有了长足的进步,终于金榜题名。此后曾国藩纵横官场数十载,对清王朝的政治、军事、文化、经济等方面都产生了深远的影响。而他为人处世修身律己又机变圆通,因提倡和践行"以德求官,礼治为先,以忠谋政"的理念,使他在官场上获得了巨大成功,成为"晚清中兴四大名臣"之一。

三七九

就一身了一身者①,方能以万物付万物②;还天下于天下者,方能出世间于世间。

【注释】

①一身:整个身躯。也指独自一人。了:明白。

②付:给予。

【译文】

能够面对自我并超脱自我束缚者,才能顺应万物发展的规律尽其所用;把天下的一切归还于天下者,才能身在尘世间而又超脱俗世之外。

【点评】

佛教认为迷悟一途,迷如冰,悟如水,迷悟同体。困扰自我的是这个身躯,了悟自我的也是这个身躯。而且,先有对现世的痴迷和疑惑,才会有深刻的思考和领悟。世人只有超脱了这些俗世的迷惑,才能顺应天道,按照世间万物的本性去发展,获得超凡脱俗的体验。

《老子》载:"道常无为而无不为。侯王若能守之,万物将自化。化而欲作,吾将镇之以无名之朴。镇之以无名之朴,夫将不欲。不欲以静,天下将自定。"道无处不在,无处不作用。君王诸侯如果能按照"道"的原则治理天下,则万事万物就会自我化育并充分发展。万物自由生长而产生贪欲时，就要用"道"来镇服，则不会产生贪欲之心。万事万物没有贪欲之心了，天下自会变得政治清明、生活安定。

三八〇

人生原是一傀儡①，只要把柄在手②，一线不乱，卷舒自由③，行止在我④，一毫不受他人捉掇⑤，便超此场中矣！

【注释】

①傀儡（kuǐ lěi）：用土木制成的偶像。比喻不能自主、受人操纵的人或组织。

②把柄：器物的把儿，此指操守、主意。

③卷舒自由：可以随意卷起或展开。卷舒，卷起与展开。

④行止在我：动与静皆由自己来掌控。行止，行步止息，犹言动与静。

⑤捉掇（duó）：意同"摆布"。

【译文】

人生原不过是一场木偶戏，只要手中牢牢控制住操纵木偶的线，每根线都条理分明，纹丝不乱，可以随意卷起或展开，动与静皆由自己来掌控，丝毫不受他人的摆布，就算是超脱了人生这场游戏了。

【点评】

此处讲述了掌握自身命运的重要性。我国历史上常有无法掌握自身命运的帝王，被权贵控制，无法自由行使权力。其中不乏心性坚毅、不愿屈服的帝王，他们通过积极筹谋、多方抗争，努力摆脱作为傀儡的命运，得以主宰自己的命运。

秦昭襄王嬴稷在他当政的五十六年时间里，长期被其母宣太后以及穰侯魏冉等"四贵"把持着政权，秦昭襄王如同一个傀儡一般活在宣太后的阴影中。后来，秦昭襄王任命范睢为相，听从他的劝诫，废除宣太后,驱逐"四贵",铲除了宣太后的政治势力。亲政后,他加强王权,任用白起等为将,实行远交近攻的策略,发动战争和外交攻势,战胜韩、赵、魏、齐、楚等国,创建赫赫政绩,为后来秦统一六国奠定了基础。

三八一

"为鼠常留饭,怜蛾不点灯①。"古人此点念头,是吾一点生生之机②。无此,即所谓土木形骸而已③。

【注释】

①为鼠常留饭,怜蛾不点灯:意为担心老鼠没有东西吃,经常给它们留下饭菜;怜惜飞蛾扑火的无辜,夜里连灯都不点亮。比喻爱惜万物的生命。出自苏轼《次韵定慧钦长老见寄八首》之一:"左角看破楚,南柯闻长滕。钩帘归乳燕,穴纸出痴蝇。为鼠常留饭,怜蛾不点灯。崎岖真可笑,我是小乘僧。"

②生生:繁衍不已。

③土木形骸(hái):指人的形体像土木一样淳朴自然。因用以比喻人不加修饰的本来面目。

【译文】

"经常为老鼠留下一些剩饭,常常怜惜飞蛾连灯火都不点燃。"古人拥有的对世间万物的慈悲仁爱之情,才是我们人类能够生生不息、繁衍不已的契机。如果连这点慈悲心肠都没有,那就是所谓的如泥土树木般徒有形体而没有灵魂而已。

【点评】

此条主要宣扬以善为本的思想。

我国传统文化鼓励积德行善、乐善好施的慈善行为,主要源自西周以来的民本思想,儒家的仁义学说,宗教慈悲为怀、善恶因果的学说,民间宗族家学的善恶家训等。这些思想推进了政府与民间对社会弱势群体的救助,表现了中国自古以来尊重生命,赈贫济乏,抚恤老幼孤寡的美德。

《艺文类聚》卷二十载:"圣人之于百姓也,其犹赤子乎,饥者食之,寒者衣之,将之养之,育之长之,惟恐其不至于大也。"除了政府层面组织对百姓的救助,古代诸多家风家训也明确要求,对于生活贫困的邻里乡亲要"生时救济,死后安葬"。而且民间常言:"贫穷患难,亲戚相救;婚姻死丧,邻保相助。"即使家庭内部也要救济贫寒,比如南宋袁采在《袁氏世范》所言:"父母见诸子中有独贫者,往往念之,常加怜恤,饮食衣服之分或有所偏私。子之富者或有所献,则转以与之。"

《孟子·告子上》曰:"恻隐之心,人皆有之。"正因为人类具有的那份恻隐之心、慈爱之心,对于生命的尊重与爱护,才能匡扶弱小、济贫怜弱,使处于困境中的万物得以繁衍生息,促进社会的进步与和谐发展。反之,缺乏仁爱的社会或个人,情感冷漠,充斥着对生命的漠视。

三八二

世态有炎凉,而我无嗔喜[①];世味有浓淡,而我无欣厌。一毫不落世情窠臼[②],便是一在世出世法也。

【注释】

①嗔(chēn):发怒,生气。

②窠臼(kē jiù):亦作"臼窠",指陈旧的格调。喻指地狱、牢笼。窠,鸟巢。臼,舂米的石器。

【译文】

尘世人情有冷暖,而我不会因此愤怒或喜悦;世间滋味有浓淡,而我不会因此欢喜或厌恶。一丝一毫也不落入世间俗套中,就是一种入世又出世的方法。

【点评】

面对世态炎凉、人情冷暖，要保持平和的心态。

五代王定保《唐摭言》卷七载：唐朝尚书左仆射平章事王播，少年时孤苦贫穷，曾经客居扬州惠照寺木兰院，跟随僧人吃斋饭。后来寺僧逐渐厌烦和怠慢他，故意吃完饭后才敲钟，致使他连饭也吃不上。二十多年后，王播受到重用，成为镇守淮南的节度使。旧地重游，看到当年写的诗都用绿纱罩上了，强烈的今昔对比，使王播有感而发："上堂未了各西东，惭愧阇黎饭后钟。三十年来尘扑面，如今始得碧纱笼。"

宋王楙《野客丛书·炎凉世态》亦云："炎凉世态，自古而然。廉颇为赵将，宾客尽至；及其免归，宾客尽去；后复为将，客又至。"从高朋满座到门庭冷落，廉颇从权势的兴衰中品味出人间世情的冷暖，对于趋炎附势的势利小人也有了清醒的认识。

世事多变化，人心最难测。面对人情冷暖的反复，不论隐居山林还是积极入世，不因逢迎而欣喜，也不因冷落而悲愤，如此才能消除人世的烦恼根源，求得平静淡然的心态。

中华经典名著
全本全注全译丛书
（已出书目）

读通鉴论

宋论

文史通义

鬻子·计倪子·於陵子

老子

道德经

帛书老子

鹖冠子

黄帝四经·关尹子·尸子

孙子兵法

墨子

管子

孔子家语

曾子·子思子·孔丛子

吴子·司马法

商君书

慎子·太白阴经

列子

鬼谷子

庄子

公孙龙子(外三种)

荀子

六韬

吕氏春秋

韩非子

山海经

黄帝内经

素书

新书

淮南子

九章算术(附海岛算经)

新序

说苑

列仙传

盐铁论

法言

方言

白虎通义

论衡

潜夫论

政论·昌言

风俗通义

申鉴·中论

太平经

伤寒论

周易参同契

人物志

博物志

抱朴子内篇

抱朴子外篇

西京杂记

神仙传